Tous nos ouvrages sont disponibles aux

Éditions Decoopman
Ferrières
30440 Saint-Laurent-le-Minier
Tel : +33 (0)4.67.73.90.95
web : www.decoopman.com
e.mail : livres@decoopman.com

Olivier Lacaux
Jean Castanier

I.S.B.N. 978-2-36965-119-2
Dépôt légal : 3e trimestre 2022

Ouvrages parus
aux Éditions **Decoopman**
Collection « ***Sciences & Techniques*** »

Chemins de fer

- *La locomotive* - U. Lamalle & F. Legein
- *La machine locomotive* – E. Sauvage
- *Les chemins de fer* – A. Guillemin
- *Locomotive & Chemin de Fer* – L. Figuier

Électricité

- *Des électromoteurs* - T. du Moncel
- *La machine de Gramme* - A. Breguet
- *La bobine Ruhmkorff* - A. Loiseau

Horlogerie

- *Encliquetages*
- *Échappements à ancre* - École de Cluses
- *Guide-manuel de l'Horloger* - C. Saunier
- *Histoire de l'Horlogerie* - P. Dubois
- *L'Horloger* - C. Poncet
- *L'art de connaître les montres* - J. Gondy
- *L'art de l'Horlogerie enseigné en trente leçons* - Anonyme
- *Les merveilles de l'Horlogerie* - Portal & Graffigny
- *L'horlogerie électrique* - G. Tobler
- *Traité d'horlogerie moderne* - C. Saunier

Hydraulique

- *Traité d'hydraulique* - N. Boquillon
- *Machines destinées à l'élévation des eaux* - A. Morin

Marine

- *Des bateaux aux couleurs de la Gironde* - F. Jouison
- *Abécédaire des forces sous-marines* - P. Nôtre & J. L. Vichot
- *La Marine de guerre* – L. Huard
- *La Marine de guerre – A. Sauvaire-Jourdan*
- *La navigation sous-marine* – G.L. Pesce
- *Les bateaux automobiles à pétrole* - R. Champly
- *Les paquebots à grande vitesse – M. Dumoulin*
- *Les Torpilles* – E. Hennebert
- *Sous-marins & submersibles - Max Laubeuf*
- *L'Artillerie moderne (Le monde industriel)* – L. Huard

Mécanique

- *507 Mouvements mécaniques* – H. Brown
- *760 mouvements mécaniques* - G. Vander Haeghen
- *Appareils d'obturation* - J. Gary et A. Druot
- *Des mécanismes élémentaires* - L.E. Loche
- *Engrenages & Transmissions* – G. Franche
- *Engrenages et vis sans fin* - R. Champly
- *Les Machines* – E. Collignon
- *Les Moteurs* – H. de Graffigny
- *Les moteurs à vent* - R. Champly
- *Les mouvements mécaniques* - M. Nicaise
- Mécanismes des machines - H. Leblanc
- *Moteurs* - Max de Nansouty
- *Moteurs & Gazogènes* – L. Letombe
- *Motocyclettes et side-cars* - M. Zerolo
- *Notions de technologie mécanique* - P. Beauvais
- *Organes de transmission* - R. Champly
- *Organes de machines* - J. Gary et A. Druot
- *Organes auxiliaires des machines* - R. Champly
- *Traité de mécanique industrielle* - S. Flachat
- *Traité pratique des engrenages* - L. Wève
- *Transmission du mouvement* - J. Gary et A. Druot

Moteurs Stirling

- *D'Asap à Rhombic 160* - D. Lyonnet
- *Fabriquer des moteurs Stirling* - A. Ross
- *Petits moteurs Stirling pour l'amateur* – D. Lyonnet

Vapeur

- *Catéchisme des Chauffeurs* - Collectif
- *Distribution de la vapeur* - M. Castelnau
- *Distribution de la vapeur dans les machines* - A. Spineux
- *Gouvernails à vapeur* FARCOT – J. Farcot
- *Histoire de la machine à vapeur* – R.H. Thurston
- *L'A.B.C. du Chauffeur* – H. Mathieu
- *Les bateaux à vapeur* – L. Figuier
- *Les Locomobiles* – L. Figuier
- *Les machines à vapeur* - J.P. Delaby
- *La machine à vapeur* – E. Sauvage
- *La Vapeur – A. Guillemin*
- *Tiroirs et distributeurs de vapeur* – A. Madamet

Distribution de la vapeur dans les machines

ÉTUDE RATIONNELLE DES DISTRIBUTEURS
LES PLUS REMARQUABLES,
SANS DÉTENTE OU À DÉTENTE FIXE ET VARIABLE,
EMPLOYÉS DEPUIS NEWCOMEN JUSQU'À NOS JOURS

SUIVIE D'UNE ÉTUDE DES

Régulateurs

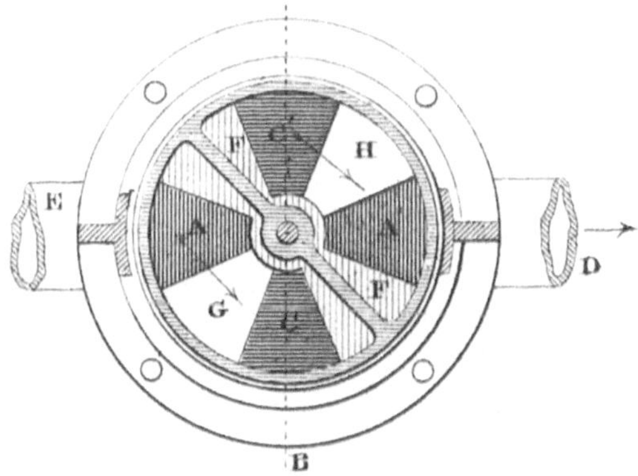

Adolphe SPINEUX

1869

DÉDICACE

Jadis, l'auteur d'un livre nouveau dédiait son œuvre à quelque puissant personnage dont la tutelle était nécessaire pour présenter au monde l'enfant de l'intelligence ; puis cette précaution cessa d'être indispensable, enfin elle est devenue superflue aujourd'hui, et un livre utile peut se passer de patronage pour se faire issue.

Néanmoins, je veux me conformer à cet usage antique : je dédie donc cet essai à mes camarades de l'Association des Ingénieurs sortis de l'École de Liège, qui m'ont donné une éclatante marque de sympathique encouragement dans l'assemblée générale du 27 octobre 1867.

A. SPINEUX

Liège, 22 février 1868.

PRÉFACE

La distribution de la vapeur a pour mission d'envoyer au piston un mouvement que celui-ci transmet, par sa tige, aux autres organes du moteur ; tel le cœur envoie le sang dans le réseau artériel qui, à son tour, le distribue à toutes les parties du corps : de même que la régularité des pulsations de l'un a une grande influence sur l'harmonie de l'organisme de l'animal, de même le distributeur, selon la façon dont il est conçu, réglé ou appliqué, réagira sur le travail utile du moteur.

On ne peut donc apporter trop de soin au choix et à la construction de cet appareil, organe essentiel de toute machine à vapeur.

INTRODUCTION

Distributions primitives

La machine de Newcomen était, comme on sait, composée d'un cylindre ouvert par le haut, dans lequel se mouvait un piston relié par des chaînes à un balancier, qui transmettait le mouvement aux pistons des pompes d'épuisement.

Le piston, étant au bas de sa course, remontait par l'action du poids des attirails de la tige et des pompes. Le mécanicien ouvrait alors un robinet qui faisait communiquer la chaudière avec le cylindre. Celui-ci se remplissait de vapeur, qui en expulsait l'air. Ce robinet était ensuite fermé, et un autre était ouvert, qui permettait à l'eau froide d'un réservoir, placé à une hauteur suffisante pour que la colonne d'eau eût une pression supérieure à celle de la vapeur, de pénétrer dans le cylindre.

L'eau froide, en condensant la vapeur, formait le vide ; le poids de l'atmosphère, l'emportant sur la pression intérieure, forçait le piston à descendre.

Enfin, un troisième robinet était alors ouvert pour faire évacuer l'eau et la vapeur condensée.

Comme on vient de le voir, l'appareil de la distribution était élémentaire et il exigeait, de la part du conducteur de la machine, une attention soutenue et un travail d'une monotonie désespérante.

Le fils d'un des mécaniciens imagina, pour se soustraire à cette écœurante besogne qui lui avait été imposée, de relier le balancier avec les différents leviers des robinets, de façon que la distribution se fît automatiquement.

C'est à partir de cette invention enfantine que les machines d'épuisement furent pourvues d'appareils combinés de façon qu'elles pussent se servir elles-mêmes.

L'illustre Watt vint bientôt transformer radicalement la machine primitive, en adaptant au cylindre :

1. - un appareil de condensation spécial, indépendant du cylindre moteur ;
2. - une pompe qui remplaçait avantageusement le robinet purgeur fixé au bas du cylindre ;
3. - enfin, il substitua des soupapes aux robinets, et il imagina la distribution par leviers à déclics, que nous examinerons plus loin.

Dès cet instant, la machine-à-feu de Newcomen put être transformée en machine rotative à double effet, dont des spécimens nombreux existent encore en Angleterre et dans le Hainaut.

Plus tard, il imagina de substituer aux encombrants appareils de déclics et aux soupapes une came cylindrique, dite *poulie excentrique*, qui imprimait un mouvement rectiligne alternatif à un demi-cylindre creux, en forme de D, muni d'empâtements disposés pour pouvoir fermer et ouvrir successivement des orifices rectangulaires d'entrée et de sortie de la vapeur, ménagés dans des tablettes, aux extrémités du cylindre. Le tiroir distributeur vint ainsi compléter l'organisme des machines rotatives et permettre de construire des appareils de dimensions moyennes.

Les machines rotatives de Watt, à basse pression et à condensation, étaient généralement construites pour des forces de 100 à 150 chevaux. Ce ne fut que plus tard, lorsque les dimensions du tiroir furent réduites, que les moteurs à vapeur purent se prêter aux besoins de la petite industrie.

Le tiroir de Watt avait la même hauteur que le cylindre. Il jouait dans une longue boîte de distribution placée parallèlement au cylindre et fixée à celui-ci.

La vapeur venant du générateur, à une faible pression, entourait complètement le distributeur, dont les extrémités s'emboîtaient dans des garnitures de chanvre. Elle pénétrait dans la boîte par un orifice, venu de fonte avec le cylindre. Après avoir produit son effet sur le piston, elle ressortait par la lumière, s'introduisait dans le creux du tiroir qui la conduisait au tuyau, par lequel elle se rendait dans l'appareil de condensation. La tige, fixée au fond du distributeur, traversait le creux, une boîte à étoupe, ou *stuffingbox*, et elle venait, extérieurement, se fixer au milieu d'une traverse, aux extrémités de laquelle s'articulaient deux bielles, qui s'ajustaient à leur tour aux extrémités de deux leviers, solidaires sur un même axe, auquel la tringle de l'excentrique imprimait le mouvement d'oscillation nécessaire.

Watt avait résolu le problème de la machine à vapeur, et l'œuvre de ce nouvel Archimède, à part quelques modifications d'organes qui en ont simplifié la construction, est restée telle que son génie immortel l'a conçue. Le tiroir de Watt était non seulement équilibré, mais encore propre à utiliser entièrement toute la vapeur qu'il distribuait. Nous verrons que, dans leurs machines, Allen, Corlys, etc., reviennent à ce principe économique.

Chapitre I

Tiroir simple en coquille.

Le tiroir simple en coquille, que nous appellerons ainsi pour le distinguer du tiroir à recouvrement, est généralement en fonte et quelquefois en bronze, lorsqu'il est destiné à des moteurs animés de grandes vitesses, comme les locomotives. On lui donne la forme d'une coquille grossière ou, mieux, d'une cuvette rectangulaire, dont l'empâtement antérieur et l'empâtement postérieur (fig. 1) sont chacun exactement égal à la largeur de la lumière d'introduction. Sa longueur totale est égale à l'intervalle qui sépare les deux lumières d'introduction, et sa largeur extérieure est généralement telle, que les parois latérales de la boîte, convenablement dressées, lui servent de guides et elle est de deux ou de quatre centimètres plus grande que la longueur des lumières. La largeur intérieure de la partie creuse est exactement égale à la longueur de la lumière.

Fig. – 1.

Le tiroir glisse sur une tablette rectangulaire, en relief sur le fond de la boîte et venue de fonte avec le cylindre. Dans la tablette, convenablement dressée et soigneusement rodée, sont ménagées trois ouvertures rectangulaires. Les deux extrêmes sont les orifices de l'introduction de la vapeur, elles aboutissent chacune au fond du cylindre. La lumière centrale, plus grande, est l'orifice par lequel la vapeur s'échappe dans l'atmosphère, ou se rend dans le condenseur. Ces trois lumières sont séparées par deux cloisons dont l'épaisseur est généralement égale aux ¾ de la largeur de la lumière d'introduction.

La surface des orifices d'entrée dépend de la vitesse de la machine ; elle varie de 1/25 à 1/10 et même dans les locomotives, à 1/8 de la surface du piston[1]. La longueur *b* du rectangle est au maximum égale à 6 fois la largeur *l*, d'où *b* = 6 *l*.

En faisant la largeur de la lumière centrale égale à 1.25 *l*, la plus petite ouverture par laquelle la vapeur puisse s'échapper lorsque le tiroir est à la fin de sa course sera 1,25 *l* - 0,75 *l* ou 0,5 *l* ; mais, pour faciliter la libre sortie de la vapeur, on prend généralement 1,5 *l*, et même 2 *l*, pour la largeur de cet orifice, lorsque le tiroir est allongé par des recouvrements.

La longueur extérieure du tiroir sera, par conséquent, égale à 2 *l* (1 + 0,75) + 1,5 *l* ou 5 *l* ; la longueur du creux intérieur à (2 × 0,75 + 1,5) *l*, ou de 3 *l* ; et sa hauteur, à la largeur de la lumière d'exhaution, ou 1,5 *l*.

Quelques constructeurs ménagent des saillies latérales au tiroir, qui s'engagent sous des réglettes fixées à la tablette. Celle disposition n'est pas recommandable, car il faut éviter les frottements inutiles, et s'abstenir de donner à la boîte de distribution des dimensions intérieures superflues ; elles doivent être suffisantes pour que la vapeur ait un accès facile aux orifices d'introduction.

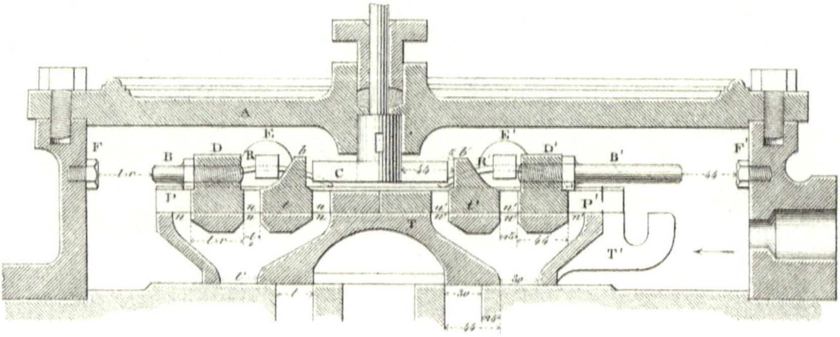

Fig. – 2.

Le tiroir doit être rendu solidaire du mouvement rectiligne, que lui transmet la tige et garder la faculté de se mouvoir verticalement, pour compenser les effets de l'usure.

(1) Voir au chapitre des Modérateurs.

Les uns entourent le tiroir d'un cadre en fer auquel la tige est soudée, clavetée ou filetée. D'autres font venir de fonte avec le tiroir un appendice en forme de double crochet, dans lequel s'engage l'extérieur de la tige (fig. 2). D'autres encore ménagent sur la face supérieure une saillie cylindrique ou cubique, qui reçoit l'œillet formant le bout de la tige (fig. 3). Enfin, on fait venir de fonte, sur le plan supérieur du tiroir, des oreilles dans lesquelles la tige est maintenue par des bourrelets ou par des écrous (fig. 4). L'emploi du cadre est général dans les machines locomotives, où la tige est prolongée et maintenue dans des creux ménagés au fond de la boîte. Cette disposition est

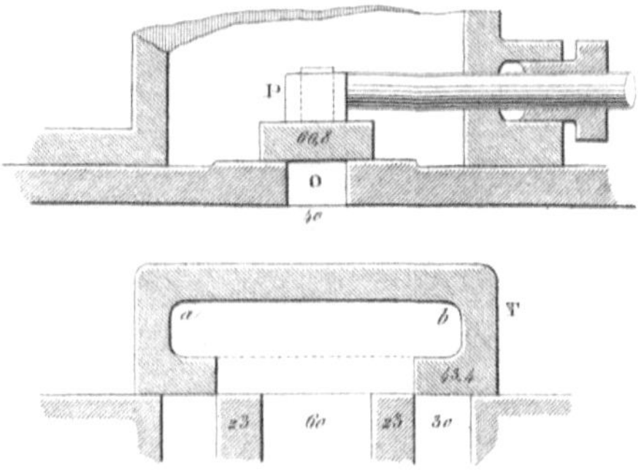

Fig. – 3.

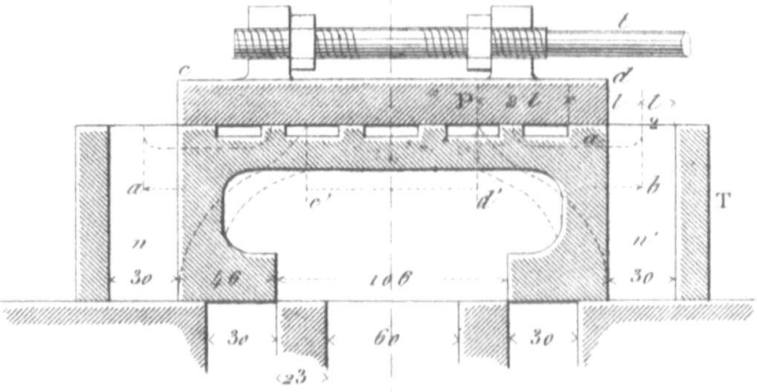

Fig. – 4.

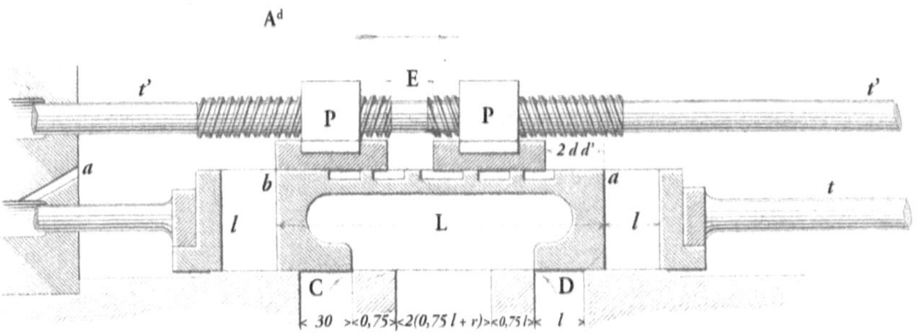

Fig. – 5.

toujours employée lorsque le tiroir n'est pas guidé latéralement et que le moteur est exposé à des secousses qui peuvent déplacer le tiroir (fig. 5).

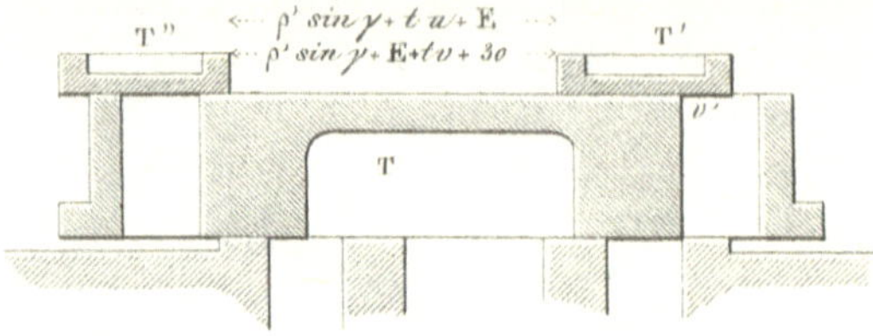

Fig. – 6.

La forme du tiroir de la fig. 4, économise le métal, mais elle nécessite un noyau au moulage. Celle de la fig. 6 économise la façon du noyau. Enfin les formes, fig. 7 et 7 ont pour but de diminuer la surface du second tiroir et, par suite, la résistance au glissement.

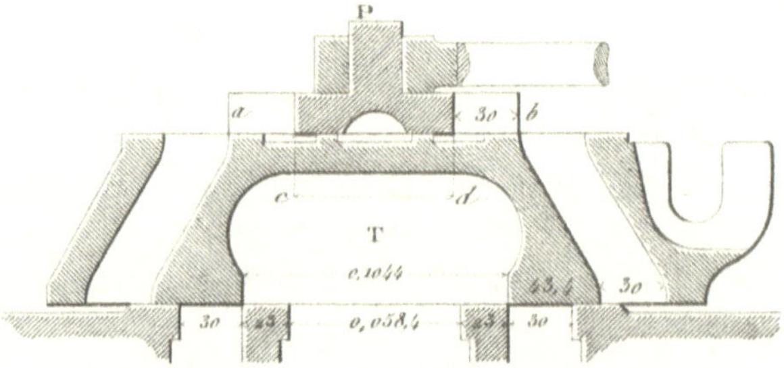

Fig. – 7.

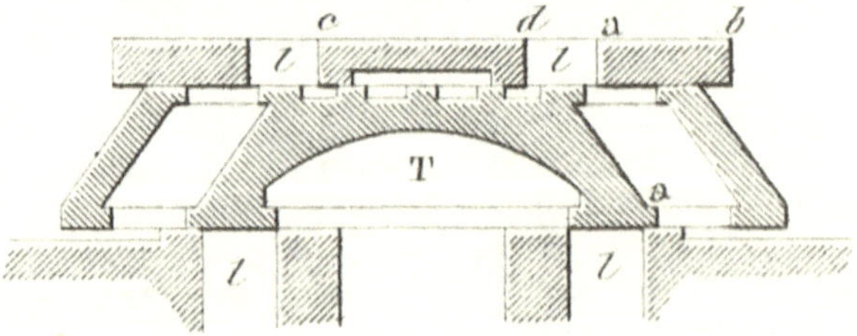

Fig. – 8.

Calcul de la résistance.

La résistance qu'oppose le tiroir au mouvement de glissement est proportionnelle au développement de ce tiroir et à la pression ; et la résistance totale que doit vaincre le moteur est, en outre, proportionnelle aux circonférences de la tige et de la poulie excentrique, à la hauteur de la garniture et au serrage du presse-étoupe.

La pression sur le tiroir est nécessaire pour le maintenir adhérent sur la tablette ; il convient, par conséquent, de ne pas chercher à l'équilibrer entièrement, chose que, du reste, on n'est encore parvenu à obtenir qu'à l'aide de complications souvent coûteuses et généralement encombrantes.

P étant la pression absolue de la vapeur dans le générateur par unité de surface, P' la pression de l'atmosphère ou dans le condenseur, S la surface extérieure du tiroir moins la surface d'une lumière d'introduction, S' la surface intérieure et f le coefficient du frottement, on aura, pour la résistance du tiroir au glissement :

$$(P - P')\,(S - S')\,f = R$$

ou, p étant la différence entre la pression et la contrepression et s, la surface du tiroir exposée à la pression de la vapeur diminuée de celle qui est exposée à la pression du condenseur, on a, pour l'expression de la résistance

$$R = p\,s\,f$$

Recouvrement de Watt.

Le tiroir, ou distributeur de la vapeur, est généralement mis en mouvement par un excentrique circulaire. Celui-ci est calé sur l'arbre moteur d'équerre avec la direction de la manivelle ; il est donc au milieu de sa course à son maximum de vitesse lorsque la manivelle est à l'extrémité de la sienne. Toutes les lumières sont alors fermées et elles s'ouvrent aussitôt que la manivelle a dépassé le point mort : une des lumières laisse pénétrer la vapeur dans le cylindre et l'autre laisse échapper celle qui a produit son effet.

Le tiroir simple, ainsi organisé, ne donne pas une distribution régulière, et cette irrégularité est d'autant plus sensible que la bielle motrice et la barre de l'excentrique sont plus courtes.

En effet, lorsque le tiroir est réglé pour ouvrir la lumière au commencement d'une course du piston, l'autre lumière n'est pas encore ouverte au commencement de la course opposée ; il en résulte dans l'exhaustion un retard qui occasionne une résistance à la marche du piston, et dans l'introduction un autre retard, qui fait que le moteur doit dépenser un certain travail pour faire le vide. Ces deux résistances au mouvement s'accroissent lorsque la fatigue a usé les articulations.

D'un autre côté le bras du levier de la manivelle, vers les extrémités de la course, est presque nul et l'action de la vapeur devient elle-même de moins en moins énergique ; il s'ensuit qu'il y aurait avantage évident, non seulement à fermer la lumière de l'introduction de la vapeur avant la fin de la course, mais encore à permettre à celle qui a produit son effet de s'échapper prématurément.

Par cette disposition, on économiserait un certain volume de vapeur à peu près inutile et l'on diminuerait très sensiblement la résistance derrière le piston, puisque la lumière de sortie serait déjà ouverte au moment de l'autre course.

Ce fut pour corriger ces défauts et obtenir ce résultat que Watt et Boulton adaptèrent, aux machines qu'ils construisirent, une disposition telle, que l'introduction de la vapeur était interrompue au 0,85 de la course du piston et que la décharge commençait déjà lorsque la manivelle avait encore à parcourir un angle de 20° avant d'atteindre l'extrémité de sa course. La poulie excentrique, au lieu d'être d'équerre avec la manivelle, fut inclinée sur le prolongement de celle-ci, de façon à former un angle de 90° + 20°. Cet excès de 20° fut désigné sous le nom *d'angle d'avance*, et c'est ainsi que nous l'appellerons dans le cours de cet ouvrage.

Si les constructeurs se fussent bornés à changer seulement la position de l'excentrique, sans introduire dans la construction du tiroir certaines modifications, il est évident :

1. - que la vapeur aurait pénétré dans le cylindre avant la fin de la course ;
2. - que la vapeur se serait échappée aussitôt que la lumière de l'introduction se fût fermée ;
3. - qu'on n'aurait pas profité de la détente.

Pour empêcher le premier effet, retarder le second et utiliser le troisième, ils augmentèrent la longueur du tiroir d'une quantité égale à deux fois le *sinus* de l'angle d'avance. Chaque empâtement *s* et *s'* fut ainsi prolongé de ce sinus, prolongement que l'on désigne sous le nom de *recouvrement extérieur* (fig. 9), et la course du tiroir fut augmentée de deux fois le recouvrement.

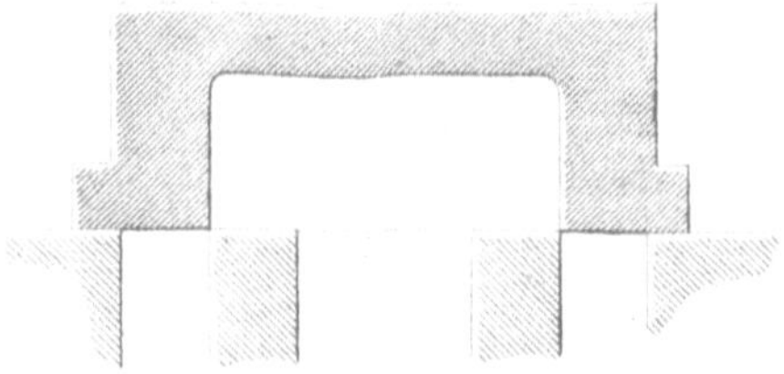

Fig. – 9.

Ainsi, ρ étant le rayon d'excentricité et *r* le recouvrement extérieur, le nouveau rayon devient ρ + *r*.

Les résultats qu'ils obtinrent furent si beaux, que ces constructeurs prirent toutes les mesures possibles pour que cette modification restât un secret, et c'est ce qui peut expliquer pourquoi ces heureuses modifications ne parvinrent sur le Continent que longtemps après qu'elles s'étaient répandues dans l'Angleterre.

Épures des lieux géométriques du tiroir, de la poulie excentrique et du piston.

Dans la fig. 10, la courbe qui est en trait plein se rapporte au distributeur simple, et la moitié supérieure est identiquement semblable à la moitié inférieure. La courbe pointillée se rapporte au distributeur à recouvrement, et les deux parties sont encore exactement semblables, parce que, dans le tracé, on a supposé la bielle d'une longueur infinie.

On a couvert de hachures la partie de la figure supérieure, qui correspond à l'introduction pour une course, et la partie inférieure de la seconde courbe, qui correspond à l'introduction dans l'autre course avec le tiroir à recouvrement.

Ces courbes sont exactement des ellipses, mais si, dans le tracé, on avait égard à la longueur de la bielle motrice, la courbe fermée s'éloignerait d'autant plus de l'ellipse que la bielle serait plus courte.

Cette épure des lieux géométriques du tiroir s'obtient de la manière suivante :

1. Sur A B pris pour diamètre, on décrit une circonférence de cercle, qui représente la circonférence parcourue par le maneton de la manivelle ;

2. Du même centre C, on décrit, avec C *e* rayon d'excentricité, une circonférence parallèle à la première ;

3. Tangentiellement à la circonférence A B' B, on élève les ordonnées B E et A E', égales au rayon d'excentricité ;

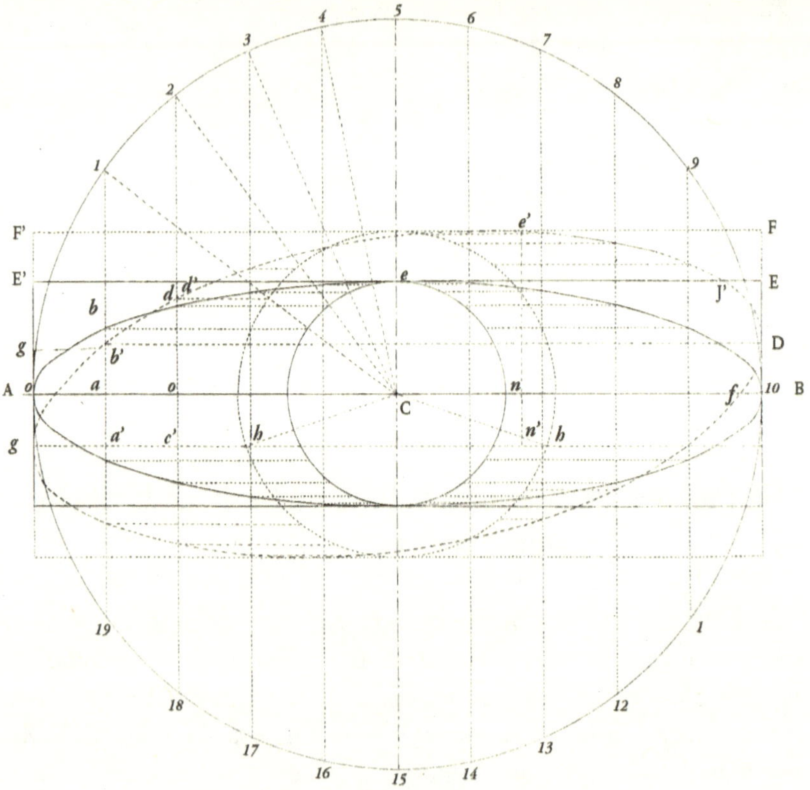

Fig. – 10.

4. On achève le rectangle A B E E' et l'on construit, en dessous de A B, un second rectangle symétrique et semblable ;

5. On divise la droite A B en parties égales et, de tous les points de division, on élève des ordonnées qui coupent la grande circonférence aux points 1, 2,3, etc ;

6. De tous ces points on mène des rayons qui donneront les points correspondants sur la petite circonférence, puisque les rayons d'excentricité et de la manivelle coïncident sur la figure : en réalité, ces deux rayons doivent faire entre eux un angle droit, mais dans ces épures, le mouvement du tiroir est censé être perpendiculaire au mouvement du piston ;

7. De tous les points de division de la petite circonférence on mènera des abscisses, et les intersections des ordonnées et des abscisses correspondantes détermineront les points de la courbe A *b d e*, etc, points que l'on réunira ensuite.

Suivons maintenant les mouvements : aux points B et A, c'est-à-dire à la fin et au commencement de la course du piston, la lumière va s'ouvrir ou vient de se fermer ; lorsque le piston est en *a*, la lumière est ouverte de la quantité *a b* ; en *c*, de *c d* ; en C de C *e*, ou à son maximum d'ouverture ; à partir de ce point, — milieu de la course du piston et extrémité de la course du tiroir, — ce dernier revient sur lui-même jusqu'en A, ou il ferme enfin la lumière.

La sortie suit exactement et solidairement les mêmes phases, en dessous de A B.

Épure du tiroir à recouvrement de Watt (fig. 10).

Le tiroir étant à recouvrement, le rayon d'excentricité est plus grand de *r*, ou de E F, que dans le cas précédent, et le rectangle devient B F F' A.

Des deux côtés de A B, on porte les longueurs B D et A *g* égales à *r*, et l'on fait les longueurs D E, etc. égales à *l*.

Lorsque le piston est au commencement de sa course, le tiroir a dû reculer de la valeur du recouvrement pour venir se mettre en coïncidence avec la lumière, il faut donc, qu'en ce point, l'extrémité du rayon d'excentricité se projette sur l'arête extérieure de cet orifice : ainsi l'angle B C *h* est ce que l'on désigne sous le nom d'angle d'avance, dont le sinus est égal à r / ρ (ρ étant le rayon d'excentricité).

Pour tracer la seconde courbe, on observera que le point *h*, de la petite circonférence, correspond au point A, de la grande, ou au commencement de la course de façon que, pour obtenir les autres points correspondants de la petite, il faut, avec une ouverture de compas égale à A *h*, de tous les points 1,2,3, etc., de la grande circonférence comme centre, décrire des arcs de cercle qui couperont la petite aux points correspondants, et les intersections des horizontales, passant par ces points, avec les verticales correspondantes, détermineront les points de la nouvelle courbe elliptique.

Le piston étant en A, la courbe est tangente au point *g* à la verticale A F' , et la lumière va s'ouvrir. Lorsqu'il sera successivement en *a*, en *c* et en *n,* la lumière s'ouvrira de *a' b'*, de *c' d'*, de *n' e'*.

À partir de ce dernier point, qui correspond à l'ouverture maxima, le tiroir revient sur lui-même et lorsque le piston est en *m*, le tiroir est en *f*, où il ferme l'orifice d'introduction. Lorsque le piston est parvenu en J, en même temps que le tiroir, la sortie de la vapeur est arrêtée devant le piston, en même temps qu'elle commence déjà à se faire derrière lui, et le reste du parcours se fait par la force vive accumulée dans le volant.

En même temps que la vapeur commence à s'échapper, celle qui a été emprisonnée devant le piston se comprime de J' en D, jusqu'à ce que le tiroir ouvre la lumière d'introduction de ce côté. La vapeur qui a été ainsi comprimée est ensuite utilisée, avec celle qui afflue du générateur, pour repousser le piston.

Ceci fait voir que la force vive du volant doit être d'autant plus grande que la durée de la compression sera plus longue, indépendamment de l'excès d'énergie proportionnel à la détente d'où, à moins d'accroître considérablement les dimensions du volant, on conclura que la détente par recouvrement, au-delà des 9/10 de la course du piston, n'est pas d'un emploi convenable dans les machines fixes non accouplées, et que même dans ce cas, ainsi qu'il sera démontré plus loin, une légère avance à l'introduction ne sera pas superflue, surtout lorsque la vitesse dépasse les limites ordinaires.

Généralement les constructeurs adoptent un recouvrement plus faible que celui de Watt. Ordinairement on détermine cette largeur linéaire du recouvrement au quart de la largeur de la lumière ou *l* / 4 avec une avance à l'introduction de *l* / 16 ; ainsi, le rayon d'excentricité est égal à 5 *l* / 4, et l'avance de l'excentrique est de 5 *l* / 16 ou un angle de 15°, pour des vitesses de piston de 1 mètre à 1,25 m.

La fig. 11 fait voir le tiroir proposé par M. Allen. Il est disposé pour que la vapeur puisse s'introduire par les deux extrémités à la fois *a* et *b*, ce qui s'obtient en combinant le relief de la tablette de telle sorte, que la vapeur qui va s'introduire par *b*, s'introduise en même temps par *a*, en passant par le canal intérieur.

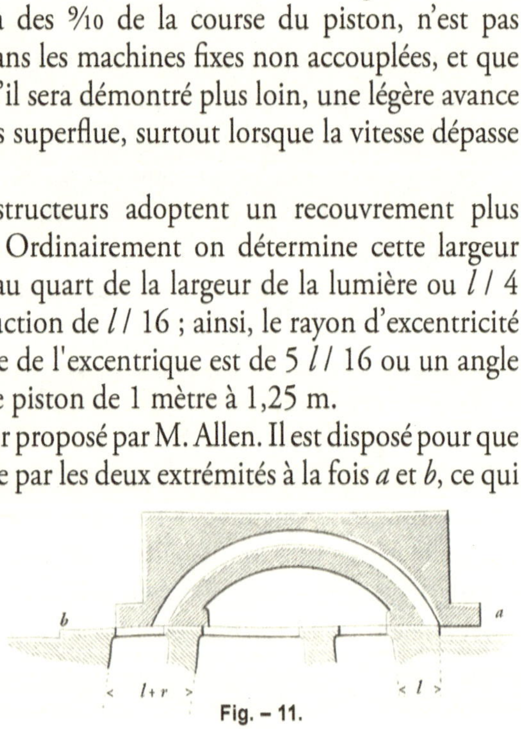

Fig. – 11.

Le tiroir de M. Hanrez, fig. 2 et 3, a été conçu longtemps avant celui d'Allen pour produire le même effet.

En général le relief de la tablette devra être limité pour que le tiroir, quel qu'il soit, étant à l'extrémité de sa course {fig. 5 PI. 1), la vapeur ne puisse pénétrer dans l'intérieur; par cet arrangement le tiroir se trouve, dans cette position extrême, en partie équilibré.

Tiroir Hanrez.

Ce tiroir (fig. 12 et 13), a été imaginé, comme nous l'avons vu, pour multiplier les ouvertures à l'introduction de la vapeur au commencement de la course du piston, dans le but d'augmenter ainsi la vitesse de la vapeur dans cette période du mouvement. Pour cela l'inventeur a disposé un plateau fixe percé d'une ou de deux ouvertures, de façon qu'il soit maintenu dans deux logettes ménagées dans les parois latérales de la boîte, tout en lui laissant la liberté de se mouvoir verticalement pour qu'il reste constamment adhérent à la surface supérieure du tiroir, quelle que soit l'usure. Un canal T, creusé dans le tiroir, conduit la vapeur dans la lumière, en même temps qu'elle y pénètre par l'extérieur. La fig. 13 représente le tiroir au moment où la lumière se découvre et la fig. 12 le montre au milieu de sa course.

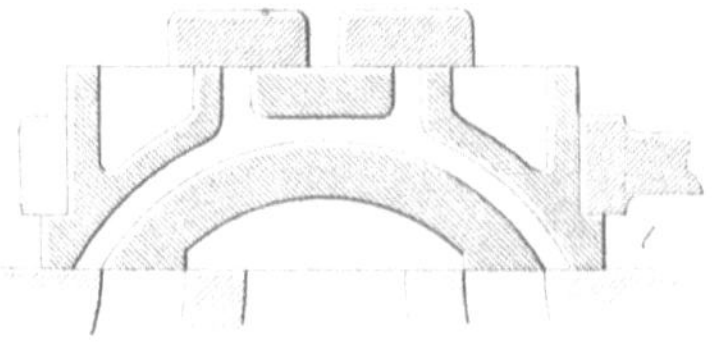

Fig. – 12.

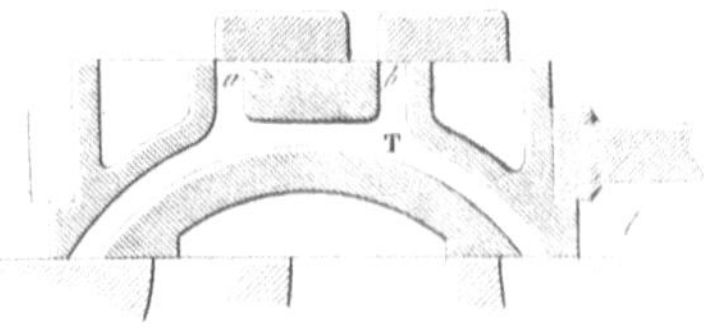

Fig. – 13.

Chapitre II

Tiroir à recouvrement pour les machines accouplées et à grande vitesse, notamment pour les locomotives.

En novembre 1839, MM. Eugène Flachat et Jules Petiet adressèrent à l'Académie des sciences de France un rapport sur les expériences qu'ils avaient faites sur cinquante machines des chemins de fer de St-Germain à Versailles. L'avance du tiroir, la pression qui se maintient dans le tuyau d'échappement et la puissance nécessaire pour le tirage furent les trois points sur lesquels, écrivaient-ils à M. Arago, ils avaient porté leurs calculs.

À la suite de celle laborieuse étude, ces ingénieurs ont reconnu :

1. - que sans avance à l'excentrique et par conséquent sans recouvrement, la vitesse de passage de la vapeur est sensiblement constante ;
2. - qu'avec une avance à l'excentrique, sans recouvrement, cette vitesse est très faible au commencement de la course, elle augmente rapidement à partir du milieu jusqu'à la fermeture, qui a lieu avant la fin de la course ;
3. - qu'avec recouvrements, les vitesses augmentent tout en restant relativement faibles au commencement de la course.

En se reportant aux lumières de sortie, ils constatèrent que sans avance la pression de la vapeur se perpétue au moins pendant 45° et souvent pendant 70° de la course de la manivelle. Le travail ainsi perdu variait de 4 à 14 % et était en moyenne de 8 % du travail théorique de la vapeur.

« Avec une avance de 25° par exemple, que nous regardons comme convenable, la pression, qui se maintient encore longtemps après l'ouverture de la lumière, est utilisée pendant la fin de la course.

L'avance donne ici un double avantage : elle évite une résistance et elle l'utilise. Le travail gagné par ces deux causes s'élève jusqu'à 15% pour les grandes vitesses et une production énergique de vapeur et il est encore au maximum de 8% pour une vitesse de 6 lieues à l'heure.

En y joignant les effets de l'avance et un recouvrement extérieur pour éviter les contre-vapeurs, le bénéfice total qu'ils trouvèrent par l'application d'une avance de 25° et d'un recouvrement égal aux ⅔ de la quantité linéaire que représente cette avance, ce bénéfice variera de 26 à 34 % du travail théorique de la vapeur. »

M. Pambour, dans ses expériences sur les plans inclinés du chemin de fer de Liverpool, avait observé que l'avance diminuait l'effort de traction. Les expériences nouvelles constatèrent que ce fait n'existait qu'au moment de la mise en marche de la machine mais que, lorsqu'elle avait atteint sa vitesse normale, son effort de traction était plus considérable parce que, dit le rapport, l'économie de résistance de l'échappement compense toujours, et bien au-delà, la faible diminution de la puissance due à la détente.

« Ainsi donc, *augmentation de puissance de traction, diminution de consommation* de vapeur : tels sont les avantages dus à l'avance, avantages qui sont au moins de 25 % pour une avance convenable»

Ils affirment encore que l'*avance du tiroir* est essentiellement utile à l'accélération de la marche des machines parce qu'elle permet de retirer le plus d'avantages possible d'une même quantité de vapeur.

« Les principes généraux qui doivent guider le constructeur dans les dimensions des conduits de vapeur sont ceux-ci :

1. - Les résistances et différences de pression qu'ils créent doivent être les moindres possible, et en tout cas elle ne doivent pas mettre obstacle à la marche de la machine.
2. - On doit éviter les contours brusques, les étranglements et tout ce qui peut être la cause de grand frottement et d'une diminution de vitesse qui se traduit toujours par une différence de pression. »

Les étranglements, les contours brusques et les arêtes vives ont encore le grand inconvénient de liquéfier une partie de la vapeur, en lui donnant le temps de céder sa chaleur aux parois des conduits qui la dispersent ensuite dans l'air ambiant. Quant aux sections des lumières les auteurs du rapport conseillent 1/13 de la surface du piston pour des vitesses de 10 lieues à l'heure et pour le modérateur, la section maxima doit être au moins égale à la section du conduit principal de vapeur. Avec ces dimensions on peut obtenir égalité de pression dans le cylindre et dans la chaudière à des vitesses ordinaires.

En étudiant les phases de l'échappement, ils reconnurent :

1. Que sans avance, il y a contre le piston pendant un angle de 50° une pression qui est en moyenne de 1,02 atmosphère et qui, répartie sur la course entière, équivaut à 0,1821 atmosphère ;

2. Quand il y a retard de 15°, cette contre-pression se prolonge pendant 65° et sa valeur moyenne est de 1,36 atmosphère, ou 0,393 atmosphère réparti sur la course entière ;

3. Avec 25° d'avance, cette pression contraire n'existe plus que pendant 25° ou à 0,047 de la course, elle est en moyenne de 0,44 atmosphère et répartie sur la course entière de 0,02 atmosphère.

Ceci corrobore ce qui sera démontré plus loin, à savoir que l'avance linéaire à l'introduction généralement adoptée est trop faible pour obtenir le meilleur effet possible.

Depuis l'époque où ce travail a été fait, la construction des tiroirs à recouvrements a attiré l'attention de tous les constructeurs, et généralement aujourd'hui le recouvrement, qui ne dépassait pas alors 10 millimètres avec une avance de 25°, est porté à une largeur égale à celle de la lumière avec une avance de 30° et une anticipation à l'introduction de 4 à 8 millimètres. Le tiroir dessiné figure 14, est le type adopté pour les machines du chemin de fer du Nord français ; la lumière d'introduction est de 10 millimètres plus grande que l'ouverture maxima ; la lumière d'exhaustion a presque le double de largeur et le recouvrement intérieur n'est plus que de 1 millimètre.

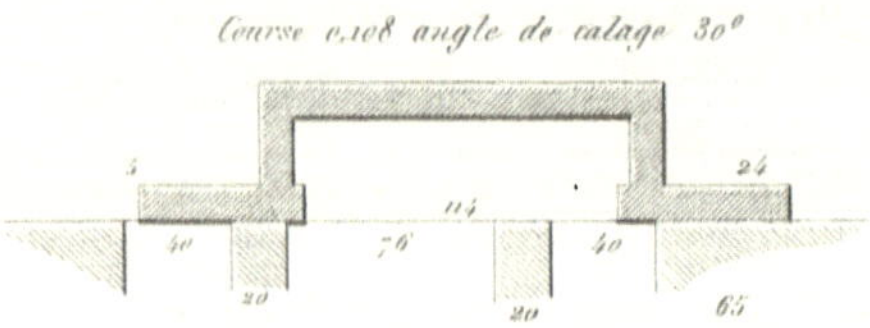

Fig. – 14.

Clapeyron, en vue de retarder la sortie de la vapeur, ou plutôt pour la contraindre à rester plus longtemps dans le cylindre, et pour utiliser son pouvoir expansif, avait imaginé des recouvrements intérieurs qui, s'ils avaient l'avantage de profiter d'une partie de la détente, avaient l'inconvénient d'augmenter la durée de la compression. On a facilement reconnu qu'il y aurait avantage réel à supprimer ces recouvrements et à les reporter à l'extérieur.

Aujourd'hui le recouvrement intérieur est réduit à sa plus simple expression. Il varie de 0,002, 0,001 à 0,0005.

Le tiroir à recouvrement, combiné avec les coulisses Stephenson et Gooch, et avec les appareils Delpeck, Gonzenbach, Waelschaerts, Allan et Polonceau, est devenu l'appareil indispensable de la distribution de toute locomotive. Il a fait disparaître tous ces appareils de détente variable qui encombraient la machine.

Détermination du recouvrement pour une détente donnée.

Dans le principe la grandeur du recouvrement et l'avance linéaire à l'introduction étaient déterminées par l'expérience. Chaque constructeur adoptait des dimensions particulières qui différaient comme les systèmes de locomotives. Ce ne fut que plus tard que la géométrie et l'analyse donnèrent les moyens de déterminer exactement les dimensions d'un tiroir, pour produire un effet déterminé, sans recourir aux expériences pratiques ; encore ces procédés diffèrent-ils entre eux, quant à la forme et quant aux résultats.

Nous obtenons le recouvrement et l'angle d'avance de l'excentrique, sans avoir égard à l'avance à l'introduction, par le procédé suivant :

Sur la droite A_0 B_0 (fig 15 et 16) comme diamètre, on décrit une circonférence, qui représentera le chemin curviligne que parcourt le maneton de la manivelle, pendant que le piston parcourt le chemin rectiligne A_0 B_0 ; on se donne ensuite le point de la course du piston ou de la manivelle où la lumière doit commencer à se fermer.

Supposons que ce point soit aux 9/10 de la course du piston ; lorsqu'il aura parcouru la distance B_0 E, le tiroir devra être revenu sur lui-même pour venir fermer exactement la lumière. Si, de ce point E, nous élevons une perpendiculaire, elle coupera la circonférence au point D, qui sera la position du bouton de la manivelle lorsque le piston est en E, dans l'hypothèse que la longueur de la bielle est infinie. Il résulte de ces

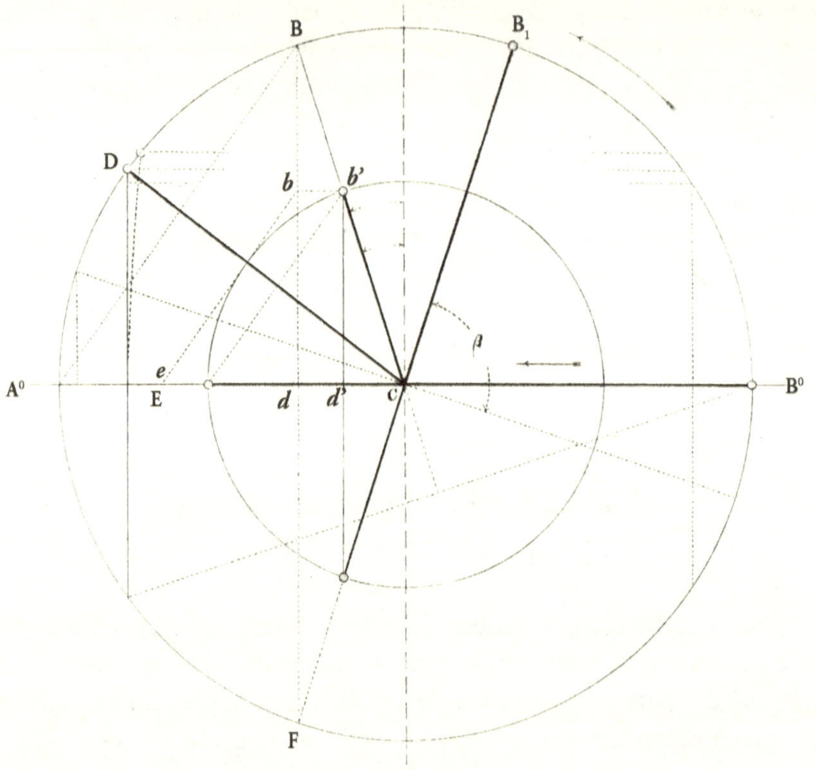

Fig. – 15.

mouvements solidaires du piston, de la manivelle et du tiroir que depuis Bo, départ du piston jusqu'au point E où commence la détente, le tiroir aura parcouru exactement deux fois la largeur de la lumière, une fois en arrière et une fois en avant, et l'extrémité du rayon d'excentricité aura

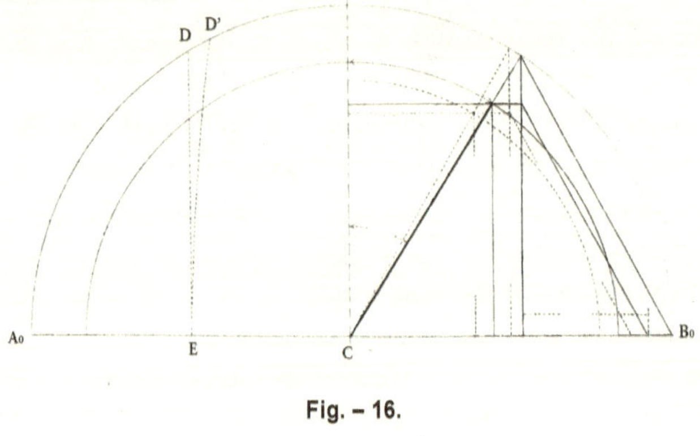

Fig. – 16.

parcouru un arc de sa circonférence proportionnel à l'arc parcouru par le maneton de la manivelle. Il s'ensuit que, lorsque celui-ci aura parcouru la moitié de l'arc B_0 D, le tiroir aura entièrement découvert l'orifice d'introduction ; il sera à la fin de sa course, et par conséquent, le rayon d'excentricité qui le conduit devra alors coïncider avec l'horizontale A_0 C.

Si, par le milieu de l'arc B_0 D, nous faisons passer le rayon C B_1, il représentera la position de la manivelle qui correspond à la direction C A_0 du rayon d'excentricité lorsque la lumière se ferme, et l'angle A_0 C B_1 sera l'angle de calage β_0 cherché ; en reportant le point B_1 en B, C B sera la direction du rayon d'excentrique lorsque la manivelle coïncidera avec C B_0.

Si le rayon d'excentricité était égal à C B, la distance du point A_0 au pied *d* de la perpendiculaire abaissée du point B serait la largeur de la lumière d'introduction et C *d*, projection des points symétriques B et F serait le recouvrement et l'arc A_0 B égal à B_0 B_1 serait l'arc que parcourrait le rayon d'excentricité.

Soit *l* la largeur de la lumière que nous porterons de *d* en *e* ; puisque la circonférence inconnue a un centre C commun avec la circonférence B_0 B A_0, elles seront parallèles, et en désignant par R la manivelle, par ρ le rayon d'excentricité, on aura :

$$R : \rho :: A_0 d : l$$

Mais A_0 *d* est égal à R sin. β_0 -10 ou à R sin. β_0 -1, suivant que l'on emploiera les valeurs logarithmiques ou les valeurs naturelles ; donc :

$$\rho = R l / R(\sin. \beta_0 - 1) = l / \sin. \beta_0 - 1$$

Connaissant le rayon ρ d'excentricité, on aura le recouvrement par :

$$\rho - l = r \text{ , C. Q. F. T.}$$

Le tableau suivant donnera :

1. - les valeurs des angles d'avances β_0 pour une détente déterminée ;
2. - le degré de la détente ;
3. - les valeurs de sin. β_0 -1 ;
4. - les valeurs correspondantes de ρ et de *r* pour une valeur de *l* égale à 0,030.

ANGLES D'AVANCE β^o	FRACTION DE LA COURSE PENDANT LA DÉTENTE.	VALEURS NATURELLES DE $\sin \beta^o - 1.$	SI l = 0.030 VALEURS DE $l+r$ ou ρ	r	OBSERVATIONS.
13°	1/20	0.77505	0.0387	0.0087	Pour conserver le même angle de calage tout en donnant au tiroir une avance à l'introduction, on diminuera le recouvrement de deux fois l'avance linéaire, ce qui altérera le moment de la détente. Pour que la détente ne change pas on ne réduira le recouvrement trouvé que d'une fois l'avance et on augmentera l'ouverture de l'angle d'une quantité telle que sa hauteur verticale soit toujours égale à r. Ainsi : a étant l'avance, r' le recouvrement et α^o le nouvel angle on aura $\sin \alpha^o = \frac{r' + a}{l + r - a}$
18°	1/10	0.69098	0.0434	0.0134	
23°	3/20	0.60927	0.0492	0.0192	
27°	2/10	0.54601	0.0549	0.0249	
30°	1/4	0,50000	0.0600	0.0300	
33°	3/10	0.45536	0.0659	0.0359	
36°	7/20	0.41221	0.0727	0.0427	
38°	4/10	0.38434	0.0780	0.0480	
42°	9/20	0.33087	0.0960	0.0560	
45°	1/2	0.29289	0.1025	0.0725	

Exemple : a = 6 millimètres ; r' = 0,030 - 0,006 = 0,024 ; $l + r$ - a = 0,054

$$\sin a_0 = 0{,}030 / 0{,}054 = 0{,}55555$$

ce qui se rapporte à un angle de 33° 45' 05.

Par ce procédé la détente reste la même, mais la sortie et la compression commencent un peu plus tôt.

Pour atténuer les effets de l'étranglement de la lumière lorsque la course du tiroir est variable par une coulisse, on fait quelquefois la course de l'excentrique plus grande, de telle sorte que le tiroir étant à fond de course, il est en arrière de l'arête intérieure de la lumière d'une quantité égale à l'excès de la course. Dans ce cas la valeur de l est égale à la largeur de la lumière plus l'excès de la course et il conviendrait alors d'augmenter la largeur de l'orifice de cette quantité, pour faciliter l'entrée et la sortie de la vapeur.

Le tableau précédent fait voir qu'au-delà de la détente, pendant le dernier quart de la course, le recouvrement est plus grand que la largeur de la lumière et que, pour une détente à demi-course, le recouvrement est plus que double de la lumière. Or, lorsque le recouvrement est exactement égal à la largeur de la lumière, il faut pour profiter de la

Fig. – 17.

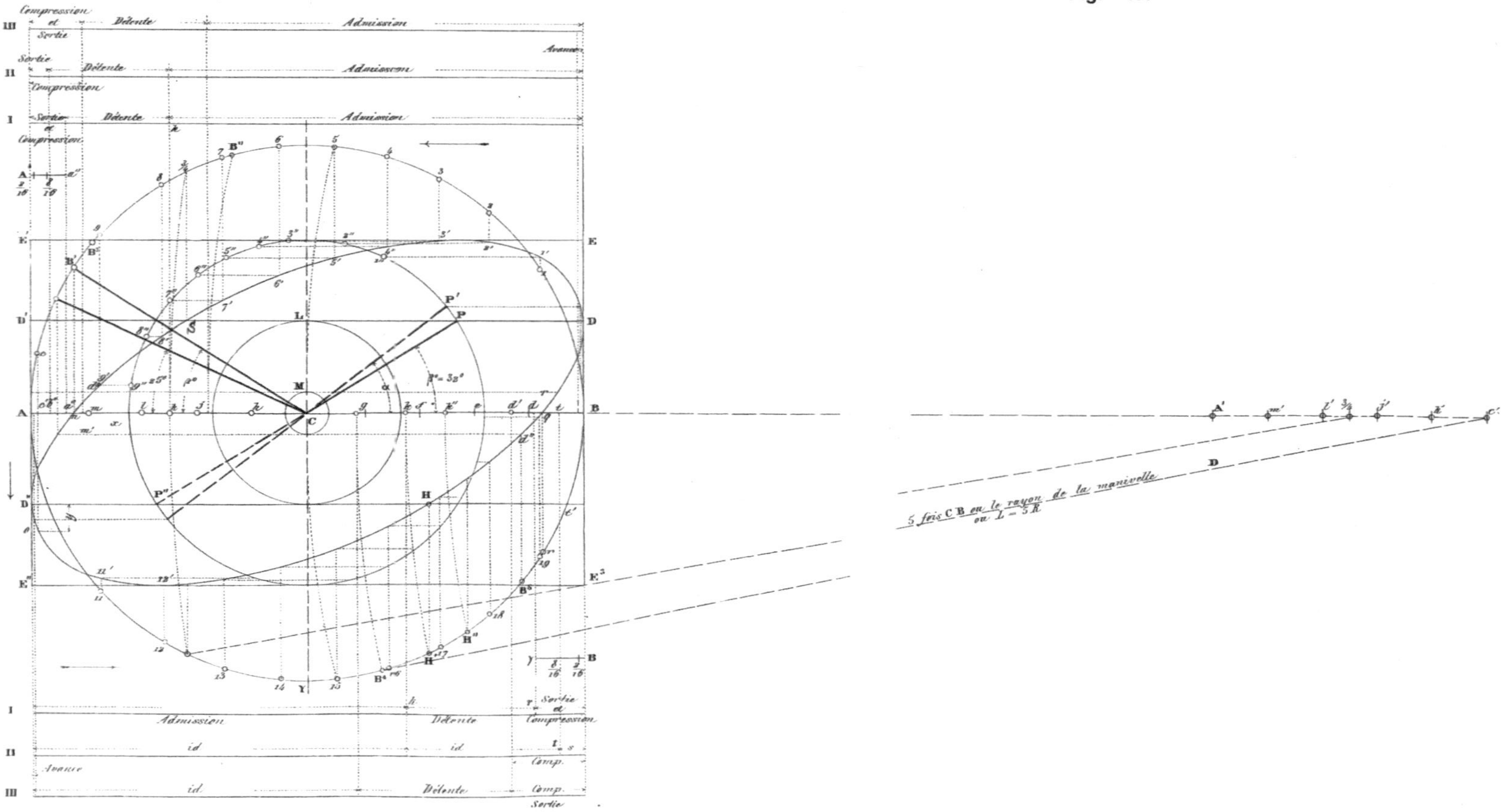
Compression et Sortie
Détente
Admission
Avance
Sortie
Compression
Détente
Admission
Sortie et Compression
Détente
Admission
5 fois C B ou le rayon de la manivelle ou L = 5 R
Sortie et Compression
Admission
Détente
id
Comp.
Avance
Sortie

détente, augmenter les empâtements du tiroir d'un recouvrement intérieur, d'autant plus grand, que l'on veut éloigner le moment de la sortie : l'épure fig. 17 rendra sensible l'influence de ce recouvrement.

Graphiquement, le recouvrement se trouve ainsi (fig. 15, p. 30) : du point B, position de la manivelle au moment de la détente, on abaisse une perpendiculaire sur l'horizontale C A_o, et du pied *d* de cette perpendiculaire on porte A_o vers *d e* égal à *l* ; de ce point *e*, on mène une parallèle à A_o B jusqu'à sa rencontre *b* avec B *d* ; de cette intersection *b*, on mène aussi une parallèle à A_o B_o jusqu'à sa rencontre avec la direction du rayon d'excentricité B C ; la projection *d'* du point *b'*, donnera la longueur C *d'*, qui est le recouvrement cherché, et C *b'* sera le rayon d'excentricité. En effet, les triangles semblables A_oBd et *ebd*, CB*d* et C*b'd'* donnent

$$A_o d : e d \text{ ou } l :: B d : b d$$

$$CB : C b' :: B d : b d \text{ ou } b'd'$$

D'où en supprimant les termes communs

$$A_o d : CB :: l : C b' \text{ ou } \rho$$

et $$\rho = R \times l \,/\, A_o d \quad (\rho - l = r)$$

La courbe pointillée de la figure 10 (p. 22) a été construite pour un tiroir dont le recouvrement est égal à C *d'*.

La figure 16 (p. 30) est destinée à résoudre le problème du recouvrement pour une détente aux ¾ de la course en faisant intervenir l'influence de la longueur de la bielle, et les lignes pointillées donnent le recouvrement pour le cas d'une bielle de longueur infinie. Dans le premier cas, le maneton de la manivelle serait en D' et dans le second cas, il serait à l'intersection D de la circonférence, avec la perpendiculaire dont le pied E correspond avec les ¾ de B_o A_o.

Observations. — En cherchant le recouvrement avec la condition de faire intervenir la longueur de la bielle il faudrait, après avoir trouvé sa valeur pour la course en avant, chercher aussi sa valeur pour la course en arrière. On obtiendrait ainsi deux valeurs de *r* telles, que la détente commencerait exactement aux points déterminés dans les deux courses. Si on néglige de chercher cette seconde valeur, en supposant qu'elle puisse être utilisée, le moment de la détente sera avancé dans la course arrière, si le recouvrement a été cherché pour la course avant, et le moment de la détente sera reculé, si la recherche a eu lieu pour la course arrière. Or, en négligeant l'influence de la longueur de la bielle, on obtient un recouvrement un peu en retard, dans la course avant, et un peu en avance, dans la course arrière, et l'écart du point réel est sensiblement égal car le point D (fig. 15, p. 30) partage presque en deux parties égales l'arc D" G' ; G' est la projection du point G" symétrique du point G où doit se trouver le maneton de la manivelle au moment de la détente dans l'autre course.

Pour pouvoir utiliser deux valeurs de *r*, il faudrait deux excentriques de rayons différents, dont l'un distribuerait la vapeur d'un côté du piston et dont l'autre la distribuerait du côté opposé, ce qui pourrait se faire par deux tiroirs logés dans des boîtes différentes, n'ayant chacune qu'une lumière d'introduction et la lumière d'exhaustion. Cette complication n'aurait de raison d'être que dans les machines oscillantes où, comme nous le verrons plus loin, une seconde boîte et un second tiroir seraient bien utilisés, l'une pour équilibrer le poids de la première boîte, et l'autre pour corriger l'influence de la longueur de la tige de la bielle.

Si, dans la figure 10, p. 22, on avait construit l'épure en ayant égard à la longueur de la bielle, le maneton de la manivelle, au milieu de la course du piston, se serait trouvé en B', au lieu qu'il est censé être en 5, et la détente eut commencé lorsque le maneton eut été en B" et non en 9.

La figure 15, p. 30 fait voir en *a* la position symétrique qu'occuperait l'excentrique de la marche en arrière d'une machine à deux mouvements.

Les figures 10 et 15 font encore voir que, lorsqu'il n'y a pas de recouvrement intérieur au tiroir, la sortie de la vapeur commence lorsque le rayon de la manivelle est en C B_2 et que l'angle A C B_2 est égal à l'angle d'avance B C *h* de l'excentrique.

Explication des figures. — Les figures 9, p. 21, 18 et 19 font voir le tiroir à recouvrement pour une détente aux $\frac{9}{10}$ de la course du piston :

- 1° lorsqu'il est au milieu de son évolution, c'est-à-dire lorsque le rayon d'excentricité est vertical ;
- au moment de l'ouverture de la lumière lorsque la manivelle est au point mort, s'il n'y a pas d'avance linéaire ;

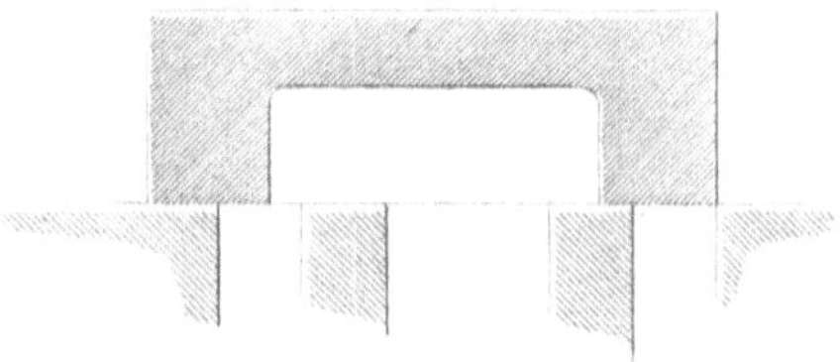

Fig. – 18.

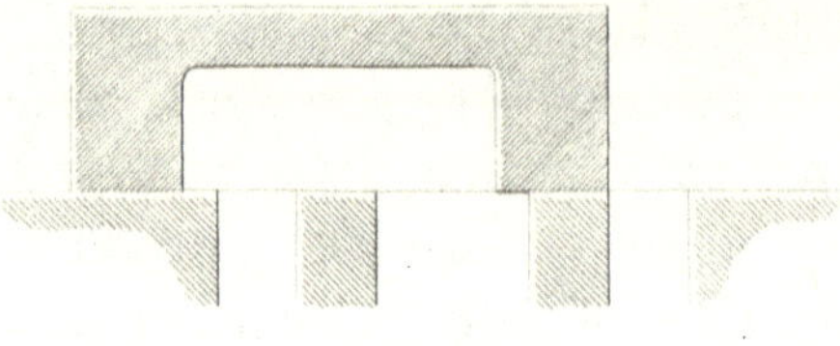

Fig. – 19.

– lorsqu'il est à la fin de sa course, alors que la manivelle coïncide avec le rayon C B_1 qui fait ainsi, avec l'horizontale, un angle de 90° - β_0.

Dans les tiroirs à recouvrements, on peut, sans altérer en rien la distribution, augmenter la largeur de la lumière pour offrir une plus large issue à l'exhaustion de la vapeur. Cette amplification se prend aux dépens des épaisseurs des intervalles entre les lumières d'introduction et de l'exhaustion ou, ce qui vaut moins, on augmente la longueur du tiroir, à moins que l'on augmente l'amplitude de sa course pour réduire les étranglements.

Discussion de la distribution par le tiroir à recouvrements.

La figure 17, p. 33, est construite pour étudier les phases de la distribution par un tiroir dont le recouvrement a été cherché graphiquement par l'épure de la figure 16, en faisant intervenir l'influence de la longueur de la bielle motrice, qui a été supposée être égale à 5 fois la longueur de la manivelle.

Construction de l'épure de la figure 17. — Cette construction ne diffère de celle de la figure 10, p. 22, que par l'angle d'avance β_0 et par l'intervention de la longueur de la bielle.

Étant donnés :

1. - le rayon ρ ou C P ;
2. - le recouvrement *r* ;
3. - une droite A B, qui figurera, arbitrairement ou à l'échelle, la course du piston, on procédera ainsi :

1. Du milieu C de cette droite, prise pour diamètre, on décrira une première circonférence qui représentera le chemin circulaire à parcourir par l'extrémité de la manivelle ;

2. Du même centre C avec le rayon C P, on décrira une seconde circonférence, qui sera aussi le chemin que parcourra l'extrémité du rayon d'excentricité ;

3. Des extrémités A et B on élèvera des perpendiculaires B E et A E' égales à C P ;

4. Parallèlement à A B et à une hauteur B D, égale au recouvrement *r'*, on mènera l'horizontale D D'.

5. On joindra ensuite les extrémités E et E', et l'on construira en dessous de A B les rectangles symétriques aux premiers.

Le piston marchant de B vers A, et le tiroir de B vers E et de E vers A', il s'ensuit qu'au commencement de la course du piston, le rayon ρ ou C P devra être en avance de la quantité angulaire β_0 et que son extrémité P sera sur l'horizontale D D', puisque nous ne supposons pas d'avance linéaire.

La bielle étant égale à 5 fois le rayon B C et A B étant divisé en parties égales ou inégales, de tous ces points de division, qui correspondent aux positions du piston comme centres, et avec un rayon égal à 5 B C, on décrira des arcs de cercle qui couperont la droite A B prolongée, en des points *c'*, *h'*, *j'*, etc. qui seront les points correspondants de l'extrémité de la tige du piston ; de tous ces nouveaux points, comme centres et avec le même rayon, on décrira des arcs de cercle qui couperont la circonférence en des points 1, 2, 3, 4, etc., qui seront les positions correspondantes du maneton de la manivelle.

De tous ces points :

- on abaissera des ordonnées qui couperont la circonférence en dessous de A B aux points correspondants de la course de retour ;
- avec un rayon égal à l'écart B B on décrira des arcs de cercles qui couperont la petite circonférence aux points 1", 2", 3", 4", etc., qui seront les positions correspondantes du rayon d'excentricité ;
- de tous ces nouveaux points on mènera des abscisses, dont les points de rencontre, avec les ordonnées successives 1, 2, 3, 4, etc, donneront les points de la courbe continue qui représentera les lieux géométriques du tiroir.

1re Période. — En suivant cette courbe depuis son origine D, qui correspond au point mort de la manivelle, on remarque :

1. - Lorsque la lumière est à son maximum d'ouverture, le point de tangence de la courbe avec E E' se trouve entre les ordonnées 2 et 3.
2. - Lorsque le piston est ainsi au quart de sa course en avant, la

lumière est tout ouverte, tandis que, dans la course de retour, le tiroir occupe la même position lorsque le piston n'est encore qu'aux 2/10 de son évolution.

3. - À partir de ce point, le tiroir revient sur lui-même pour fermer exactement la lumière en S, lorsque le piston est parvenu rigoureusement aux ¾ de sa course, tandis que cette opération se fait avant, en II, dans l'autre course, alors que le piston est en K. La détente se faisant exactement au-dessus de A B, cela prouve que le recouvrement répond aux exigences du problème que l'on s'est posé mais que, s'il est bien pour une course, il est trop court pour l'autre et qu'on doit, comme nous l'avons déjà dit, ne pas faire intervenir, dans le problème, la longueur de la bielle.

Pendant cette période, la vapeur qui se trouve devant le piston continue à s'échapper.

2e Période. — Le piston continue son mouvement vers A, poussé par la détente de la vapeur jusqu'à ce qu'il soit arrivé en *a''*, qui correspond à la position B de la manivelle, et le tiroir sera en *n*, point d'intersection de la courbe avec A B. La vapeur qui vient de le pousser va commencer à s'échapper, tandis que de l'autre côté du piston, la vapeur ne peut plus sortir car l'arête intérieure du tiroir correspond alors au point *q*, entre C et B. À partir de cette position, le piston devra, par conséquent, achever sa course non seulement sans vapeur, mais encore en comprimant, de plus en plus devant lui la vapeur dilatée qui y est emprisonnée.

3e Période. — Recouvrement intérieur. — Le travail de la détente n'est utilisé, comme on vient de le voir, que depuis K jusqu'en *n* ; mais si l'on voulait retarder le moment de l'échappement, pour utiliser plus longtemps la détente jusqu'en *b''*, milieu de *n* A, il faudrait ajouter des recouvrements au tiroir, dont la longueur sera donnée, en prolongeant l'ordonnée, qui passe par le point correspondant *b* du maneton, jusqu'à la course en *b'*, et *x* sera la dimension cherchée. Mais aussi le travail de la compression qui ne commençait qu'en *q*, va se faire à partir du point *d''* ou du point d_3 vers B, de sorte que le parcours du piston, pendant cette période, sera A *m'* au lieu de A *a''*.

Ceci fait voir qu'en retardant la sortie de la vapeur, il n'y a pas avantage, pour une détente moyenne, à moins d'augmenter l'avance linéaire, qui est, dans tous les cas, indispensable.

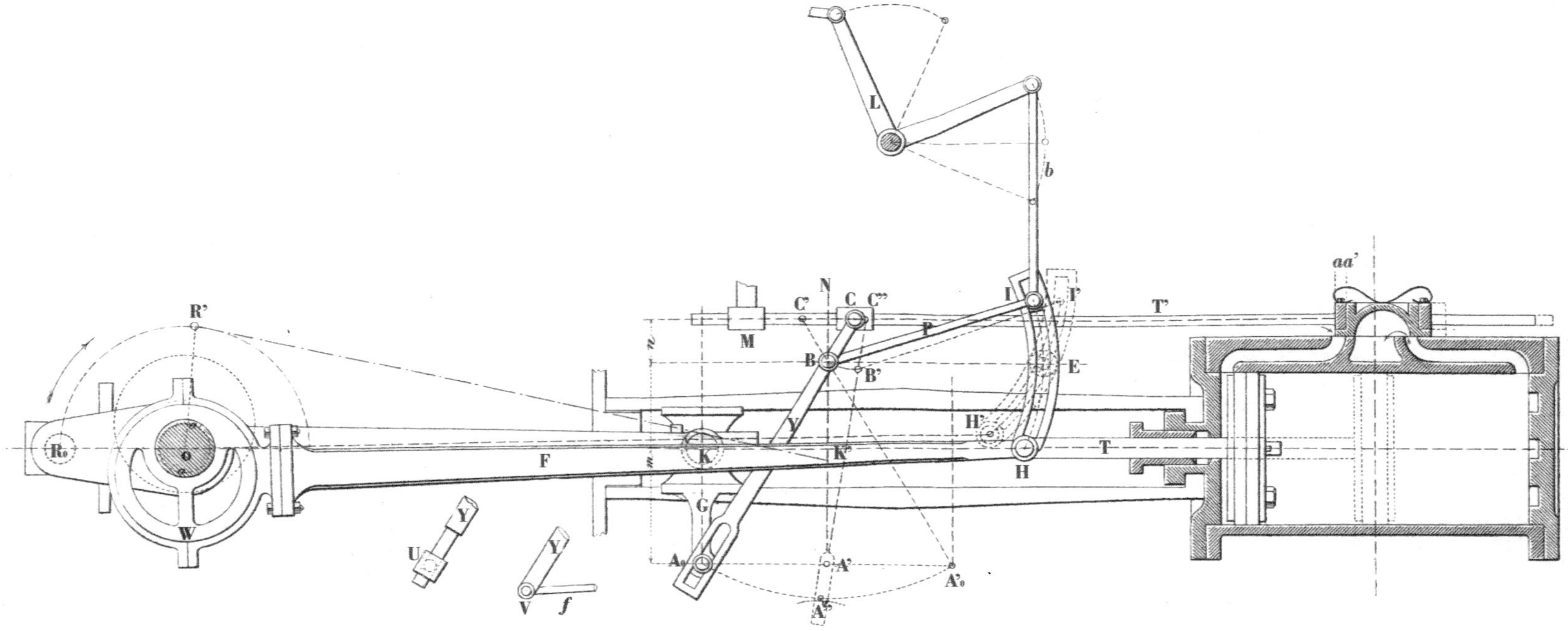

Fig. – 20.

On en conclura encore que la détente par recouvrement n'est plus avantageuse au-delà des 3/4 de la course.

4e Période. — Avance à l'introduction. — La vapeur qui se comprime devant le piston, atteindra bientôt une pression d'autant plus considérable, que l'espace qui la renferme se rétrécira et que la pression initiale sera plus grande, puisque la loi de Mariotte V P = V P' est applicable aux vapeurs. Il arrivera donc un moment où cette pression sera devenue égale à la pression de la vapeur qui remplit la boîte de la distribution. Si l'on prolonge la compression au-delà de cette limite, il peut arriver que la pression devienne capable de faire basculer le tiroir sur son arête extérieure et de permettre ainsi à la vapeur comprimée de s'échapper en pure perte. C'est à la suite de pareils soulèvements désorganisateurs, que l'on reconnut la nécessité de soumettre le tiroir à l'action d'un ressort, qui est fixé au cadre. Le distributeur de la figure 20 est ainsi organisé.

On peut déjà conclure, de ce qui précède, que plus la pression de la vapeur engendrée sera grande, mieux cela vaudra, puisque la vapeur comprimée, au moment de l'ouverture de la lumière d'introduction, sera d'autant plus rapprochée de la pression du milieu dans lequel elle retourne. (Dans les locomotives à marchandises des chemins de fer de l'État belge, la pression dans la chaudière est généralement de 8 atmosphères).

Nous venons de voir que la compression, le tiroir étant à recouvrement intérieur, commençait au point *a''* de la course en avant du piston ; or si on divise A *a''* en 2 parties égales, puis en 8 parties, au fur et à mesure que le piston sera parvenu aux points de division, la pression de la vapeur comprimée sera devenue successivement P^2, P^3, P^4 et P^8, ou huit fois sa pression initiale.

Soit *c'* le point de division, qui correspond à la pression P^8. Faisons passer par ce point l'arc de cercle décrit avec la longueur de la bielle pour rayon, ce qui déterminera la position *c* correspondante du bouton de la manivelle et de ce point *c*, abaissons la perpendiculaire sur A B, que nous prolongerons jusqu'à sa rencontre en *o* avec la courbe ; l'écart *y* donnera la largeur de l'ouverture anticipée de la lumière lorsque le piston sera en A, au commencement de sa course.

D'après la loi de Mariotte, on trouverait le point *e'* où la pression est P^x par :

$$A\,a''S\,P^1 = A\,c'S\,P\,x$$

ou $$A\,c' = A\,a''\,P^1\,/\,P\,x$$

Dans la pratique, il est rare que l'avance linéaire dépasse 6 millimètres, même pour des tiroirs de la dimension considérée. Ainsi la figure 14, p. 28, est le tiroir en usage dans les locomotives du Nord français, et bien que son recouvrement soit plus grand que celui du tiroir que nous considérons et qu'il soit encore pourvu d'un recouvrement intérieur d'un millimètre, l'avance à l'introduction n'est que de 5 millimètres.

Il résulte de cette limite maxima d'ouverture, que la vapeur comprimée, qui s'oppose de plus en plus à la marche du piston, atteint bientôt une pression P^n de beaucoup supérieure à la pression P^x et que le travail négatif qu'elle produit, à partir du point *c'* jusqu'au point où elle se dilate, est en grande partie perdu.

Que s'il est vrai que cette vapeur est de nouveau utilisée, elle ne peut plus l'être qu'à la pression du générateur, et le travail qu'elle restituera, sera P^n V et non pas P^n *v* (*v* étant la vitesse maxima du moteur) ; mais elle peut rendre une somme de *n* P^x *v* de travail.

Pour que le travail soit exactement restitué il faut que la lumière s'ouvre lorsque la pression de la vapeur comprimée est revenue à la pression de la chaudière.

Ainsi, théoriquement l'avance linéaire à l'introduction devrait être beaucoup plus grande que celle qui est généralement admise. Elle dépend de la pression de la vapeur dans le générateur et de la pression initiale au moment de la compression. Mais aussi, en théorie on ne fait pas souvent intervenir certains petits détails, qu'il est cependant important de ne pas négliger. Ainsi, dans le cas qui nous occupe, la longueur *t a''* multipliée par la surface du piston, ne représente pas le volume total de la vapeur comprimée, car il faudrait faire intervenir dans le calcul :

- le volume de l'espace libre ou nuisible entre le piston et le fond du cylindre, lorsque la course est achevée ;
- le volume du canal qui conduit la vapeur de la boîte au cylindre ;
- la capacité du creux intérieur du tiroir ;
- le volume A *a''* S.

En faisant intervenir, aussi exactement que possible, ces volumes dans le calcul, on obtiendra un point *x* du parcours du piston, qui déterminera le moment de l'ouverture de la lumière.

La compression a encore, sur les organes du moteur, une réaction d'autant plus nuisible qu'elle est plus prolongée et que la vitesse est plus considérable.

Les bris fréquents des essieux coudés n'ont très probablement pas d'autres causes car la réaction sur la force vive acquise doit produire des percussions intimes qui s'augmentent, sur cet organe, du produit du bras du levier du rayon de la manivelle, dont l'une est alors verticale. Les articulations se fatiguent, et les machines auxquelles arrivent ces accidents devraient probablement subir quelques changements dans leur mode de distribution, tels que la diminution de longueur du recouvrement intérieur pour donner une plus grande avance. La compression trop prolongée est encore un obstacle à l'accroissement de la vitesse de nos locomotives.

Ces considérations font ressortir l'avantage d'employer pour le distributeur, un mode de transmission de mouvement tel, que l'avance à l'introduction se maintienne invariable au commencement de chaque course, quelle que soit la détente, et tel encore que, dans ce dernier cas, la compression reste la même que pour le maximum d'admission. Ainsi que nous le verrons plus loin, les coulisses Gozenbach, Polonceau et Delpech peuvent seules donner ce résultat par l'addition d'un second tiroir.

III et III' de la figure 17, p. 33, sont les projections des mouvements du piston et du tiroir sans recouvrement intérieur, mais avec une avance à l'introduction, sans modification de la longueur du recouvrement extérieur.

L'angle d'avance est augmenté et de β_0 il est devenu α_0 pour une avance de 6 millimètres. Par suite de cette amplification de l'angle, le moment de la détente, qui se faisait primitivement aux ¾, est avancé en B'' et en B_4, et la compression, qui ne commençait qu'en B' se prépare en B'''.

Nous avons vu au tableau que, pour ne pas changer l'angle d'avance, il fallut diminuer le recouvrement de deux fois la valeur de l'avance, ce qui ne change pas la durée de la compression, tandis que, si l'on ne réduit le recouvrement que de la valeur de l'avance, il faut augmenter la valeur de l'angle β_0.

La détente reste au même point, mais la sortie se fait un peu plus tôt, ce que l'on corrige par un petit recouvrement intérieur.

Épure de la figure 21.

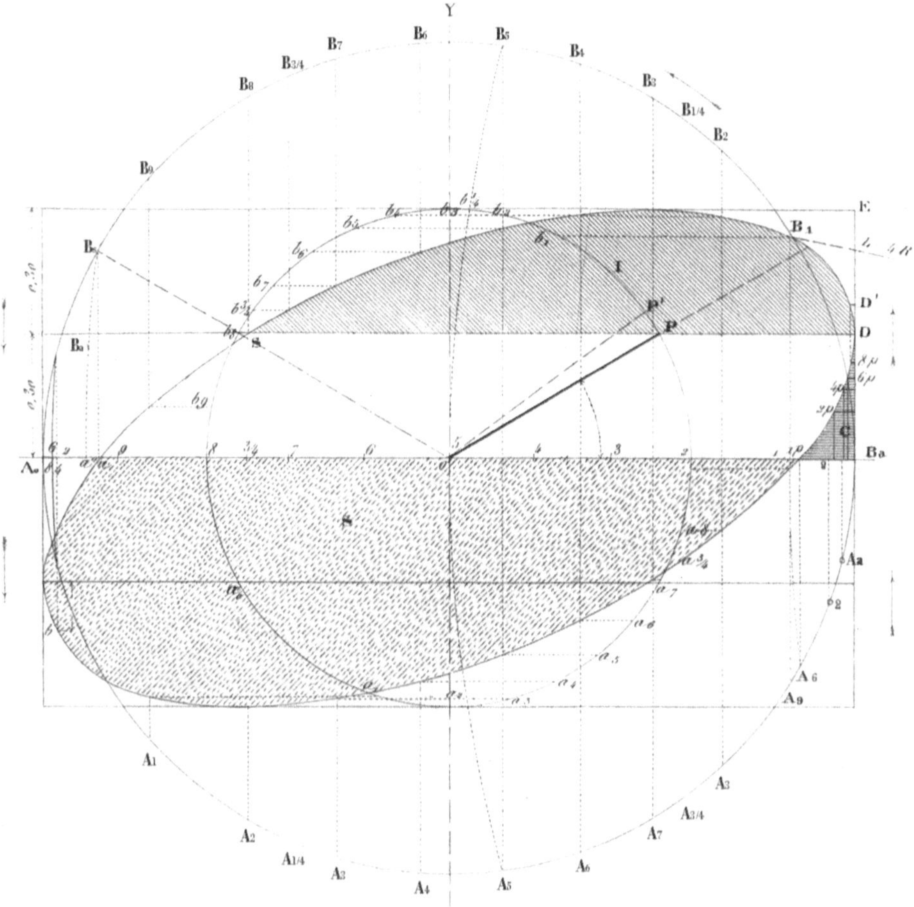

Fig. – 21.

Cette figure est, comme on le voit, semblable à la figure 17, p. 33, avec cette différence :

– que le recouvrement est donné par le tableau, ce qui ne fait que 30° pour l'angle d'avance βo au lieu de 32° ;

– qu'elle a été construite avec la supposition d'une longueur de bielle égale à 4 B C seulement ; pour faire ressortir les inconvénients d'une bielle écourtée, les hachures I, S et C correspondent aux périodes de l'introduction de la sortie et de la compression.

En suivant la courbe, on remarque :

1. - que le maximum d'ouverture correspond à la position B_3 de la manivelle ;
2. - que la détente se fait dans la première course après les ¾, et en A 7 avant les ¾, dans la seconde course ;
3. - que l'écart est égal ;
4. - que, lorsque la pression de la compression est de 8 P, le point D devra être en D', et l'extrémité P du rayon d'excentricité, en P'.

Procédé graphique analytique[2].

Étant donnés :

- la longueur du rayon d'excentricité ;
- l'angle de calage ;
- les positions CF, C G, et CS de la manivelle au moment de la détente, de la sortie et de l'introduction ;

Chercher le recouvrement intérieur et extérieur et l'avance linéaire à l'introduction, (fig. 22).

Par le milieu C de la droite A B, qui figurera la longueur de la course du piston, on fera passer le rayon C I, égal au rayon de l'excentricité, lequel fera, avec la verticale C D, un angle d'avance donné *a*. Par le milieu H de C I, avec H I pour rayon, on décrira une circonférence, qui coupera :

- le rayon C F en K ;
- le rayon C G en V ;
- le rayon C S en U ;
- l'horizontale A B en N : le point K détermine la détente, V la sortie, U l'introduction et M N la largeur linéaire de l'avance à l'admission.

Avec le rayon C K, égal à la largeur du recouvrement extérieur, on décrira une première circonférence ; avec le rayon C V égal au recouvrement intérieur, on en décrira une seconde et par le milieu de C I', prolongement de I C, on en décrira une troisième, qui coupera la plus petite en L, symétrique de L', et en menant par le point L, ainsi obtenu, le rayon C T', symétrique de C T, on obtiendra le point correspondant

(2) De M. le colonel Leman on de M. Zeimer.

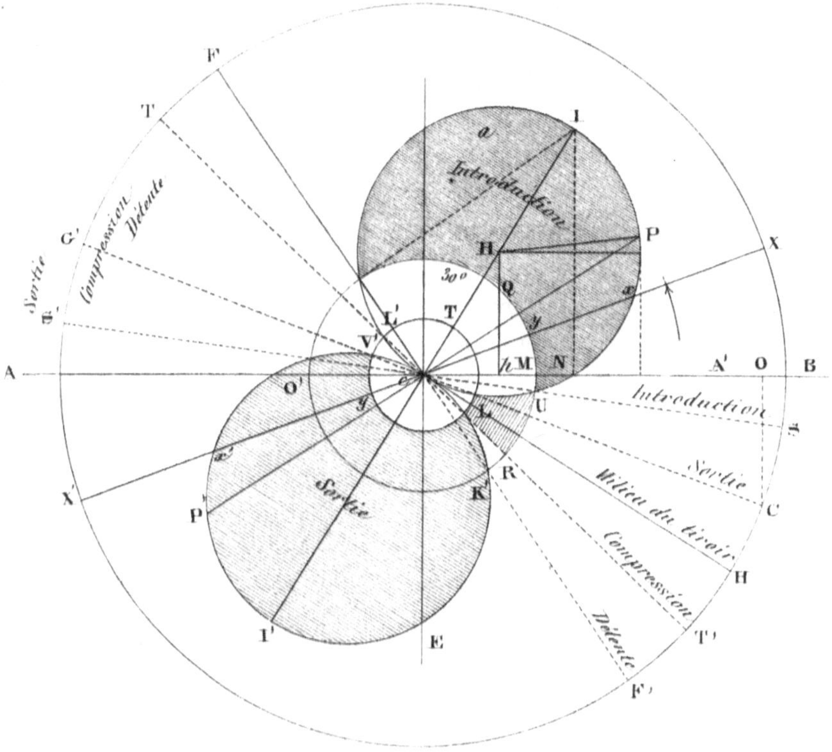

Fig. – 22.

de la manivelle où la compression commence ; la longueur de la bielle est supposée infinie. On remarquera que N est exactement la projection de l'extrémité du rayon C I et que I K est perpendiculaire au rayon C F, et qu'en prolongeant les rayons C F, C T', C G et C S, on obtiendra les points symétriques sur l'arc A D.

Les hachures supérieures sont relatives à l'introduction pour la course B A, les hachures inférieures se rapportent à la période de la sortie et les hachures comprises entre L R U V à la période de la compression. Le rayon C H, qui passe par le milieu de l'arc K' U, indique la position de la manivelle lorsque le tiroir est au milieu de son évolution. La conséquence de cette construction de l'épure est que l'on peut connaître immédiatement la position du tiroir ou l'ouverture des lumières pour une position X quelconque de la manivelle. Ainsi, les rayons C X et C X' coupant les circonférences U P K K' E P' en *x* et *x'*, la largeur de l'ouverture sera donc, pour la lumière d'entrée, égale à la distance *y x* et pour la lumière de sortie, à *y' x'* ; d'où, lorsque la manivelle coïncidera avec le rayon C I, la lumière sera ouverte à son maximum. A O' égale la longueur de la course pendant laquelle la vapeur se détend et O le point de la course où la sortie commence.

Connaissant :

1. - les dimensions des recouvrements *r* et *r'* ;
2. - la largeur de l'avance M N ;
3. - l'une des positions de la manivelle, soit au moment de la détente ou de la compression, ou de la sortie ;

on aura toutes les données pour résoudre le problème, qui fournira les autres inconnues, puisque l'on aura trois points de la circonférence K U N I, qui donneront le centre, la direction du rayon d'excentricité et sa longueur C I.

Procédé analytique de M. Gustave Zeimer.

Soit (fig. 23) C R la position du rayon de la manivelle à un point quelconque de la course ; C E la direction correspondante du rayon d'excentricité ρ ; l'horizontale C X passant par le centre de rotation de l'arbre de la manivelle et par l'axe de la tige du tiroir et du piston ; la verticale Y qui partage la course du tiroir en deux parties égales ; T est la tige du piston et F la barre d'excentrique.

Au moment considéré, le tiroir revient sur lui-même de A' en A° et l'articulation de la barre avec la tige de B vers B°. α° étant l'angle d'avance et ω° un angle quelconque, on aura, abstraction faite du signe du sinus de l'angle :

$$CA' = C\,D + B\,D + A'\,B$$

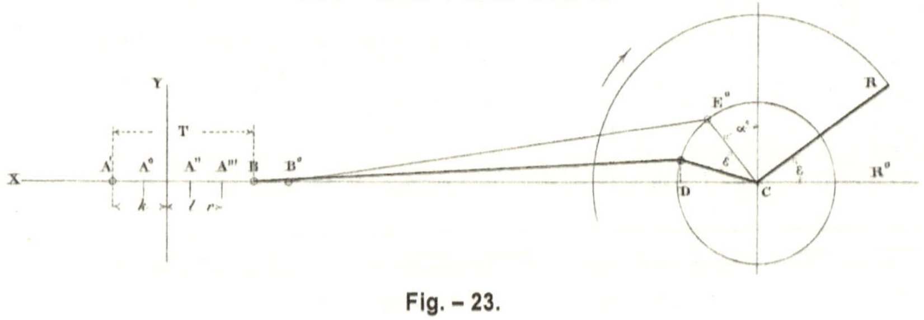

Fig. – 23.

Mais $$B\,D = \sqrt{\overline{B\,E}^2 - \overline{D\,E}^2},$$

donc $$C\,A' = C\,D + \sqrt{\overline{B\,E}^2 - \overline{D\,E}^2} + A'B;$$

et comme $C\,D = \rho \sin(\alpha^0 + \omega^0)$, $B\,E = F$, $D\,E = \rho \cos.(\alpha^0 + \omega^0)$ et $A'B = T$, on aura, en substituant,

$$C\,A' = \rho \sin.(\alpha^0 + \omega^0) \sqrt{F^2 - \rho^2\cos^2(\alpha^0 + \omega^0)} + T,$$

$$C\,A' = \rho \sin(\alpha^0 + \omega^0) + F + T \frac{\rho^2\cos^2(\alpha^0 + \omega^0}{2\,F}$$

Lorsque ω^0 égale 0, ce qui correspond au commencement de la course, on aura

$$C\,A^0 = \rho \sin \alpha^0 + F + T - \frac{\rho^2 \cos^2\alpha^0}{2\,F}$$

et lorsque $\omega^0 = 180^0$ il vient

$$C\,A'' = -\rho \sin \alpha' + T + F - \frac{\rho^2\cos^2\alpha.}{2\,F}$$

Au milieu de la course du tiroir $\alpha^0 = 0$ et $\cos \alpha^0 = 10$ ou $\alpha^0 = 180^0$ et $\cos.\alpha^0 = -10$; on trouvera, puisque $\sin.\alpha = 0$

$$C\,Y = F + T - \frac{\rho^2\cos^2\alpha}{2\,F}$$

Observons que $A'\,Y$ ou $K = C\,A' - C\,Y$ et que

$$C\,Y = T + \sqrt{F^2 - \sin^2(\alpha^0 + \omega^0)} + \cos.(\alpha^0 + \omega^0);$$

donc $$K = \rho \sin(\alpha^0 + \omega^0) + \frac{\rho^2}{2\,F}[\cos^2\alpha^0 - \cos^2(\alpha^0 + \omega^0)],$$

ou $$K = \rho \sin(\alpha^0 + \omega^0/ + \frac{\rho^2}{2\,F} \sin(\alpha^0) + \omega^0) \sin \omega$$

ou encore

$$K = \rho \sin \alpha.\cos \omega + \rho \cos \alpha^0 \sin \omega^0 \frac{\rho^2}{2F} \sin(2\,\alpha^0 + \omega^0) \quad \sin \omega''. \quad 1)$$

En faisant $$\rho \sin \alpha^0 = A$$
$$\rho \cos \alpha^0 = B$$

et $$\frac{\rho^2}{2F} \sin(2\,\alpha^0 + \omega^0) \sin \omega = M$$

l'équation (1) devient

$$K = A \cos \omega + B \sin \omega + M; \ (^2)$$

en négligeant la valeur de M, qui est très-petite, l'équation (2) se simplifie et l'on a

$$K = A \cos \omega^0 + B \sin \omega^0.$$

En se reportant à la figure 17 ces valeurs se traduisent par :

CN = A
IN = B
G *n* = K cos ω
P *n* = K sin ω
H P = ρ/2

P est la position de l'extrémité du rayon d'excentricité au moment considéré.

Si $\omega_0 = 0$, $\cos \omega_0 = 1$ et $\sin \omega_0 = 0$, on aura K = A =C N et, pour sin ω_0 = 180°, K = - A, le rayon d'excentricité étant en dessous de l'horizontale.

C'est à l'aide de ces procédés analytiques que son auteur établit ses tracés de coulisses, en se donnant les angles ω° des positions observées.

Autre procédé graphique pratique pour déterminer les positions relatives des organes (fig. 24).

La droite A_0 B_0 étant la course du piston, et la circonférence décrite sur ce diamètre étant le chemin parcouru par l'extrémité de la manivelle, du centre C, avec le rayon d'excentricité, on décrira la circonférence DD' qui sera le chemin parcouru par l'excentrique. Supposons une largeur de lumière de 0,030 m, une avance à l'introduction de 6 millimètres et un angle d'avance de 30°.

Si nous consultons le tableau qui donne les valeurs du recouvrement pour un angle donné, nous verrons que le recouvrement, qui se rapporte à l'angle de 30°, est égal à la largeur de la lumière ; mais comme nous nous imposons une avance de 6 millimètres, nous réduirons le recouvrement de 12 millimètres qui devient ainsi 18 au lieu de 30 millimètres, et le rayon d'excentricité sera 18 + 30 ou 48 millimètres.

Au commencement de la course du piston, en A_0, le rayon d'excentricité fera un angle de 30° avec la verticale C Y et le tiroir aura ouvert la lumière de 6 millimètres (fig. 25, I), et son arête se projette en a'_0. Déterminons d'abord les positions 1, 2, 3, etc., du bouton de la

Fig. – 25-

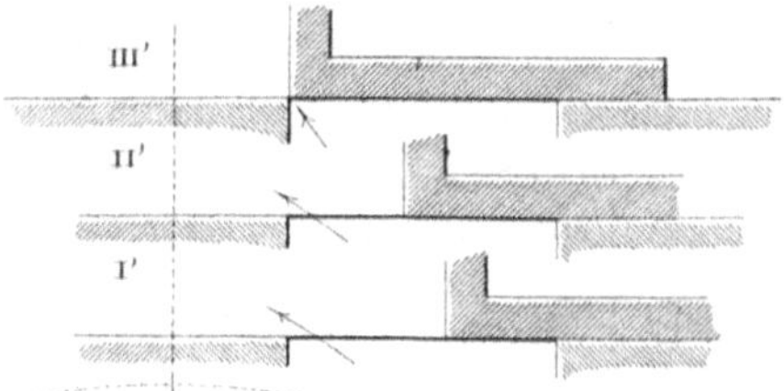

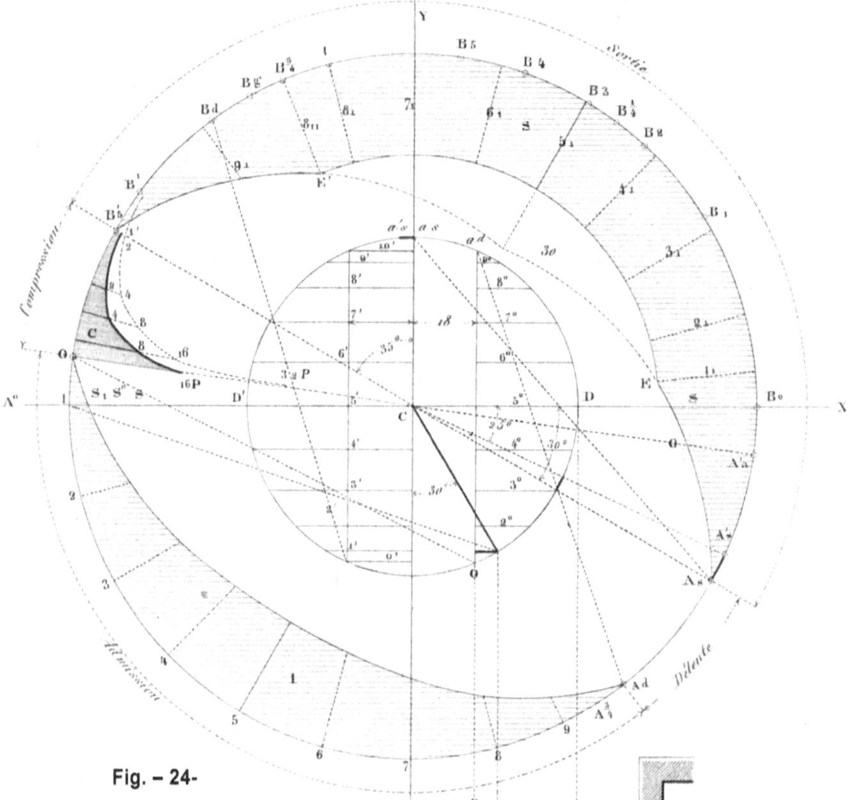

Fig. – 24-

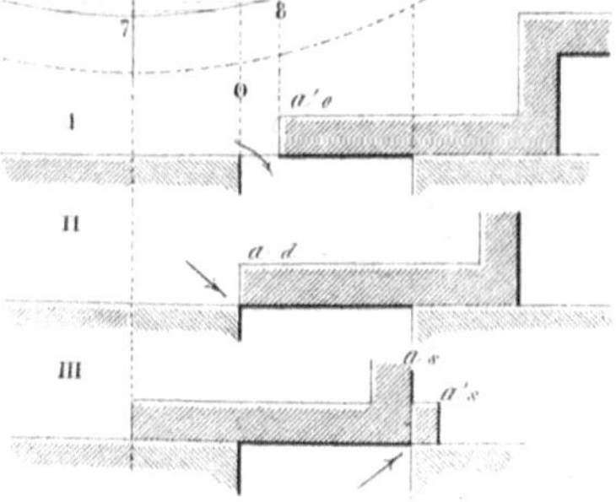

Fig. – 26-

manivelle en procédant comme dans les épures précédentes. Ensuite, avec un rayon égal à $A_0\ a_0$, écart de la manivelle et du rayon d'excentricité et, de tous les points 1, 2, 3, etc., décrivons des arcs de cercles qui coupent la petite circonférence en des points qui seront les positions successives et correspondantes des rayons d'excentricité. Par ces points faisons passer des horizontales 2°,3°,4°, etc., et 2',3', 4', etc. Portons ensuite sur les rayons C_2, C_3, C_4, etc., les largeurs 2°, 3°, 4°, etc., et réunissons tous ces points par une ligne continue O A *d* ; nous obtiendrons ainsi la surface I, qui représentera les largeurs de la lumière d'introduction reportées sur les directions correspondantes de la manivelle.

En procédant de la même manière pour la période de l'exhaustion, nous construisons la surface A_s E E' B_s, en négligeant l'écart de l'arête intérieure du tiroir de la lumière.

En suivant ce tracé, on voit que la détente (la longueur de la bielle est 4 B C) commence un peu après les ¾ de la course, mais que, dans l'autre course, elle commence en B *d*, à une plus grande distance de B ¾. On voit encore que la sortie commence lorsque la manivelle fait un angle de 30° avec l'horizontale B_0 C, et que la pression de la vapeur comprimée, au moment de l'ouverture de la lumière, en 0, est 16 fois plus grande que la pression initiale.

Si l'on veut que la sortie commence seulement lorsque la manivelle fait un angle de 25° avec C B°, en A' *s*, la compression commencera en B' et la pression à la fin sera 32 fois la pression initiale, et la largeur du recouvrement intérieur sera égale à A_s A'*s*.

Il est préférable d'augmenter la grandeur de l'avance en agrandissant l'angle du calage et en diminuant le rayon, lorsque l'on veut rester dans la limite de la détente que l'on s'est donnée.

La figure 25 représente trois projections du tiroir, au commencement de la course du piston, au moment de la détente et au moment de la sortie sans recouvrement intérieur.

La figure 26 donne les positions correspondantes du tiroir, pour la période de la sortie : on voit que la lumière a été élargie pour faciliter l'exhaustion et que le tiroir a été allongé de chaque côté de cet élargissement.

La figure 27 donne le parcours du tiroir : 1° sans avance linéaire, 2° avec une avance de 6 millimètres, le recouvrement du tiroir ayant diminué de 6 millimètres et l'angle d'avance ayant été augmenté, pour que le second rayon d'excentricité C P' soit de 6 millimètres au-delà du recouvrement. Ainsi la course du tiroir est diminuée de la valeur de l'avance.

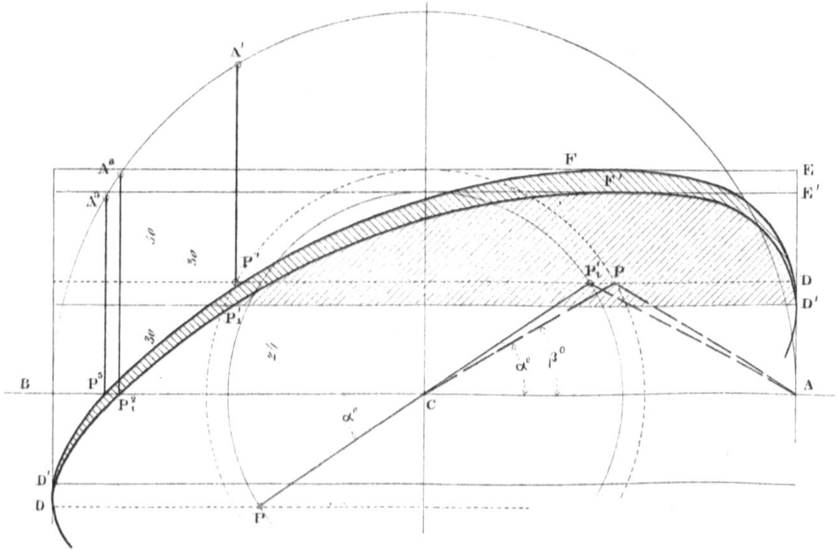

Fig. – 27.

Dans le premier cas, l'écart étant A P et le recouvrement A D, la détente se fait lorsque la manivelle occupe la position C A', et la sortie et la compression commencent lorsqu'elle est en C A^3. Dans le second cas, le recouvrement étant A D', la détente commence encore lorsque la manivelle est en C A', car P' et P^1 se trouvent sur une même verticale passant par A' ; mais la sortie et la compression commencent un peu plus tôt lorsque la manivelle occupe la position C A^2. La courbe du premier est D F P' P^3 et la courbe du second est D' F' P'^1 $P^{2/1}$.

Chapitre III

I – Distributeurs à détente fixe par tiroirs superposés

Saulnier. — Deux tiroirs se mouvant dans des boîtes de distribution superposées.

Ce système représenté fig. 3, p. 17, est composé d'un tiroir en coquille ordinaire T, avec ou sans recouvrement, qui remplit les fonctions de distributeur principal. Sa boîte de distribution est séparée de la boîte supérieure par une cloison percée d'une ouverture égale à la lumière d'introduction ou plus grande.

Le second tiroir P est formé d'un plateau rectangulaire, qui joue dans la boîte supérieure où la vapeur est introduite. Il a pour fonction de fermer la lumière O à un moment déterminé de la course du piston, et d'empêcher ainsi la vapeur de pénétrer dans la boîte inférieure.

Les deux tiroirs sont mis en mouvement par deux excentriques ou de mêmes rayons ou de rayons différents. La variation de la détente dépend de la variation de l'angle que font entre eux les rayons d'excentricité, de telle sorte, que plus grand est cet angle, plus grande est la détente. L'excentrique du tiroir P est en avance sur celui du tiroir T.

Ce mode de distribution est aujourd'hui complètement abandonné pour les machines fixes, et on ne le retrouve plus que dans quelques machines anciennes et dans les machines locomotives pourvues d'appareils Gozembach. Il a l'inconvénient de nécessiter une seconde boîte et, dans le calcul de la force du moteur, il faut tenir compte de la détente de la vapeur contenue dans la boîte inférieure, qui n'agit sur le piston que par influence.

II – Tiroirs superposés de Trésel

Ces distributeurs représentés en coupe verticale, figure 28 et en projection horizontale, fig. 29, furent imaginés par M. Trésel dans le but de pouvoir utiliser les plus grandes détentes avec très peu ou point d'étranglement(3) de la lumière d'introduction : ce que l'on obtient, avec les tiroirs de cette espèce, en augmentant la course du tiroir de la détente, de façon que l'ouverture de la lumière soit la plus grande possible pour une détente donnée, et qu'elle se ferme avec rapidité.

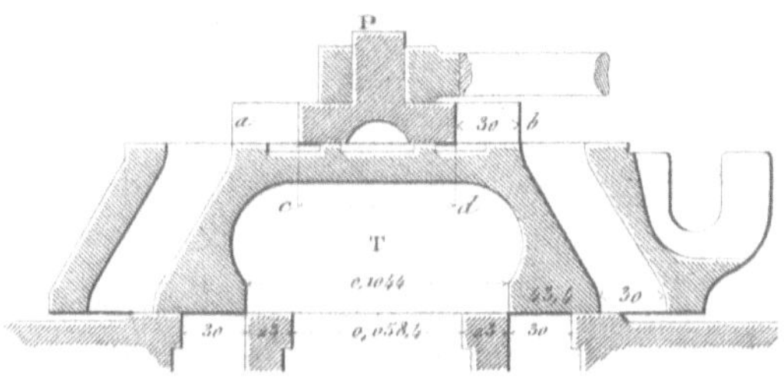

Fig. – 28.

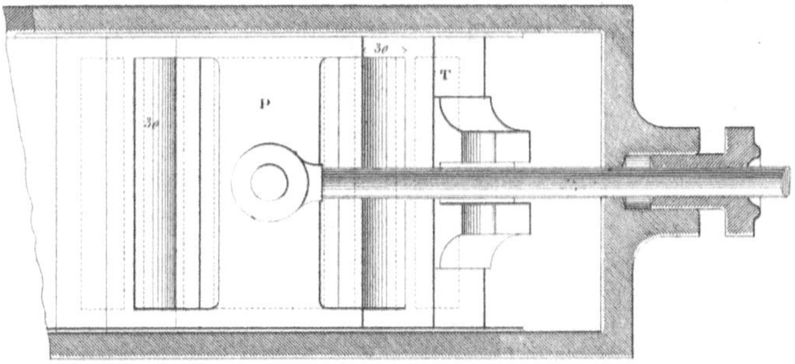

Fig. – 29.

Le tiroir P, de la détente, est formé d'un plateau rectangulaire en fonte qui se meut sur la face supérieure du distributeur T. La largeur *c d* de ce plateau est égale à *a b*, intervalle qui sépare les deux conduits ménagés dans le tiroir T, moins deux fois la largeur *l* de la lumière, ou de 0.06 sur la figure.

(3) On dit qu'il y a étranglement lorsque, au moment où la lumière va se refermer, celle-ci n'est qu'en partie découverte.

Fig. – 30.

Dans le but d'équilibrer en partie le tiroir de la détente, le constructeur ménage un creux dans lequel la vapeur s'introduit par d'autres creux disposés transversalement ou en losanges (fig. 30) sur la face supérieure du tiroir T : les stries en losanges ont l'avantage de répartir l'usure uniformément.

Le distributeur, représenté par la figure, est pourvu du recouvrement de Watt, dont la dimension est donnée par le tableau de la page 32. Il est percé de deux conduits inclinés dont la largeur et la longueur sont exactement les mêmes que celles de la lumière de la tablette.

Chaque tiroir est conduit par une came curviligne et équilatérale, dite *came de Pittsburg*. La came du tiroir de la détente est plus grande que celle du distributeur ; la corde de l'arc OO' des côtés (fig. 31) est égale à deux fois la largeur de la lumière, tandis que la corde de l'arc de la seconde est égale à la largeur de la lumière, lorsqu'il n'y a pas de recouvrement et à $l + r$ avec recouvrement.

La figure 31 est le tracé à l'aide duquel on détermine les positions relatives des cames pour une détente donnée. Ainsi, l'on voit sur la figure A, que lorsque les rayons CO et CO' des deux cames coïncident, il ne se produira pas de détente, puisque le tiroir supérieur reste en arrière de l'autre, et que les cames agissent sur les côtés verticaux de leur cadre, représenté par la verticale D, pour le tiroir distributeur et par la verticale D' pour celui de la détente. Ainsi, pour déterminer la position de la came CO, ou son angle de calage :

1. On mènera la verticale DD à la distance r de la verticale Y, qui passe par le centre de rotation ;

2. Avec un rayon égal à $l + r$, on décrira la circonférence que devra parcourir l'arc *o o* de la came, dont le côté curviligne Co aura son point de tangence sur la verticale D D.

Quand la came est construite avec un moyeu, le rayon CO ne change pas, mais la largeur intérieure du cadre sera égale à CO plus le rayon du moyeu. On voit encore sur la projection C des tiroirs, que le plateau P est en arrière de D'D' de la lumière, ou plus ou moins, suivant le développement de la grande came, lequel dépend du degré de la détente et du minimum d'étranglement.

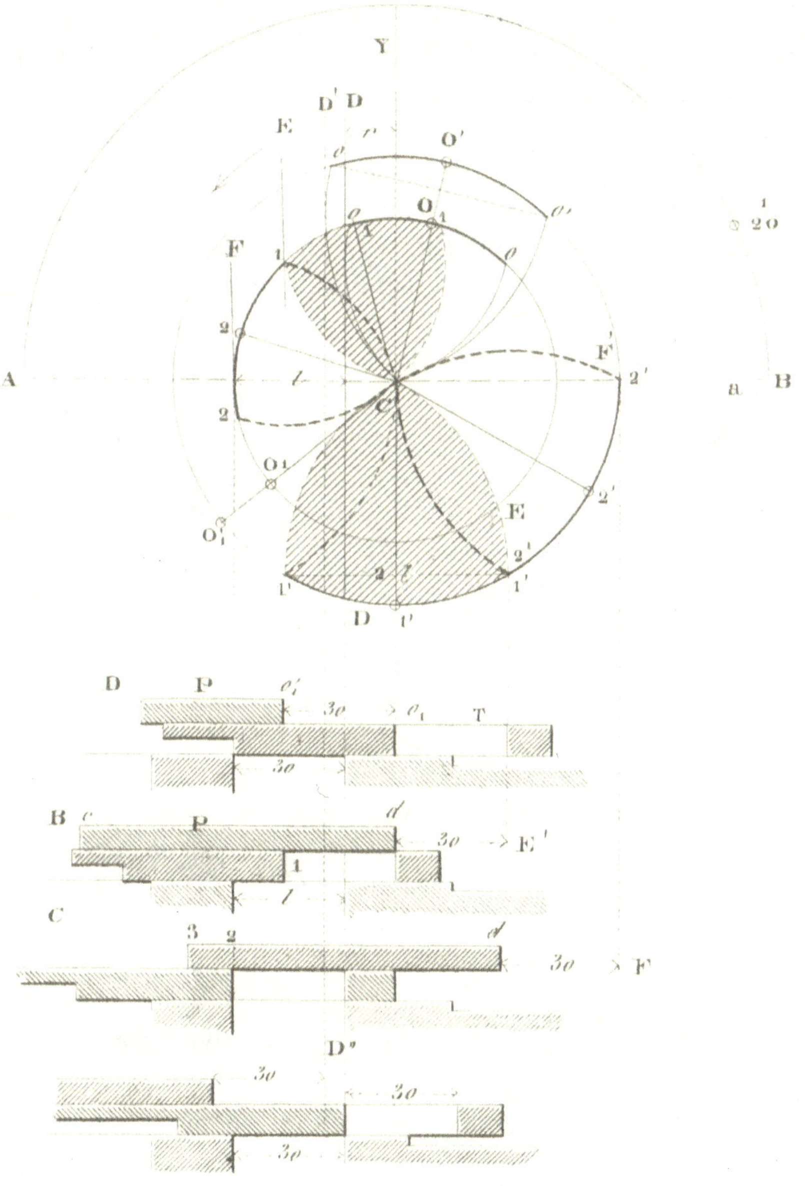

Fig. – 31.

Lorsque le piston aura parcouru un vingtième de sa course et que le maneton de la manivelle sera à 1/20, la came du tiroir occupera la position 1, et la droite D aura été repoussée en E. Si l'on veut que la détente commence en ce point de la course, il faudra amener la came du tiroir de détente jusqu'à ce que celui-ci vienne fermer entièrement l'orifice d'introduction, et 1 E' sera la position de la came : B est la projection des tiroirs correspondant à cette position.

On déterminera la longueur minima que l'on peut donner au plateau P, en amenant la grande came dans la position F' qui se rapporte à la fin de la course du tiroir P, en ayant soin de faire avancer la petite came de la même quantité angulaire 1, 2, de manière à faire occuper au tiroir T la position correspondante.

La figure C est la projection de ces deux positions et 2 *d* est la longueur minima du plateau P, que l'on augmentera d'une certaine quantité 2, 3 pour plus de sécurité.

La figure D est la projection des tiroirs lorsqu'ils sont au milieu de leur course ; les cames occupent alors la position O_1, O'_1 et elles coïncident. Plus grand sera l'angle d'écart des cames plus prolongée sera la détente.

On remarquera que le plateau P est toujours en arrière d'une quantité invariable égale à la moitié de la différence de *a b - c d* (fig. 28), ou de 0,030, d'après les dimensions des figures.

Le système de distribution par came offre l'avantage de faire fermer ou ouvrir rapidement la lumière et de la maintenir ouverte pendant un certain temps, et c'est cette considération qui en a motivé ici l'emploi. M. Carels, constructeur à Gand, emploie ce système de préférence car les machines de Wolff à deux cylindres qu'il a exposées à Londres et à Paris, en sont pourvues. (*Voir plus loin à l'article des cames*).

III – Tiroirs superposés à deux ouvertures.

Ce système est remarquable parce qu'à lui seul, il renferme tous les principes qui sont appliqués séparément dans tous les autres appareils de distribution à détente fixe et à détente variable.

Le premier, déjà constaté dans les deux distributions précédentes, c'est que la variation de la détente est dépendante de l'écart des deux rayons d'excentricité, avec cette modification que dans ce système, c'est la poulie excentrique du tiroir distributeur qui est en avance sur celui de la détente ; d'où résulte comme nous allons le voir, que la longueur de la course, pendant laquelle la vapeur agit par expansion, est en raison inverse de l'écart des deux rayons d'excentricité.

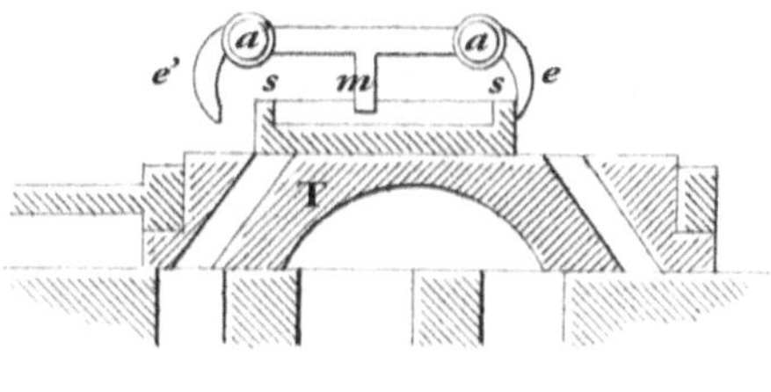

Fig. – 32.

Le second principe est que, sans changer l'angle des deux rayons ni l'écartement des lumières du tiroir superposé, la détente variera avec la grandeur du rayon d'excentricité.

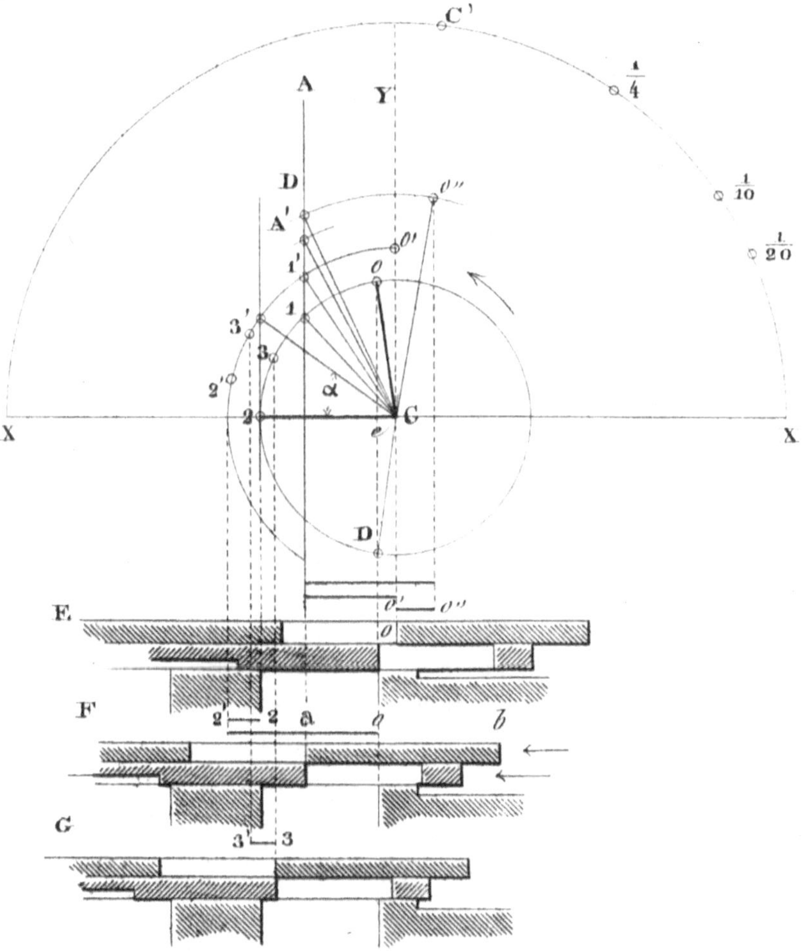

Fig. – 33.

Le troisième est que, les dimensions des rayons d'excentricité et leur écart étant variables, la détente est assujettie à varier avec l'écartement des orifices du plateau.

Le second principe est appliqué par l'emploi des coulisses, soit qu'elles actionnent des tiroirs supplémentaires, soit qu'elles agissent directement sur le tiroir distributeur à recouvrements. Le troisième enfin se retrouve dans le tiroir d'Edwards (fig. 32), sur lequel se sont greffés les distributeurs Farcot, Bourdon, Spineux, Meyer et Barlow.

Ce système de distribution est peu utilisé, cependant pour une grande détente fixe, avec un rayon d'excentricité et un écart entre les ouvertures du tiroir de détente convenablement choisis pour éviter l'étranglement, il serait avantageusement utilisé, soit que le tiroir supérieur reçoive son mouvement d'une came ou d'un excentrique.

Cet appareil se compose d'un distributeur percé de deux ouvertures égales et semblables aux lumières de la tablette et d'un second tiroir aussi percé de deux ouvertures rectangulaires de mêmes dimensions que la lumière.

Pour déterminer les dimensions des rayons d'excentricité et leur écart, ainsi que l'écartement des deux orifices du tiroir de détente on se servira d'une épure analogue à celle de la figure 33 qui se construit ainsi :

On se donnera :

1. - la largeur de la lumière ;

2. - le recouvrement *r*, si l'on veut anticiper la sortie de la vapeur ;

3. - le point de la course du piston où la détente doit commencer.

Soit 0,30 la première donnée, C *e* la seconde et 1/10 le degré de la détente. C O sera la position du rayon d'excentricité du tiroir T correspondant au commencement de la course, et O X sera l'écart entre la manivelle C X et le rayon C O. Avec O X pour rayon et du point 1/10, de la circonférence décrite par le maneton pour centre, on décrira l'arc de cercle qui coupera la petite circonférence en un point 1 ; et C 1 sera la position du rayon C O au moment de la détente ; par ce point 1 on fera passer la verticale A *a* qui donnera la projection des arêtes *a* des deux tiroirs (fig. 34). Par conséquent, le rayon d'excentricité devra aboutir

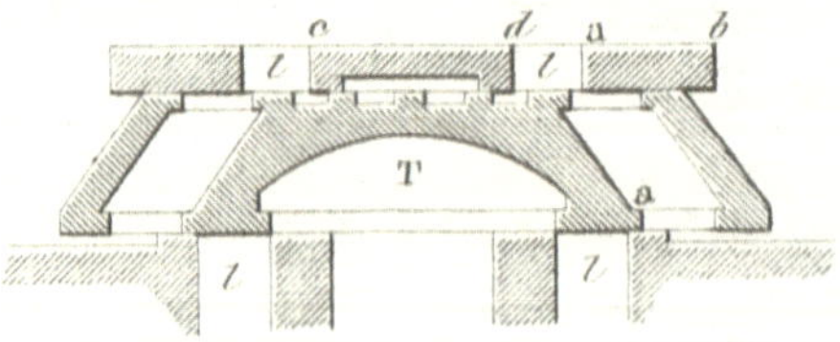

Fig. – 34.

quelque part sur la droite A *a* au-dessus ou en dessous du point 1. Dans le premier rayon C 1' étant plus grand que C 1, et le tiroir supérieur marchant plus vite que l'autre, il s'ensuit que l'étranglement de la lumière sera d'autant plus faible que ce rayon sera plus grand et que le contraire aura lieu dans le second cas.

Lorsque l'on se sera donné le rayon d'excentricité du tiroir de détente, il faudra déterminer la longueur *a b* (fig. 34) nécessaire pour que la lumière ne se découvre pas dans la même course du piston. Pour cela on amènera les deux rayons dans la position qui correspond à la fin de la course du tiroir : l'un sera C 2 et l'autre C 2'. On projettera ensuite en E ces deux positions, et 2' O sera la longueur minima de *a b*, ou la largeur de la lumière plus la longueur des projections 2' 2, et l'on augmentera *a b* de quelques millimètres pour plus de sécurité.

L'écartement *c d* des lumières se trouvera, en amenant les tiroirs dans la position E, qui correspond au commencement de la course du piston, et l'on remarquera :

1. - que leurs milieux coïncideront s'il n'y a pas de recouvrement ;

2. - que, dans le cas contraire, leur écart sera égal à C*e* ou *r*.

La figure E fait voir que si le rayon C O' devient C O", l'ouverture disponible au commencement de la course s'amplifie de O' O" et que l'étranglement est inversement proportionnel à la différence des rayons.

a. L'écartement *c d* et l'écart du rayon C O' ayant été déterminés pour une détente quelconque, si l'on veut faire servir ces tiroirs pour une autre détente, par exemple à la moitié de la course, on voit que la verticale A', qui passe par le point 2, coupera la circonférence décrite par C O' dans le voisinage de 3', et que le nouvel angle de calage α° sera plus grand pour une plus petite détente.

b. Si, sans altérer l'écartement *c d* ni l'angle de calage des deux excentriques, on veut obtenir une autre détente, on verra facilement que le rayon d'excentricité du tiroir superposé deviendra d'autant plus petit que la détente sera moins grande.

c. Si, sans changer l'angle d'écart et la longueur du rayon C O' on veut modifier le degré de la détente et la faire commencer au quart, lorsque les extrémités des rayons C O et C O' sont en 3 et 3', il est visible, par la projection G, que l'écart *c d* devra s'amplifier de la projection 33' et de 22', projection F, si la détente devait commencer à la moitié de la course.

On remarquera en E, que pour un rayon plus grand C O', la longueur *c d* s'amplifie de O' O" ; donc plus grand sera le rayon, plus grand sera l'écart des lumières du plateau et du tiroir T, principe qui se retrouve dans la distribution Meyer, lorsqu'on l'emploie pour une grande détente. La figure 35 est la projection horizontale des tiroirs.

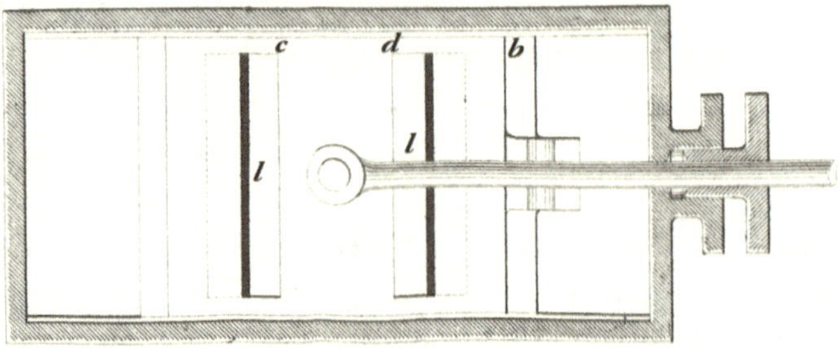

Fig. – 35.

IV – Tiroirs superposés pour une détente moyenne, variable au besoin.

Le distributeur, représenté en coupe longitudinale (fig. 4, p. 17) est généralement vulgarisé pour des détentes qui commencent au premier quart de la course, mais au-delà de cette limite, ce système de distribution serait désavantageux, à cause de l'étranglement de la lumière, chose que l'on doit toujours chercher à éviter avec le plus grand soin.

Sur la figure 4, le tiroir de la détente est tel, que lorsque les deux tiroirs marchent ensemble sans détente, les deux orifices *n* et *n'*, ménagés dans le tiroir inférieur, restent constamment et entièrement découverts, lorsque les deux rayons d'excentricité sont égaux.

Ainsi qu'avec les distributeurs Trésel, celui-ci permet au besoin, en changeant la position de l'excentrique du tiroir de la détente, de varier le moment de la fermeture de la lumière et de faire agir la vapeur pendant toute la course.

La figure 36, 1 à 5, montre les positions que doivent occuper les rayons d'excentricité pour produire une détente aux $\frac{1}{10}$, $\frac{1}{4}$, $\frac{1}{2}$ et aux $\frac{9}{10}$ de la course du piston et les autres, les projections des tiroirs pour ces divers écarts des rayons d'excentricité.

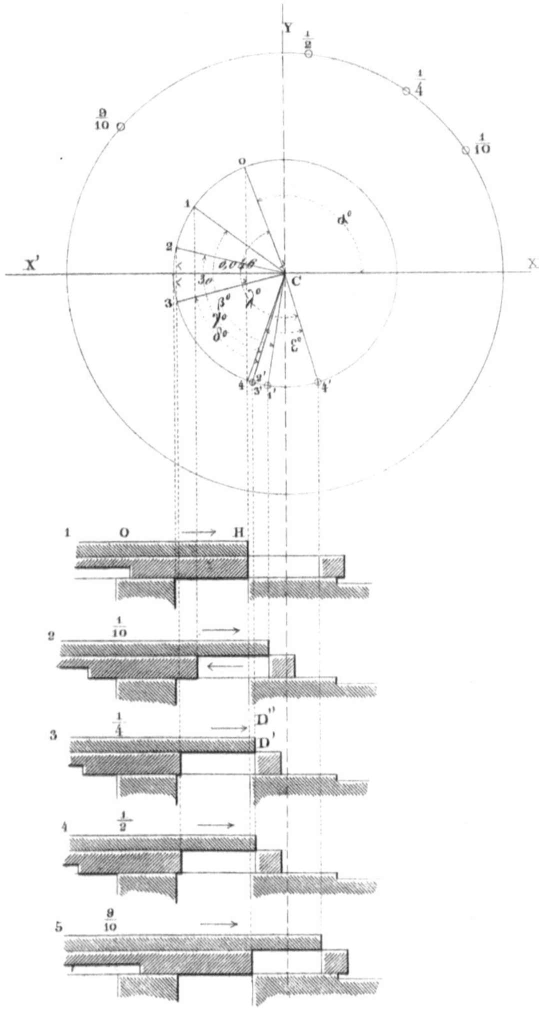

Fig. – 36.

La projection 1 donne la position relative des deux tiroirs au commencement de la course du piston, lorsque les deux rayons d'excentricité coïncident.

La projection 2 correspond à une détente au 1/10 et l'angle d'écart est β°.

Les projections 3, 4 et 5 correspondent à des détentes aux 1/4, 1/2 et 9/10, moments où le tiroir inférieur ferme la lumière par son recouvrement, qui a été cherché en ayant égard à la longueur de la bielle motrice. Les écarts angulaires sont respectivement de γ°, δ° et ε°.

Ainsi que nous l'avons déjà constaté précédemment, la longueur de la détente est proportionnelle à la grandeur de *l'angle d'écart*, *k* serait l'angle d'écartement pour maintenir la lumière constamment fermée.

La figure 22, p. 45 est l'épure des lieux géométriques des deux tiroirs pour une détente donnée.

Les parties couvertes de hachures, indiquent les périodes de l'introduction et de la compression.

Ces deux courbes se construisent comme celles des figures 10, 15, 17 et 21, en observant qu'au commencement de la course, l'avance de l'excentrique du tiroir de la détente est égale à V° + B° ou ω° ; d'où le point B", de cet excentrique correspond au point B' qu'occupe alors le maneton de la manivelle.

1. - Au moment de la détente, exactement au quart, l'écart des deux tiroirs est D' D", dans la première course.
2. - Le recouvrement du distributeur recouvre toute la lumière exactement aux 9/10, point où la courbe des lieux géométriques de ce tiroir rencontre l'horizontale C H.
3. - En D commencent la sortie et la compression.
4. - En G' la lumière s'ouvre pour laisser pénétrer la vapeur de l'autre côté du piston.
5. - Au point E', un peu avant le quart, à cause de l'obliquité de la bielle, le tiroir superposé ferme l'orifice du distributeur.
6. - Le recouvrement ferme la lumière lorsque la manivelle est en *g'*, un peu avant les 9/10.

Les différences entre les deux détentes et les deux sorties seraient moins sensibles si, comme nous l'avons déjà fait remarquer, on n'a pas égard à la longueur de la bielle dans le problème du recouvrement.

Pour construire cette épure, il suffira de remarquer que, les deux rayons d'excentricité étant égaux, les arcs de cercles décrits des points 1, 2, 3, etc., de la grande circonférence, avec les rayons B B' pour la courbe du tiroir distributeur et avec B B" pour la courbe du tiroir de la détente, couperont la petite circonférence en des points différents, par lesquels on mènera des horizontales dont les intersections avec les verticales correspondantes, chacune à chacune, détermineront les points de chaque courbe. Ainsi, en partant du 8, sur la grande circonférence, on voit, sur la figure, comment on opérera pour trouver les points correspondants sur la circonférence B' B" et les points des courbes sur la même ordonnée passant par 8.

Pour que ce système de distribution puisse être utilisé à une grande détente, le cours de construction précité conseille de diviser les lumières *n* et *n'* en deux parties, par un plein *e* (en pointillé fig. 4), dont la largeur sera égale à 2 *l*. L'écart *c d* devient *c' d'* et la longueur du tiroir de la détente est alors de 2 × *l* / 2 plus grande que le premier P. Il est percé de deux ouvertures égales chacune à la largeur 2 *l*, qui sont séparées des extrémités par des parties pleines, dont chacune à pour largeur *l*. Ainsi, $ab = (l/2 \times l \times 2l)\, 2 \times c'd'$.

Observation. Bien qu'avec les appareils qui vont être décrits, on puisse faire agir la vapeur par détente rendant les 19/20 de la course, et même plus, on s'exposerait à des mécomptes si l'on supposait pouvoir, toujours et dans tous les cas, utiliser avec avantage la plus grande détente possible. Plusieurs motifs viennent y mettre obstacle. Le premier, c'est qu'une très grande détente n'est applicable qu'aux moteurs dont le poids du volant a été calculé pour la dernière limite possible de la détente ; sans cela, le mouvement serait d'autant moins régulier que l'on s'éloignerait du degré de détente moyen, qui a servi à déterminer ce poids : ce motif, toutefois, est le moins sérieux. Le second, c'est que la détente maxima n'est avantageuse que pour des moteurs dont les cylindres sont pourvus d'enveloppes non conductrices, ou entourées de vapeur, pour empêcher celle qui se détend de se refroidir jusqu'à la condensation. Le troisième, c'est que la vapeur détendue doit avoir à la fin de la course un excès de tension assez marqué, sur la pression atmosphérique ou sur celle du condenseur.

En conséquence de ce dernier motif, la pression de la vapeur au moment, de son entrée dans le cylindre, doit servir de base à la détermination de la plus grande détente. Il convient de ne pas pousser la détente jusqu'au point, où à la fin de la course, sa pression serait inférieure à la pression du milieu dans laquelle elle se rend plus 0, 5 ; de sorte que la pression de ce milieu étant 1, la pression de la vapeur après la détente sera de 1, 5 et au minimum de 125.

Cependant il en est qui construisent des machines où la pression de la vapeur après la détente est en dessous de la pression du milieu où elle doit se rendre. Ils défendent leur manière de voir en faisant remarquer que vers la fin de la course du piston, l'action de la vapeur quelle que soit son énergie, est presque nulle, par le raccourcissement du bras du levier de la manivelle motrice ; d'où il doit en résulter un avantage de supprimer l'action de la vapeur avant la fin de la pulsation du piston.

Pour empêcher que l'air extérieur ne vienne réagir contre la face du piston, ils ont imaginé de placer une soupape très légère, qui ne se soulève que lorsque la pression de la vapeur comprimée est légèrement supérieure à la pression atmosphérique. Ce procédé aurait l'avantage d'utiliser la plus grande somme de force élastique de la vapeur sans augmenter d'une manière sensible la contre pression de la vapeur de sortie, si au retour du piston, il ne se faisait un travail égal pour ramener la vapeur à la pression atmosphérique. Mieux vaudrait conduire la vapeur de la décharge dans un réservoir de condensation auquel on adapterait la soupape, et à l'orifice du tuyau d'échappement à l'air extérieur[4] et plus rationnel est d'anticiper l'exhaustion de la vapeur.

(4) *Note de l'éditeur.* Ce procédé revient à l'appareil de M. Letorel. L'auteur a utilisé un procédé analogue à une machine à haute pression et à détente, lequel a donné de très bons résultats. La vapeur était conduite par un large tuyau, dans une caisse rectangulaire servant de réservoir, sur le haut duquel il a fait percer une série de petits trous par lesquels l'eau devait s'introduire. En passant par cette pluie d'eau froide, la vapeur se condensait, et la soupape se soulevait un instant pour s'abaisser immédiatement, lorsque la pression intérieure s'abaissait en dessous de la pression atmosphérique. Cette soupape, légère et équilibrée exactement par un levier, était nécessaire pour empêcher la pression atmosphérique de refouler l'eau dans le cylindre ; ce qui arrivait primitivement lorsque la détente commençait au quart de la course.

Chapitre IV

I – Mécanisme de variation de la détente pour les distributeurs précédents.

Dans le but de pouvoir changer la position de la came qui conduit le tiroir de la détente, M. Trésel a imaginé de la rendre mobile sur l'axe et de la rendre variable de position par l'intermédiaire d'une petite bielle courbée E (fig. 37) qui s'articule par ses extrémités d'un côté à la came D, de l'autre à une tige écrou F.

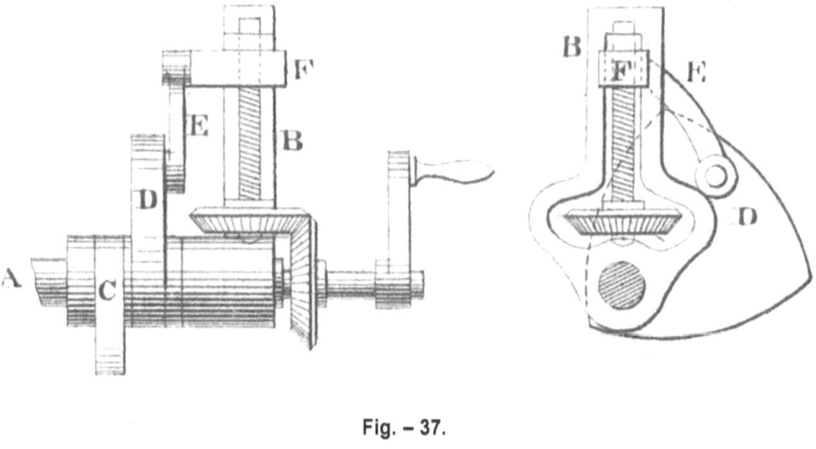

Fig. – 37.

Deux petits pignons dentés participant au mouvement de rotation de la came, agissent par l'entremise d'une petite manivelle, sur une tige filetée, pour faire monter et descendre l'écrou F. La came C, du tiroir inférieur, est calée invariablement sur l'axe A. Le mécanicien en agissant sur la manivelle, pendant la marche, soit en arrêtant le mouvement de la dite manivelle, soit en activant sa rotation, amène l'index fixé à l'écrou, en regard d'un des repères gravés sur le support B. Il reçoit son mouvement de l'arbre moteur par un arbre de couche et des pignons d'angle.

La figure 38 représente un appareil (auteur inconnu) imaginé pour faire varier la position de l'excentrique du tiroir de détente.

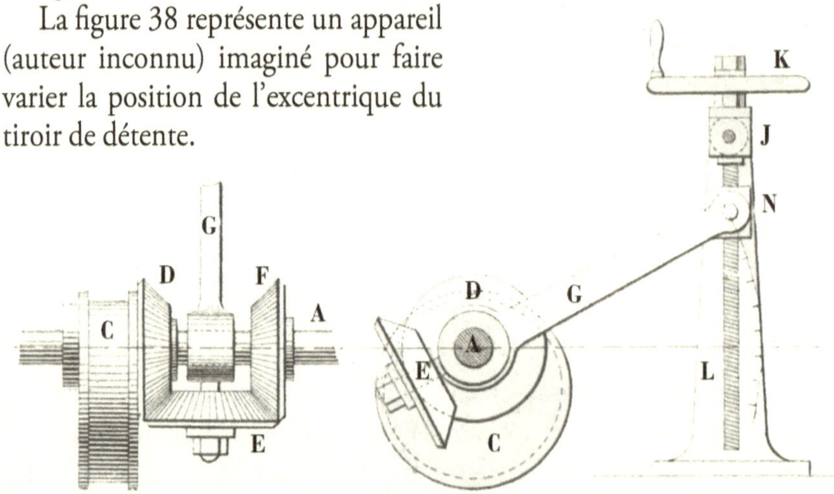

Fig. – 38.

Dans ce but la poulie excentrique C, solidaire du pignon B, est engagée librement dans l'arbre moteur. Il est maintenu en place par la poulie excentrique qui commande le tiroir distributeur, et, par le pignon E, énarbré librement à l'extrémité inférieure du levier G de variation. Enfin le pignon E engrène avec un troisième F, calé invariablement sur l'arbre qui transmet le mouvement de rotation à l'excentrique C.

En changeant la position du levier G, pendant la marche de la machine, on fera augmenter ou diminuer l'angle d'écart des deux rayons d'excentricité.

Le levier, qui a son point d'oscillation sur l'arbre A, est pourvu d'un verrou qui s'engage dans les crans ménagés dans un secteur, ou il porte un écrou mobile N, dans lequel s'engage une vis L, qui est supportée par les axes d'un manchon J, assujetti à osciller sur un support quelconque.

Un volant K, fixé à l'extrémité supérieure de la vis, sert à faire tourner la vis pour amener un index quelconque, porté par l'écrou N en regard de repères, qui indiquent la grandeur de la détente pour une position donnée du levier.

II – Tiroirs superposés de Gonzenbach.

Dans le but de corriger les imperfections inhérentes à la coulisse de Stephenson mentionnée plus loin, M. Gonzenbach imagina d'appliquer le système Saulnier aux machines locomotives en mettant le tiroir supplémentaire en rapport avec une petite coulisse commandée par l'excentrique de la marche en arrière.

Ce second tiroir (fig. 39) est percé de deux ouvertures égales, dont la largeur excède celle de la lumière de deux fois l'avance linéaire. Il est renfermé dans une seconde boîte A dont le fond, percé de deux ouvertures égales et de même largeur que la lumière, sert de couverture à la boîte B, qui contient le tiroir distributeur. Il est formé d'un prisme rectangulaire et aplati venu de fonte avec un encadrement destiné à être engagé dans le cadre soudé à la tige.

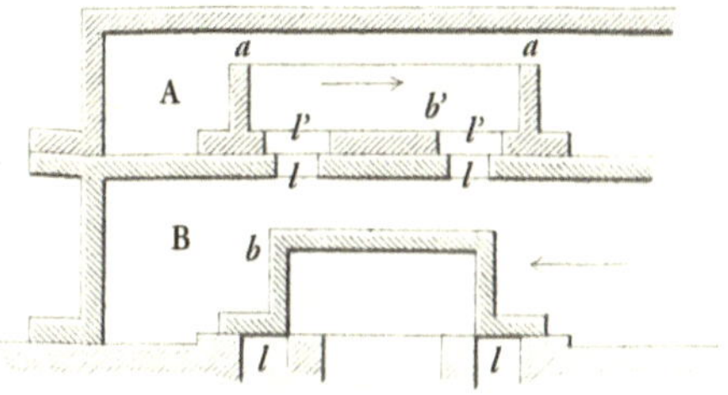

Fig. – 39.

La figure 40 fait voir le tiroir supérieur dans la position qui correspond au commencement de la course et qui reste invariablement la même quelle que soit la position du coulisseau dans la coulisse ; conséquemment, l'avance linéaire à l'introduction est la même à toutes les détentes. Indépendamment de cet avantage, par ce système d'une variation très facile, on pouvait utiliser la détente depuis le cinquième de la course du piston sans étranglement prononcé, et en ne faisant servir la coulisse du tiroir distributeur que pour les changements de marchc, on faisait changer la détente sans modifier ni la compression ni le moment de la sortie ; ce qui ne peut être obtenu, ainsi que nous le verrons plus loin, par la coulisse et un seul tiroir.

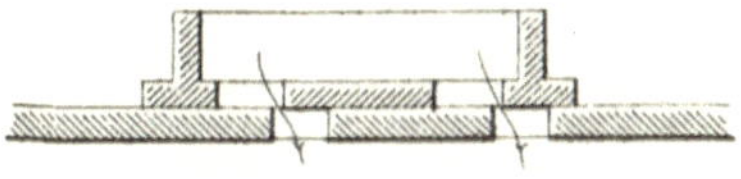

Fig. – 40.

La coulisse O *a* (fig. 41) est suspendue à un axe 0, de telle sorte que sa concavité soit tournée vers le tiroir. Elle est articulée à sa barre F par son extrémité inférieure *a*. Son rayon de courbure est égal à la longueur *c b* de la bielle B' qui s'articule par un bout à la tige T, et par l'autre bout au coulisseau.

Par cette disposition, la coulisse étant verticale au commencement de la course, quelle que soit la position que l'on fera prendre au coulisseau *b* le point *c*, son centre de courbure alors, restera invariable. Le coulisseau est mis en rapport avec le mécanicien par la tringle D, le levier L, qui oscille en A, et par la bielle de suspension B. Cette heureuse modification dans la distribution des locomotives ne s'est cependant pas plus vulgarisée que la détente Meyer à laquelle elle était supérieure, comme application à ces sortes de moteurs, parce qu'elle exigeait un second tiroir et une seconde boîte, chose encombrante là où l'espace est sévèrement mesuré.

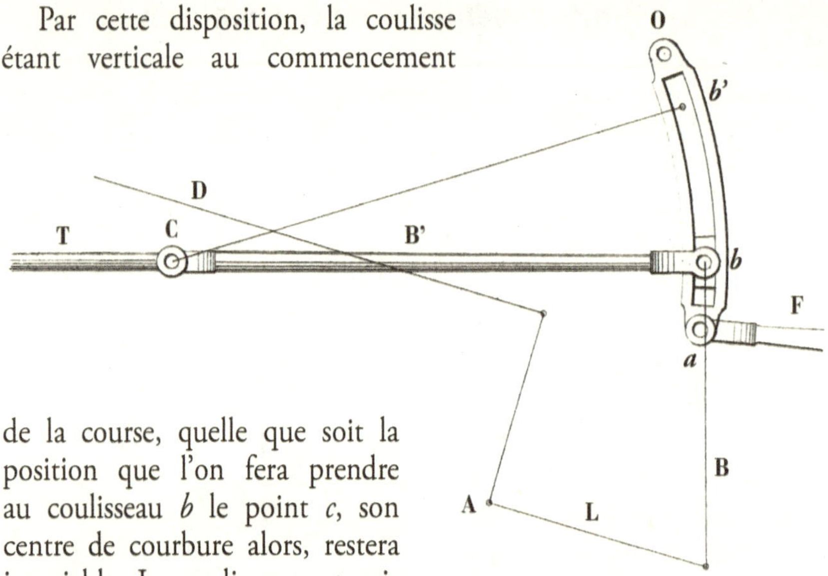

Fig. – 41.

Si ce n'était l'inconvénient de la seconde boîte, ce mode de distribution à détente variable serait bien utilisé dans les machines fixes en plaçant un second excentrique dans une position symétrique du premier et en le modifiant, on pourrait l'utiliser avec plus d'avantage que le suivant.

III – Distributeur Delpech appliqués aux machines fixes par M. Bréval.

Dans le même but que M. Gonzenbach, M. Delpech imagina de placer un troisième excentrique calé suivant un angle déterminé et en avance sur l'excentrique de marche en avant. Son collier était relié à une très courte barre, dont l'extrémité s'articulait aux axes d'un coulisseau, qui communiquait l'ébranlement à une petite coulisse, laquelle est suspendue par un levier soudé à son arc. Cette coulisse, dont la concavité est tournée vers l'arbre coudé, portait vers le milieu une articulation qui se reliait à une petite bielle, mise en rapport avec la tige d'un second tiroir superposé au distributeur. On faisait varier la position du coulisseau en employant les mêmes moyens que précédemment et on pouvait l'isoler de la coulisse, en le descendant dans un anneau elliptique, dans lequel il se mouvait librement, indépendamment de la coulisse.

Le centre de courbure de la coulisse coïncidait avec le centre de la poulie excentrique, et son rayon était égal à la longueur de la barre. Le point de suspension était choisi de manière que, la manivelle étant horizontale, on pouvait faire varier la position du coulisseau sans faire bouger la coulisse, ce qui résolvait le problème de l'invariabilité de l'avance, de la compression et de la sortie, quelle que fût la détente, la coulisse du distributeur n'étant utilisée que pour les changements de marche.

Dans ces systèmes, la détente était d'autant plus grande que la course du plateau superposé au tiroir était plus courte. Pour l'appliquer aux machines fixes, M. Bréval a fait la longueur de la barre la plus grande possible. Il a suspendu la coulisse directement par son extrémité supérieure et il l'a construite avec un rayon de courbure dont le centre coïncide avec le centre de l'arbre moteur. La fig. 42 indique le procédé géométrique employé pour déterminer la position du tiroir *m*, par rapport au tiroir T, pour toutes les courses qu'on peut lui donner en faisant varier la position du coulisseau dans la coulisse ; pour cela :

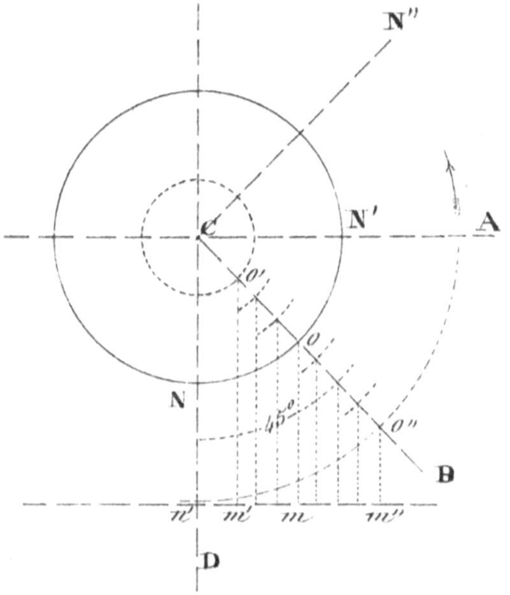

Fig. – 42.

1. - on fait coïncider la verticale C D, qui passe par le centre de rotation, avec le milieu du tiroir T ;

2. - on mène le rayon C O en avance de 45° sur le rayon d'excentricité C N de l'excentrique qui commande le tiroir T ;
3. - on se donne ensuite autant de points O, O' et O^n que l'on veut, qui détermineront les demi-courses du tiroir de la détente.

Les projections *m, m', m'', m'''* donneront les positions relatives du milieu de ce tiroir par rapport au milieu D du tiroir T, quelle que soit la position qu'il occupera par rapport à la lumière de l'introduction.

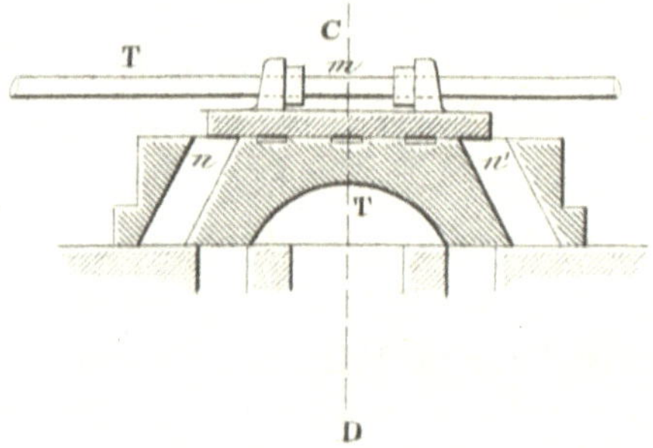

Fig. – 43.

Ainsi pour connaître la longueur qu'il faut donner au tiroir *m*, pour que la détente ait lieu en un point déterminé et avec une position du coulisseau imposée, il faudra chercher les positions relatives des deux tiroirs : d'abord, au moment de l'ouverture de la lumière, ensuite au moment où elle devra se fermer. Le tiroir *m* de la figure 43 est allongé pour que la détente commence au milieu de la course du piston, lorsque le coulisseau coïncide avec l'horizontale C A, et que sa course est, par conséquent, égale à celle du tiroir T (fig. 44.)

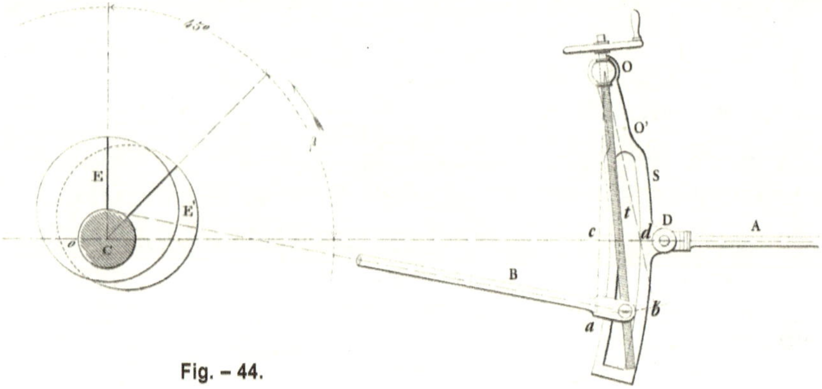

Fig. – 44.

La barre de la poulie excentrique E, qui imprime le mouvement à la coulisse (fig. 44) est comme on le voit, calée en avant de la poulie E' du tiroir distributeur d'une quantité angulaire égale à 45° ou 1/8 de circonférence. La barre B s'articule, par son extrémité, avec le coulisseau, dont l'axe est construit pour servir d'écrou à la tige de relevage *t*, filetée à cet effet. Cette tige est maintenue dans la douille de l'axe d'oscillation O, et son extrémité supérieure est garnie d'un petit volant muni d'une poignée destinée à faire tourner la tige.

La coulisse est composée de deux branches curvilignes, en fer méplat, dont le centre de courbure coïncide avec le centre *c* de l'arbre, lorsque la barre B, qui est égale à la longueur du rayon, est très longue par rapport à la course de l'excentrique. La tige du tiroir *m* s'articule à la bielle A qui se relie elle-même à la coulisse par une charnière, ainsi placée, qu'elle divise l'arc de la coulisse en deux parties inégales.

On voit sur la figure, que, pour un arc *a b* que décrira le coulisseau à l'extrémité de la barre, l'articulation de la bielle A décrira un arc plus petit

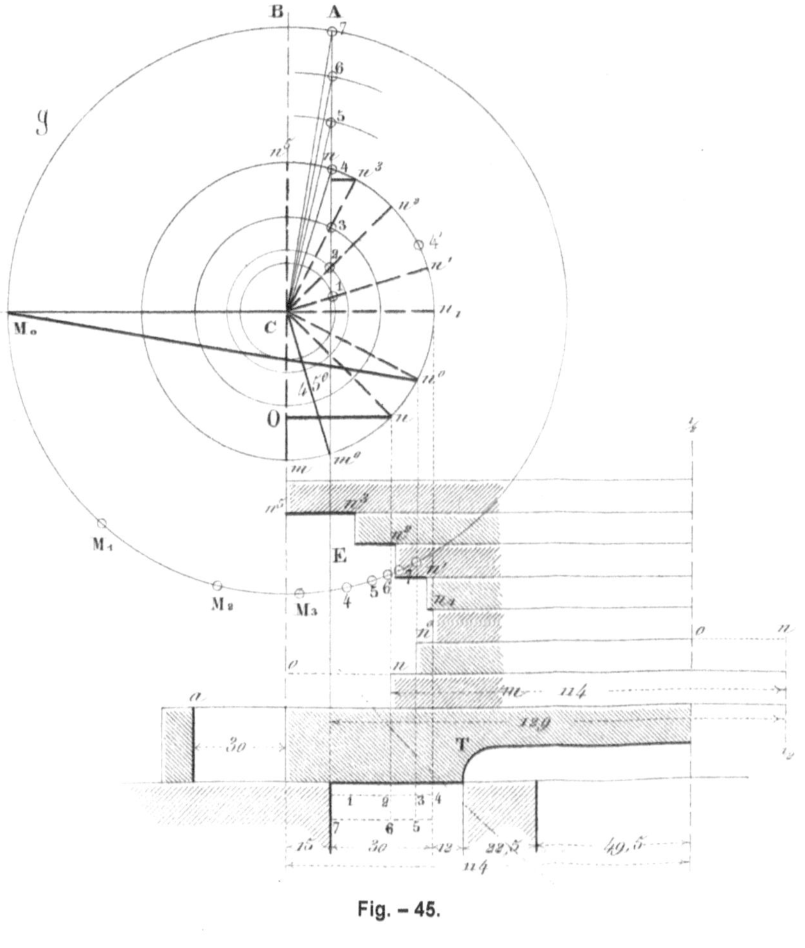

Fig. – 45.

c d, qui diminuera comme descendra le coulisseau et qui augmentera lorsque celui-ci sera au-dessus de *c d* et d'autant plus qu'il s'élèvera dans la coulisse S.

Le tracé de la fig. 45 est analogue au précédent, mais il permet de chercher toutes les positions relatives des deux tiroirs à tous les points de la course. Ainsi C *m* étant le rayon d'excentricité de la poulie du tiroir distributeur qui coïncide avec l'arête intérieure de la lumière, C *n* sera la position relative du rayon d'excentricité de la poulie du tiroir de détente en *n*, et O *n* serait normalement l'écart du tiroir *m* de la lumière.

Mais, si nous cherchons la position des tiroirs, lorsque la manivelle sera en M_3 qui correspond au milieu de la course du piston, et si nous reportons l'écart M_0 n_0 de M_3 en n_3, nous voyons qu'il faut allonger le tiroir *m* de la quantité n_3 n_4 puisque la verticale A passe à 0,30 du point *n* position relative de C*m* pour que la détente commence au milieu de la course, lorsque le coulisseau est placé en coïncidence avec l'articulation D de la coulisse ; en conséquence, le tiroir *m* aura pour longueur (114 × n_3 n_4) 2.

Lorsque la manivelle occupera successivement les positions, M_0, M_1, M_2, M_3 et 4, l'arête *n* du plateau sera en n_0, n_1, n_2 n_3 et n_4, extrémités des rayons d'excentricité de la poulie qui agite la coulisse ; par suite, le rayon C*m* qui commande le tiroir distributeur, sera en arrière de chacun de ces points de l'arc *m n* de 45°.

Problème. Chercher les amplitudes des courses du tiroir de la détente, pour qu'il occupe une position fixée d'avance et invariablement la même pour des positions différentes du bouton de la manivelle (fig. 45).

Nous connaissons déjà les positions que doivent occuper les rayons d'excentricité C *n*, lorsque le bouton de la manivelle sera en M_1, M_2, M_3, et 4 ; si nous nous imposons la condition que dans toutes les positions de la manivelle, le tiroir *m* devra venir se mettre en coïncidence avec la verticale A ; 1, 2, 3 et 4, intersection de la verticale avec les rayons correspondants, donneront les longueurs des demi-courses du tiroir *m*. Connaissant ainsi la longueur de la corde de l'arc *c d* (fig. 46) on déterminera la position du coulisseau dans la coulisse par la proportion suivante :

$$ab : cd = Oa : Oc$$

ou $$2Cn : 2Cx = Oc : Oa$$

et $$Oa = (Oc \times Cx)/Cn$$

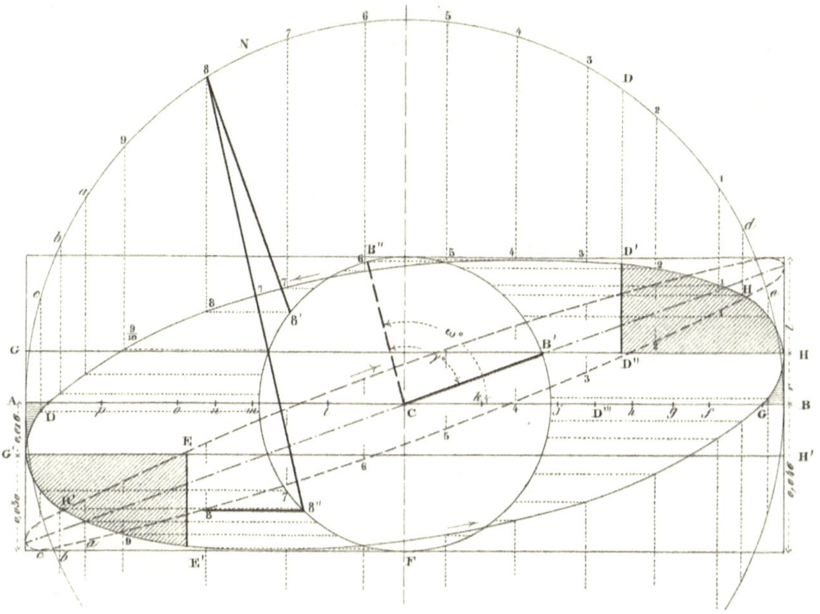

Fig. – 46.

Puisque les longueurs des rayons varient depuis C, jusqu'à *c n*, et qu'ils sont plus petits que le rayon $c\ n_4$, le coulisseau devra se trouver dans la coulisse en dessous de l'articulation D.

Si nous cherchons ensuite les courses du tiroir *m* pour les positions 5, 6 et 7 du bouton de la manivelle, nous décririons de ces points, avec un rayon égal à $M_0\ n_0$, des arcs de cercles qui couperont la circonférence décrite avec le rayon C *n*, en des points par lesquels passeront les rayons C_5, C_6 et C_7, prolongés jusqu'à leur rencontre avec la verticale A E : ces rayons étant plus grands que le rayon C *n* il faudra que le coulisseau s'élève dans la coulisse au-delà de l'articulation D.

Ces résultats prouvent :

1. - que la partie supérieure de la coulisse devrait être très grande pour une très petite différence entre les positions de la manivelle, ou pour une insignifiante variation ;
2. - que ce système n'est bien utilisé que pour faire varier la détente dans la première moitié de la course ;
3. - que le point d'oscillation ou de suspension de la coulisse sera d'autant plus éloigné que l'on voudra une plus grande variation dans l'autre moitié de la course.

Pour que la détente soit sensiblement proportionnelle à la position du coulisseau dans la coulisse et que la distribution soit régulière, il faut que la barre soit aussi longue que possible ou, qu'étant très courte, le point de suspension O soit très éloigné de l'articulation D.

IV – Tiroirs superposés du système Meyer.

Le mécanisme de la distribution Meyer est sans contredit le plus remarquable des appareils de ce genre, et il mérite à juste titre la préférence dont il jouit, car il renferme tous les principes qui sont isolément utilisés dans les autres.

Avant l'invention de la coulisse qui produit un effet analogue, il était le seul qui pût être, et qui fût utilisé dans les machines locomotives. Il est variable pendant la marche avec la plus grande facilité, mais il est difficilement gouvernable par le régulateur, à moins d'employer un système de roues dentées, qui se trouve décrit dans la partie de l'ouvrage spéciale aux régulateurs.

On peut disposer l'appareil de manière que sans prolonger le tiroir et en utilisant deux excentriques de même rayon, l'on obtienne une variation de détente depuis le commencement de la course du piston jusqu'à la fin, en n'ayant pas égard à l'étranglement qui devient d'autant plus prononcé que la détente sera plus grande. C'est sous ce point de vue général que nous allons l'examiner, et il sera facile ensuite d'en déduire les dispositions les plus avantageuses qu'il conviendra d'adopter pour une détente maxima.

Description. — Le tiroir distributeur (fig. 6, p. 17) est percé de deux orifices dont les dimensions sont égales à celles de la lumière de l'introduction. Ainsi que dans les précédents, l'intervalle L, qui sépare les deux orifices l, est égal à la longueur extérieure du tiroir ou à :

$$(r + l + 0{,}75\, l + 0{,}75\, l + r)\, 2 = L$$

$$\{ 2r + l\,(1 + 1{,}5)\}\ 2 = L$$

Cette longueur L diminue quand le rayon d'excentricité des tiroirs T' et T'' devient plus petit que le rayon de l'excentrique qui commande le tiroir T ; elle s'allonge, au contraire, lorsque l'on fait le premier rayon plus grand que le second, dans le but d'utiliser l'appareil à une distribution à grande détente avec un minimum d'étranglement.

Le plan supérieur du tiroir T, convenablement dressé et rodé est quelquefois strié, soit transversalement, soit en losanges, pour diminuer la surface en contact et pour équilibrer en partie les deux tiroirs T' et T". Le tiroir T est engagé avec sa tige *t* par un cadre en fer ou par tout autre moyen déjà mentionné.

Les deux tiroirs, ou les deux glissoirs de détente, sont composés de deux prismes rectangulaires de fonte ou de bronze, dans le plan supérieur desquels l'on ménage des creux destinés à recevoir les deux écrous P et P' et à maintenir la solidarité entre les glissoirs et les écrous, ou des saillies S, qui sont disposées pour que l'écrou y soit maintenu et y puisse coulisser verticalement en B (fig. 47) Le tiroir et les glissoirs ont même largeur, lorsque ce sont les parois latérales de la boîte qui leur servent de guide, ou qu'ils sont maintenus, par les tiges prolongées, dans des guides ménagés au fond de la boîte ; *a* est un petit canal par lequel la vapeur va lubrifier l'extrémité de la tige et qui est destiné à empêcher le vide de se produire.

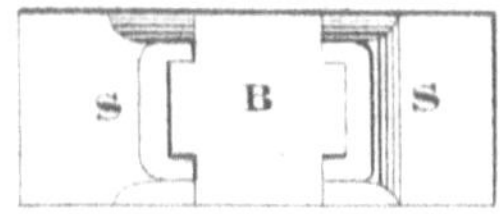

Fig. – 47.

La tige des glissoirs porte un renflement dans lequel on a creusé deux vis, l'une à droite et l'autre à gauche de manière qu'en la tournant, on fait écarter ou rapprocher les deux écrous, qui entraînent avec eux les deux glissoirs T' et T".

V – Mécanismes de la variation.

Plusieurs procédés sont employés pour communiquer à la tige le mouvement angulaire, et pour déterminer en même temps la quantité de ce mouvement, nécessaire pour amener l'écartement des écrous en rapport avec une détente déterminée d'avance. Celui que représente la fig. 48 se compose de deux douilles A et B, soudées à deux petites barres de manière à ménager entre elles un espace libre et rectangulaire, dans lequel joue un écrou quadrangulaire *m* dont une des arêtes sert d'index, lequel vient successivement se placer en regard des repères gravés sur le registre. La douille A est cylindrée intérieurement pour maintenir

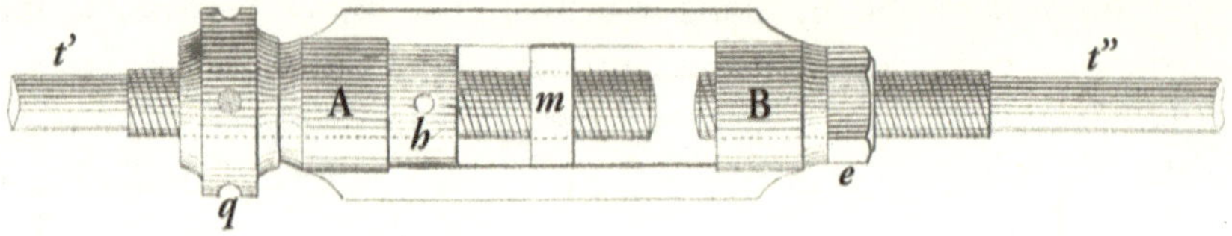

Fig. – 48.

l'extrémité filetée de la tige *t'*, que l'on rend solidaire de la douille A par les deux écrous *h* et *q*, qui sont eux-mêmes fixés sur la tige dans des chevilles en fer.

L'écrou *h* est cylindrique, et l'écrou *q* est disposé pour qu'en agissant sur lui, avec une broche ou avec une clef, on puisse faire tourner la tige, et celle-ci qui ne peut se mouvoir rectilignement repousse ou attire l'écrou mobile *m*. L'extrémité de l'autre partie de la tige *t''*, qui s'articule avec la barre après avoir traversé un guide, s'engage dans la douille taraudée B, et l'on raffermit sa connexion par un écrou supplémentaire *e* et par une cheville, qui traverse la tige et la douille.

La figure 49 montre une modification du mécanisme précédent, qui consiste dans le remplacement de l'écrou index *m* par une petite vis sans fin invariablement fixée à l'extrémité de la tige.

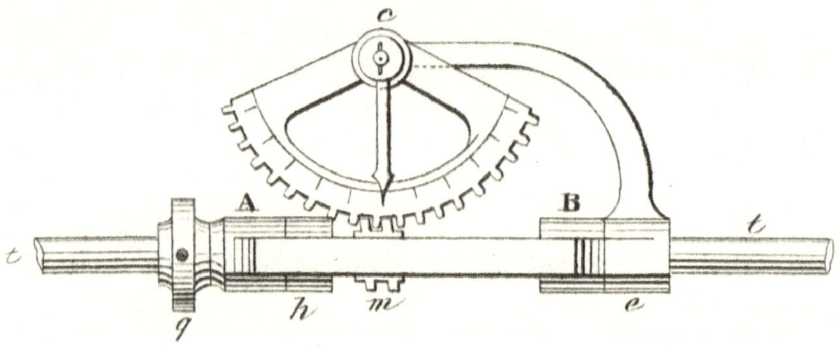

Fig. – 49.

Cette vis engrène avec un secteur denté suspendu à l'extrémité *c* d'un petit support fixé, soit à l'écrou *e*, soit à la douille B. L'axe de suspension C est rendu solidaire d'un index plongeant, en regard duquel viennent se placer les repères gravés sur le plan du secteur.

La disposition, représentée par la fig. 50, est celle que l'on adopte lorsque la tige *t'* traverse la boîte de la distribution. Un support *a* bou-

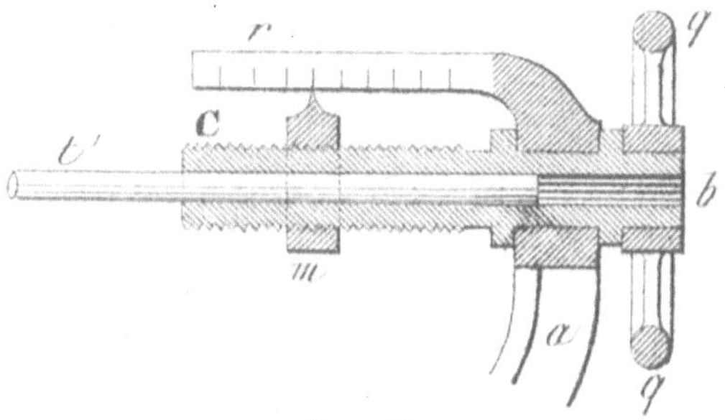

Fig. – 50.

lonné à la boîte est terminé en palier, pour maintenir un cylindre creux C, fileté extérieurement, pour recevoir l'écrou index *m*. Le cylindre porte deux saillies annulaires qui le maintiennent engagé dans le palier et, à son extrémité, est calé un petit volant *q*, à l'aide duquel on fait tourner *t'* par l'intermédiaire d'une rainure longitudinale creusée dans l'intérieur du cylindre et d'une cale incrustée dans la tige. Le couvercle du palier porte le registre *r* que parcourt l'index de l'écrou *m*.

Lorsque les distributeurs Meyer étaient appliqués aux locomotives et qu'il fallait, par conséquent, mettre le mécanisme de la variation à la portée du machiniste, on adoptait la disposition représentée fig. 51. La tige était rendue solidaire du mouvement rectiligne d'un manchon *m* muni de deux axes, qui s'articulaient avec la fourche qui terminait la barre. L'extrémité de cette tige était prolongée pour recevoir une petite roue dentée *e*, qui engrenait avec une seconde *e'*, laquelle était pourvue de joues en saillie pour retenir le pignon *e* dans lequel s'agitait la tige carrée. Par cette disposition, lorsque le machiniste agissait sur la poignée, qui terminait l'axe *u*, le pignon *e* obligeait la tige à tourner de la quantité nécessaire pour produire l'effet déterminé.

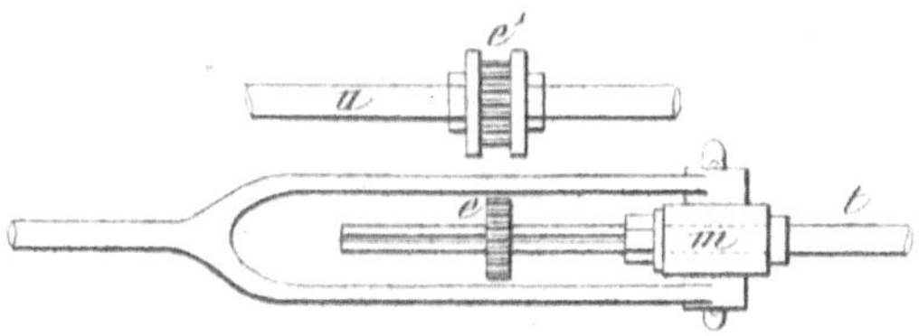

Fig. – 51.

VI – Procédé graphique pour déterminer les dimensions des glissoirs et les écarts des tiroirs T et T' pour une détente déterminée.

L'épure de la figure 52 se construit de la même manière que celle de la figure 46, p. 73.

Soit Ao Bo la course du piston ; ρ et ρ' les rayons d'excentricité en grandeur naturelle ; F le recouvrement *r* ; F F' la moitié de la largeur de la lumière ; α° l'angle d'avance de ρ et α° + γ° celui de ρ' ; enfin une longueur de bielle motrice égale à 6 fois C Ao.

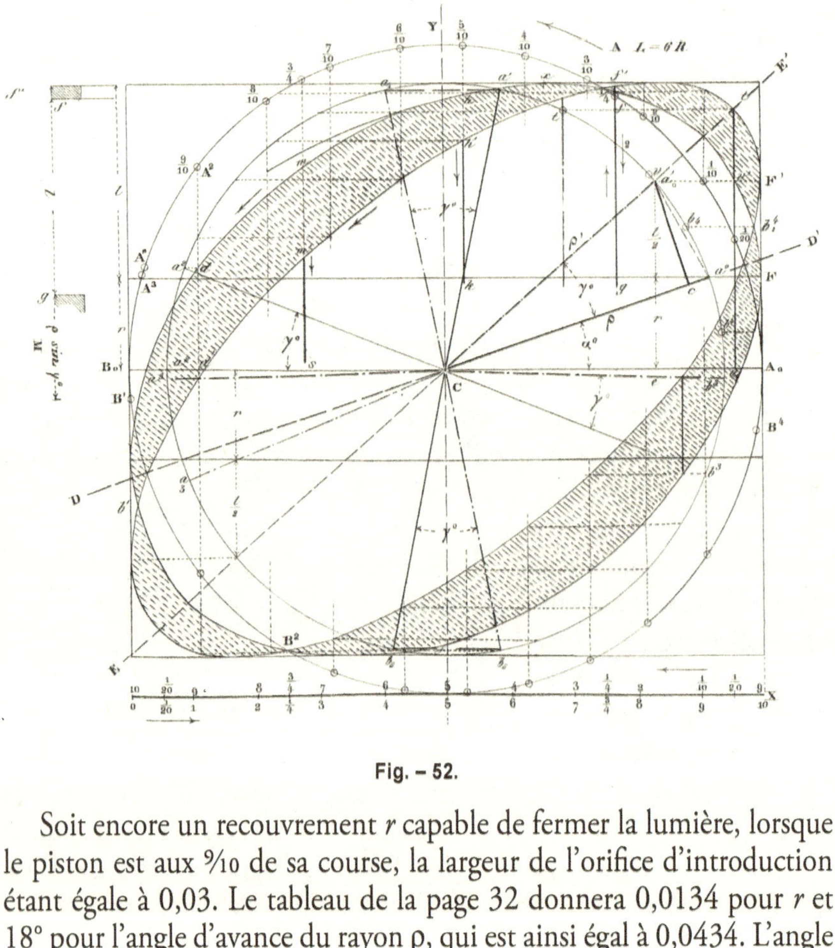

Fig. – 52.

Soit encore un recouvrement *r* capable de fermer la lumière, lorsque le piston est aux 9/10 de sa course, la largeur de l'orifice d'introduction étant égale à 0,03. Le tableau de la page 32 donnera 0,0134 pour *r* et 18° pour l'angle d'avance du rayon ρ, qui est ainsi égal à 0,0434. L'angle d'avance du rayon d'excentricité ρ' doit être tel que, lorsque la manivelle est en Ao ou en Bo, son extrémité se projette en F', au milieu de la verticale qui représente la largeur de la lumière, de sorte que la valeur de cet angle est donnée par :

$$\sin(\alpha^\circ + \gamma^\circ) = ((l / 2) + r) / \rho' = 0{,}015 + 0{,}0134/0{,}0434 = 0{,}65438$$

0,65438 est la valeur naturelle du sinus d'un angle de 40° 52' et quelques secondes.

Cette position du rayon d'excentricité ρ' a été ainsi déterminée à la suite d'expériences pratiques que l'épure de la figure 52 a confirmées : on voit sur l'épure que le rayon ρ coïncide avec la diagonale E E' du rectangle formé par la course du piston, pour base, et par 2 ($l + r$) pour côté.

L'angle d'avance, du rayon ρ' sur le rayon ρ, sera de 40° 52' - 18 ou 22° 52, et son sinus sera égal à 0,3885.

D'où $\alpha'^{o}\, c = 0{,}3885 \times 0{,}0434 = 0{,}01686$

Examen des courbes. —La courbe dont le grand axe est D D', suivant la direction du rayon ρ, est relative au tiroir distributeur T et la courbe, dont le grand axe est E E', se rapporte aux évolutions des glissoirs T' et T''.

a. On voit qu'en $b^4{}_1$ les deux courbes se rencontrent, ce qui indique que les deux arêtes *b* du tiroir et d'un glissoir, viennent se placer en coïncidence. Cette position se renouvelle quatre fois dans une course entière : deux fois pour les arêtes *b* et *b'*, et deux fois pour les arêtes *a a'* (fig. 53).

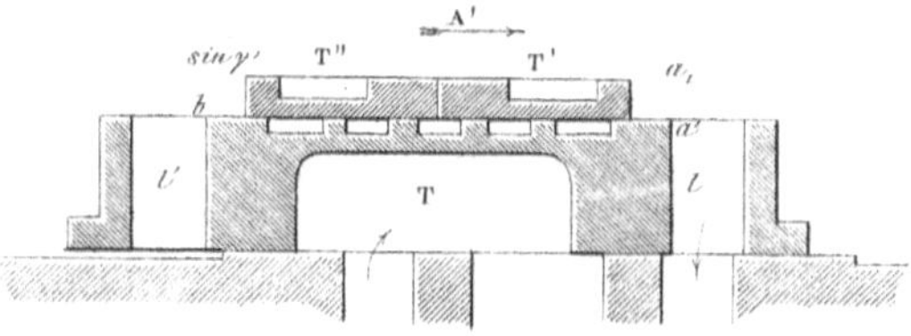

Fig. – 53.

La première rencontre, $b^4{}_1$ a lieu lorsque le bouton de la manivelle est en B^4 presqu'à la fin de la course et pendant la détente; les deux rayons d'excentricité sont alors en b_4 et b^4, et le point $b^4{}_1$ doit se trouver sur la verticale qui passe par B^4.

b. Lorsque les rayons seront l'un en *v* et l'autre en *t*, la manivelle sera au 1/20, et les arêtes *a* et *a'* des tiroirs seront en V' et *t'*, sur l'ordonnée qui passe par 1/20. L'arête *a'* s'est reculée de l'arête *a* de la quantité linéaire *t' v'* de manière que, si l'on veut qu'en ce point la lumière soit fermée, il faudra écarter les deux glissoirs de deux fois la largeur de la lumière plus la distance *t' v'* ou de

$$2\,(l + t'v') \quad \text{ou de} \quad 0{,}080 = 2\,t'u$$

Pour cela il suffira de faire tourner la tige de manière à faire avancer l'écrou *m* de 0,04. Donc, si nous désignons par *z* le pas de la vis et par *n* le nombre de tours, on aura la quantité angulaire dont il faut tourner la tige, par :

$$0{,}04 = n\,z \quad \text{et} \quad n = 0{,}04\,/\,2$$

Celle quantité n'est importante à connaître que lorsqu'on se propose de faire varier la détente par un régulateur.

La figure 6, p. 18, représente les tiroirs écartés pour une détente au 1/20, et dans la position qui correspond au commencement de la course du piston, sans avance linéaire. La disposition des tiroirs fait voir qu'il y aura un étranglement très prononcé, puisque T" fermera l'orifice au fur et à mesure que le tiroir découvrira la lumière de la tablette et que ces deux recouvrements seront égaux.

D'un autre côté, on voit que le glissoir T' ne découvrirait pas l'autre orifice quand le tiroir T reviendra sur lui-même : chose que l'on évitera encore, avec plus de sécurité, en augmentant la longueur des glissoirs, de manière qu'ils se joignent dans leurs positions (fig. 5, p. 17) qui correspondent à une admission pendant toute la course.

c. Lorsque la manivelle sera dans la position qui correspond au 1/4 de la course du piston, l'arête *a* du glissoir sera en *f'* éloigné de l'orifice *l* de la quantité *ff'* : puisque le glissoir T', depuis l'extrémité *t'* de son évolution, revient sur lui-même, pendant que le tiroir continue son mouvement dans la même direction, jusqu'en *x*, à partir duquel il rétrograde. La grandeur de l'écart normal serait donc *ff'* + 0,03 ou *f'g"*. On voit sur la gauche la projection de cette position.

d. Lorsque la manivelle aura fait un petit mouvement, les deux arêtes *a* coïncideront, en A', et les deux extrémités des rayons seront en *a'* et a_1, sur une même horizontale.

À partir de ce point, les deux tiroirs reviennent sur eux-mêmes, mais on voit que la vitesse des glissoirs est plus grande, puisque l'écart des deux courbes va en augmentant jusqu'en *m m'*, où l'écart se maintient très sensiblement égal jusqu'en *d d'*, qui correspondent aux 9/10 de la course du piston.

Il résulte de là que l'orifice *l* se recouvre, à partir du point A' et que, si l'on veut que l'orifice reste constamment découvert par les glissoirs, il faudra les reculer du maximum d'écartement, *d d'*, des deux courbes ; or ce plus grand écartement est égal à $a'^{\circ}\,c$, et nous avons trouvé que sa valeur linéaire était de 0,0168, ou

$$\sin \gamma^{\circ} / \rho \;=\; d\,d'$$

La figure 53, p. 79, correspond à la position A', et l'on voit qu'alors les deux glissoirs sont exactement au milieu du tiroir T.

La fig. 54 répond au 9/10 de la course. *a*2 est la position normale.

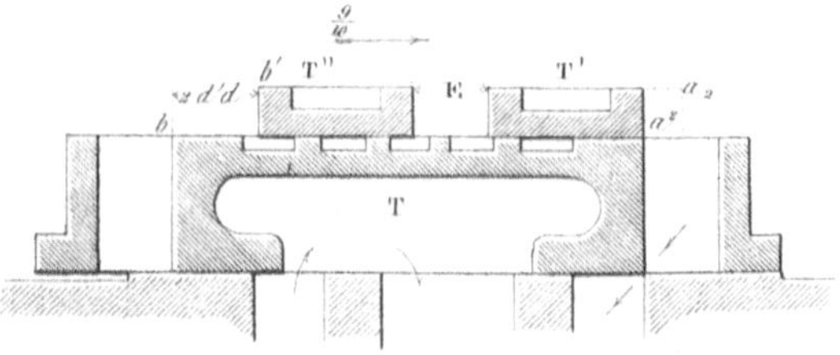

Fig. – 54.

e. Le plus grand écartement E des deux glissoirs, pour qu'ils ne découvrent jamais les lumières intérieurement, est égal à deux fois le recouvrement *r* et il est égal à deux fois *r* + *d d'* lorsqu'on les recule de *d d'*.

f. Pour utiliser ce système à une détente commençant dans la première moitié de la course, sans étranglement, il faudra, ou prolonger le rayon ρ' ou en augmenter l'écart γ° ; car au milieu de la course, l'écartement normal serait égal à *h' k*, sensiblement 23 mm donc, au commencement de la course, l'arête du glissoir T empiétera sur l'orifice *l* du tiroir de 23 - 15, ou de 6 mm ; et, si l'on a reculé les glissoirs de *d d'*, il faudra les écarter de 2 (23 $^{4}/^{m}$ + 16,8) ; mais l'empiétement restera toujours de 6 m/m.

g. Pour amener les glissoirs d'une détente à une autre, il suffira de les écarter ou de les rapprocher de la différence entre les écarts normaux : ainsi pour changer la détente de la moitié au ¾, le rapprochement sera de :

h' k - m's ou de 23 - 16 = 7 mm

et de la moitié au quart, l'écartement sera de :

f' g - h' k ou 31,5 - 23 = 8,5

Aussi, lorsque l'on voudra que la variation dc la détente se fasse par le régulateur, il faudra allonger le plus possible le pas de l'hélice, en choisissant un diamètre de tige convenable, pour que l'hélice ne soit pas trop allongée ; ainsi avec un pas de 7 mm, il suffirait d'un tour pour passer de la détente ½ à ¾, qui peuvent être les deux variations extrêmes, répondant aux vitesses minima et maxima.

Par suite, une crémaillère et un pignon suffiraient amplement pour faire conduire l'appareil par un régulateur ordinaire, disposé comme celui qu'emploie M. Farcot.

h. Quelquefois on fait conduire la tige des glissoirs par un levier, soit directement par la tige du piston en se servant du levier coulisse de la fig. 55, soit par l'intermédiaire d'autres organes. Avec le levier coulisse, on lui choisit un point fixe A, de manière, que le rapport entre les deux branches soit égal au rapport des courses du piston et des tiroirs de la détente.

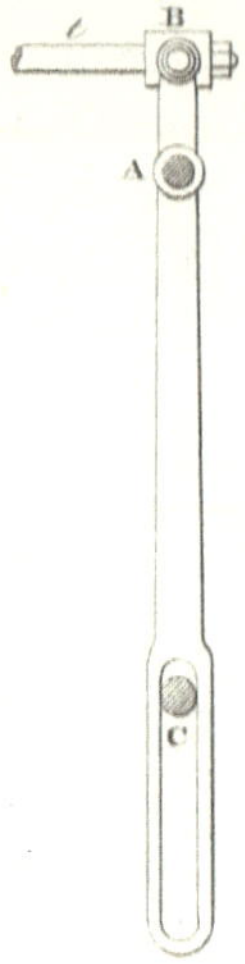

Fig. – 55.

La crosse du piston portera un axe C, qui s'engagera dans la coulisse qui termine le bas du levier. L'extrémité supérieure du levier est formée par une fourche, qui embrasse le manchon B, fixé à la tige, laquelle porte des axes d'oscillation.

À une machine des établissements de M. Regout à Maestricht, le constructeur, M. Libert, a profité des organes du parallélograme d'Olivier Evans pour faire mouvoir les pompes de l'alimentation et de la condensation, et pour communiquer le mouvement d'oscillation à un levier qui commande les tiroirs de la détente.

VII – Tiroirs Barlow.

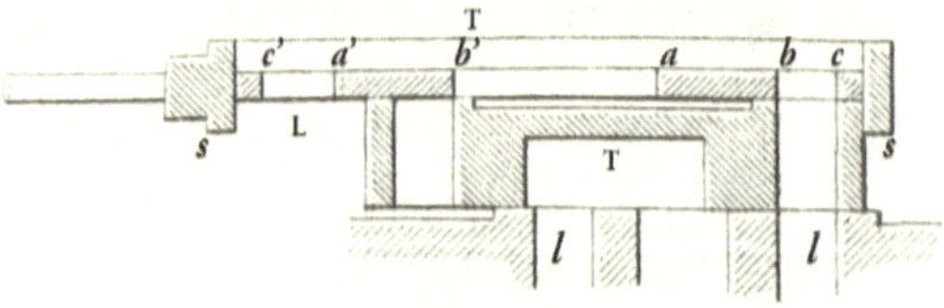

Fig. – 56.

Ce système est ainsi disposé (fig. 56) qu'il ne peut être employé que pour des détentes qui varient depuis le milieu de la course jusqu'à la fin.

Le tiroir T, percé de deux ouvertures comme le tiroir du système précédent, n'est assujetti à se mouvoir que lorsque les saillies S S', du cadre en fer T' le repoussent ou l'attire. Ce cadre est commandé par l'organe d'excentricité, et il est solidaire de deux plans dans lesquels sont ménagés deux orifices *b c* et *b' c'*. Ceux-ci sont disposés pour fermer les orifices du tiroir à un point déterminé de la course du piston, pendant la dernière moitié de cette course. La fig. 57 fait voir la disposition qui correspond exactement à la moitié de la course : l'amplitude de la course du tiroir est égale à :

$$L + l + r$$

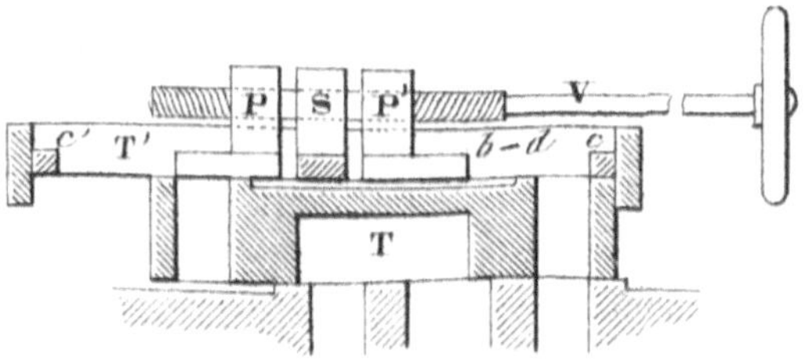

Fig. – 57.

Ainsi, le tiroir T reste immobile pendant que le cadre T' parcourt la fraction L de sa course. Par cette disposition la course de l'excentrique étant plus grande de L, le tiroir T est repoussé et ramené avec une plus grande vitesse, et la lumière reste un certain temps découverte. Ce système a tous les avantages et tous les inconvénients des cames.

Cette figure montre une combinaison pour pouvoir varier la position des plans *a b* et *a' b'*. La pièce S maintient la vis à deux filets V, et elle fait corps avec le cadre. Les deux plans sont pourvus des écrous P et P', qui sont variables, longitudinalement, en coulissant dans deux rainures horizontales ménagées dans les côtés du cadre ; on peut ainsi supprimer la tige en mettant la vis en communication avec la barre et en employant un des mécanismes de variation précédemment d'écrits.

Pour utiliser la pleine pression avec ce système, il faudrait que le cadre fut suffisamment long pour que l'écart *b d* soit égal à l'excès de la course ou à L, et comme la largeur *a b* des plans doit aussi être égale à L, il s'ensuit que l'excès L devrait être très grand, à moins d'allonger le tiroir T en inclinant les canaux.

Chapitre V

Tiroirs superposés à détente variable.

1. Tiroirs Edwards.

Bien que l'on connût depuis longtemps cette propriété de la vapeur de pouvoir se détendre comme le gaz et d'être capable de produire un travail bien déterminé, lorsqu'elle était abandonnée à elle même, cette propriété était très peu utilisée à cause de la pénurie des moyens mécaniques dont on disposait.

L'ingénieur anglais Wolff imagina de faire agir la vapeur à pleine pression dans un premier cylindre, et par détente dans un second, placé parallèlement au premier. On utilisait ainsi le pouvoir expansif du gaz aqueux dans le rapport des capacités des deux cylindres d'où il résultait que pour profiter avec le plus d'avantages de la détente, il fallait en augmenter la capacité du second cylindre ou diminuer la capacité du premier.

Edwards, constructeur anglais des machines du système Wolff, conçut le distributeur représenté fig. 32, p. 57, avec lequel on peut utiliser entièrement et très facilement toute la capacité de travail ou d'activité dont est capable un volume donné de vapeur, sans être forcé d'amplifier la capacité du second cylindre. Ce système pouvait être appliqué au tiroir imaginé par Wolff, tout en empêchant la vapeur générée de s'introduire dans le premier cylindre à un point déterminé de la course du piston, variable depuis le commencement jusqu'à la moitié de la pulsation.

a. Pour cela, le tiroir est percé de deux ouvertures dont la largeur de chacune d'elles, est égale à la moitié de la même dimension de la lumière. Ce tiroir est agité par une tige, qui reçoit le mouvement rectiligne alternatif d'un excentrique circulaire ou d'une came curviligne. Le plan supérieur du distributeur est disposé pour recevoir un second tiroir formé d'un prisme de fonte ou de bronze, auquel on ménage un creux dans lequel se maintient l'extrémité d'un arrêt *m*, fixé invariablement à un point quelconque de la boîte.

Lorsque le tiroir T est en mouvement, il entraîne avec lui par adhérence, le prisme qui repose sur lui, mais par des crochets *e* et *e'*, mobiles sur des axes *a* et *a'* on peut, en les abaissant plus ou moins, mettre obstacle à la marche du tiroir supérieur pendant que celui d'en dessous glisse sous lui.

Lorsque l'on veut laisser pénétrer la vapeur dans le cylindre pendant toute la course, il suffit de relever ces deux crochets qui abandonnent ainsi le tiroir supérieur dans une position quelconque. Le tiroir T, en entraînant le prisme ainsi délivré, amène une des saillies *s* en contact avec le butoir *m* qui, à son tour, contraint le prisme à attendre le mouvement de retour du tiroir T de telle sorte que les deux tiroirs se retrouvaient, l'un par rapport à l'autre, dans la position normale.

b. *Mécanisme des crochets.* — Les crochets, placés dans l'intérieur de la boîte, sont calés sur les axes *a* et *a'*. Ces axes traversent la paroi latérale de la boîte, et ont chacun un presse-étoupe, pour venir se fixer à deux secteurs dentés en rapport l'un avec l'autre. L'un des axes porte une petite manivelle, qui sert en même temps d'index ; en agissant sur elle, les deux crochets s'écartent ou se rapprochent pour diminuer ou augmenter la grandeur de la détente. Un registre est gravé sur la paroi de la boîte.

On verra plus loin que M. Spencer a utilisé ce procédé de variation en le faisant commander par un pendule.

2. Distributeurs de M. Farcot.

Le système précédent est ainsi modifié et amplifié par M. Farcot :

1. - Le second tiroir est divisé en deux parties ;
2. - (fig. 2, p. 16) une came de grandeur variable est substituée aux deux crochets ;
3. - le butoir *m* est remplacé par les butoirs B et B' ;
4. - chaque tiroir ou glissoir *t* et *t'* est percé de deux orifices rectangulaires, dont la largeur est égale à la moitié de la largeur de la lumière *l* ;

5. - le plan supérieur du tiroir T est percé de six ouvertures semblables et égales, chacune à chacune, et aux orifices des glissoirs ;
6. - chacune d'elles est séparée de sa voisine par une partie pleine qui ne peut pas être plus petite que la longueur de la demi-course du tiroir, qui est *l* sans recouvrement, et *l* + *r* dans le cas contraire.

Description.

a. Le tiroir T est prolongé pour renfermer les cavités dans lesquelles viennent déboucher les orifices *n* qui, à leur tour, sont mis en rapport avec les lumières *l*, par les ouvertures *l'* ; et il est conduit par une tige, une barre et un excentrique circulaire : dans le but de réparer facilement les effets de l'usure, on incruste quelquefois dans son plan inférieur une plaque en bronze maintenue par des vis à tête noyée fig. 58).

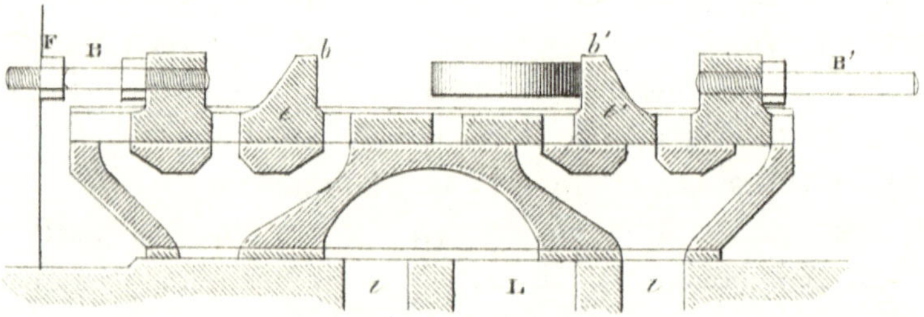

Fig. – 58.

b. Chaque glissoir est venu de fonte avec 1° - un butoir, *b*, ou *b'*, destiné à recevoir l'action de la came, qui a pour fonction, d'empêcher, plus ou moins tôt, le glissoir de participer au mouvement rectiligne du tiroir et 2° - avec un appendice D destiné à recevoir le bout fileté du butoir B. Ces butoirs B ont pour mission d'arrêter le glissoir et de l'obliger ainsi, comme le butoir *m* du système précédent, d'attendre le mouvement inverse du tiroir T. Ces organes sont en acier trempé, comme les têtes des boutons F contre lesquels ils viennent buter.

L'expérience a démontré que la différence des pressions était insuffisante pour anéantir complètement la puissance vive renvoyée par les chocs de la came et des butoirs. De plus, lorsque le cylindre est vertical, il est visible que les glissoirs ne resteraient pas en place lorsque l'on arrêterait la machine, il a donc fallu recourir à la pression des ressorts pour corriger ces deux effets nuisibles.

Pour cela, le tiroir, dessiné en coupe transversale fig. 59, porte, deux saillies latérales P, entre lesquelles coulissent les glissoirs sur lesquels pressent quatre ressorts arqués R et R', maintenus par des griffes de fer encastrées dans les oreilles D et D'. Chaque glissoir est pourvu d'une réglette en acier trempé *r*, qui est en contact avec le ressort R.

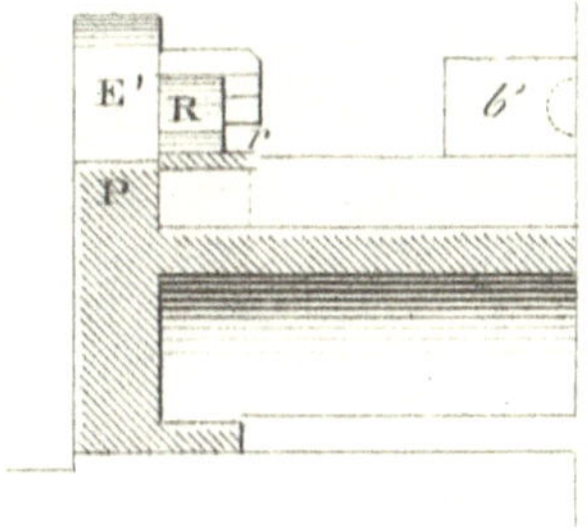

Fig. – 59.

C. *Marche de l'appareil.* — La fig. 2, p. 16, montre le distributeur disposé pour faire fermer la lumière, lorsque le piston aura parcouru 1⁄20 de sa course. La came C est placée suivant la droite DE (fig. 60), et l'intervalle entre ces extrémités et les butoirs *b* et *b'*, lorsque le tiroir est au milieu de son évolution, est de 5 mm (pour une course de 44 mm).

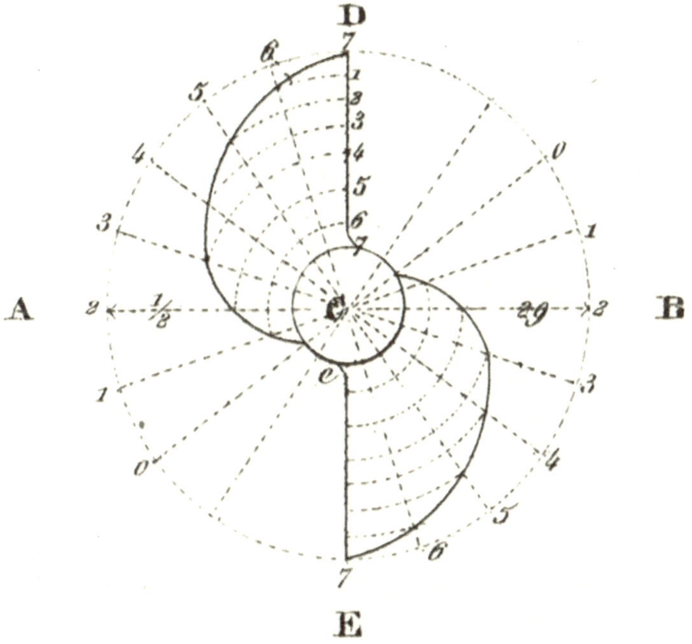

Fig. – 60.

Lorsque le tiroir aura reculé de 5 mm, la lumière ne sera pas encore découverte, puisque le recouvrement est de 14 mm, et l'écart sera encore de 9 mm au moment du contact. Lorsque la lumière sera sur le point de se découvrir, le glissoir *t'* aura déjà recouvert les orifices *n'* de 9 mm, donc l'étranglement serait, pour cette détente, de 15 - 9 ou 6 mm.

d. Si l'on dispose la came suivant la droite A B (fig. 58 et 60), la détente devra commencer lorsque le tiroir sera à la moitié de sa course s'il n'y a pas de recouvrement, et un peu en deçà, plus ou moins, suivant la grandeur de ce recouvrement : on voit que le glissoir *t'* sera contraint de s'arrêter lorsque le tiroir aura encore *l* / 2 à parcourir pour découvrir entièrement la lumière, et (fig. 58) la vapeur ne pourra plus pénétrer dans le cylindre lorsque la lumière sera entièrement découverte. D'un autre côté, le butoir B commence à mettre obstacle à la marche du glissoir *t*, à l'instant où la came arête le glissoir *t'*, et le glissoir *t* est ramené dans la position normale, lorsque le tiroir a atteint l'extrémité de sa course.

e. Dans la fig. 61, toutes choses égales, moins les butoirs B et B', et avec les glissoirs rendus solidaires, la seule différence que l'on remarque est que la partie *t* du glissoir ne découvre qu'un seul orifice, de sorte qu'au commencement de l'autre course, la vapeur pénétrera d'abord par cet orifice et par les deux autres ensuite, qui s'ouvriront successivement comme la lumière. Ainsi l'avantage de séparer les deux glissoirs est loin de compenser la complication qu'exige cette solution.

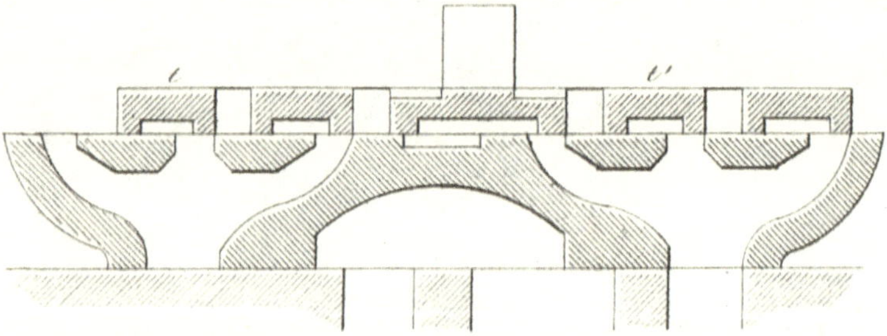

Fig. – 61.

f. La came, représentée fig. 60, est fixée à une tige, qui traverse la couverture A de la boîte, en passant par un presse-étoupe. Cette tige est rendue solidaire d'un levier, que l'on manœuvre à la main ou que l'on met en relation avec un pendule ; le levier porte un index, qui parcourt un registre curviligne fixé à la boîte.

Dans le but de donner plus de stabilité à la came, on la fait venir de fonte avec un moyeu qui est engagé dans une tubulure exactement alésée et venue de fonte avec la couverture A. Lorsque la came est en fer ou en acier, il convient de garnir les butoirs *b* et *b'*, de tête de vis de même métal, pour que les réparations soient moins onéreuses.

g. *Construction de la came.* — La plus grande longueur D E étant déterminée, ainsi que le diamètre du moyeu, on décrira la circonférence A D B E et la circonférence du moyeu. On divisera ensuite E C, qui doit être égal à $l + r$ en un certain nombre de parties égales et par ces points de division, on fera passer des circonférences. On divisera ensuite la circonférence en parties égales, mais de manière que si E *e* a été divisé en sept parties, la circonférence sera divisée en quatorze et par ces points de division, on fera passer des rayons dont les intersections avec les circonférences correspondantes détermineront les points de la courbe des deux branches de la came.

L'arc, E*o* correspond à la pleine pression. L'arc 02 à un étranglement des orifices. En 2 la détente commence à la moitié et elle varie jusqu'au 7, où elle commence au 1⁄20 de la course.

h. La fig. 62 est une double came que l'on peut employer de préférence, lorsqu'on ne peut pas utiliser la pleine pression. Elle est plus convenable que la première, parce qu'elle réduit de beaucoup l'obliquité des chocs : c'est pour corriger en partie ce défaut que l'on a imaginé la disposition suivante qui ramène le distributeur au système d'Edwards.

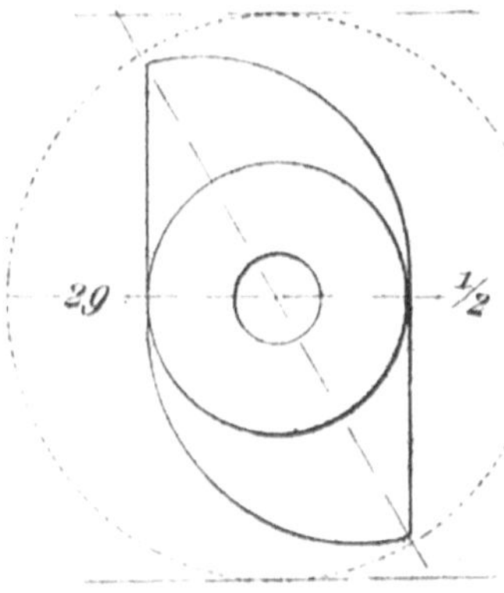

Fig. – 62.

3. Distributeurs Bourdon.

Dans le système Farcot, le tiroir est percé de trois ouvertures de chaque côté, dans le but de corriger, par le troisième, les effets des contractions de la veine fluide qui doit passer par des orifices rectangulaires dont les arêtes supérieures doivent rester vives. Il en résulte que deux ouvertures, bien que représentant en somme une surface égale à celle de la lumière *l*, sont insuffisantes pour que, dans le même temps, le volume qui passerait par la lumière *l* puisse passer par les deux orifices *n*.

Le troisième devient donc nécessaire pour combler la lacune. Mais, comme dans le système précédent, il faut, pour éviter l'étranglement dans les grandes détentes, augmenter la longueur de la course du tiroir T, la 3e ouverture peut-être supprimée lorsque l'on augmentera, avec la course, la largeur de la lumière ; ce qui nécessite dans tous les cas l'agrandissement des orifices *n*.

Le système des distributeurs à plusieurs orifices, a le grave inconvénient, comme on vient de le voir, d'exiger des orifices supplémentaires, pour parer à l'insuffisance des autres. Par cette multiplication des arêtes vives, les molécules gazeuses viennent dépenser leur capacité calorifique ou, ce qui revient mathématiquement au même, leur capacité de mouvement, et cette vapeur liquéfiée est entraînée dans le cylindre.

Description.

a. Le tiroir T est sans recouvrement (fig. 63). Il n'est percé que de quatre ouvertures *n*, dont la largeur est égale à la moitié de la largeur de la lumière *l*, qui est plus grande que la largeur qu'elle devrait normalement avoir.

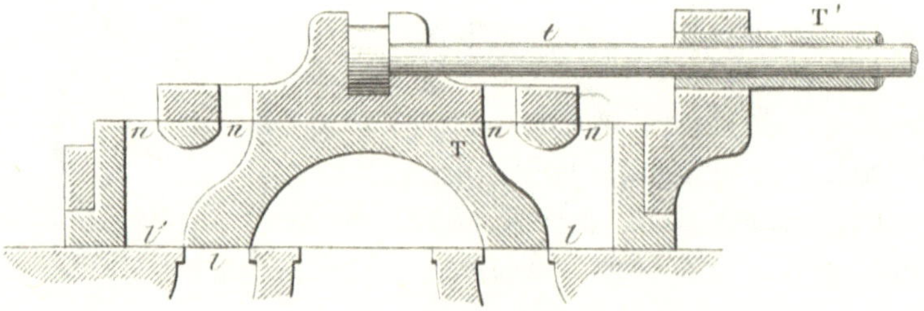

Fig. – 63.

Le tiroir étant de la forme simple, il en résulte que les intervalles entre les orifices *n* seront égaux chacun à *l*, et que la plus petite détente se fera exactement au milieu de la course du piston.

b. Le tiroir est entouré d'un cadre en fer ou en fonte malléable qui porte une douille dans laquelle s'engage l'extrémité filetée de la tige creuse T'. Le tiroir supérieur, en une seule pièce, est mis en relation avec l'appareil de la variation par la tige *t*, (que l'on fera bien de faire en acier pour en réduire le diamètre), qui traverse la tige creuse.

c. L'appareil de la variation se compose d'une came fixée sur un disque mobile, assujetti à varier, soit à la main soit par le régulateur. La tige creuse est rendue solidaire d'un cadre dans lequel débouche la tige *t*, qui porte aussi un cadre, dont les deux côtés extrêmes viennent se placer en contact avec la came. La barre s'articule au cadre de la tige creuse pour communiquer le mouvement au tiroir.

Remarques. — Ce système supprime toutes les complications des guides, des ressorts et des butoirs et il facilite les réparations des organes de la variation, qui peuvent même être enlevés sans nécessiter le chômage de la machine. Il nécessite, il est vrai, l'emploi d'une tige creuse et d'une seconde tige pleine, par suite, un petit presse-étoupe à l'extrémité de la tige creuse, tous organes délicats à construire et qui augmentent l'étendue des surfaces frottantes, mais en construisant la tige pleine d'un tube en fer sans soudure un peu plus grand qu'il n'est nécessaire, le frottement des tiges peut-être réduit à celui du presse-étoupe : la fonte malléable serait aussi avantageusement employée soit pour ces organes soit pour d'autres organes délicats des régulateurs, etc.

4. Distributeurs Spineux.

Ce système breveté, après avoir subi plusieurs modifications, a été ramené à la forme du distributeur Bourdon à 4 ou 6 ouvertures. Il ne diffère du système précédent que par la disposition du mécanisme de la variation.

Description.

a. Le tiroir distributeur peut être réuni à la tige creuse par un cadre ou par tout autre moyen. La fig. 64 représente les réunions des tiges aux tiroirs par des procédés autres que ceux employés dans les distributeurs précédents, pour former une collection, encore incomplète, des procédés en usage.

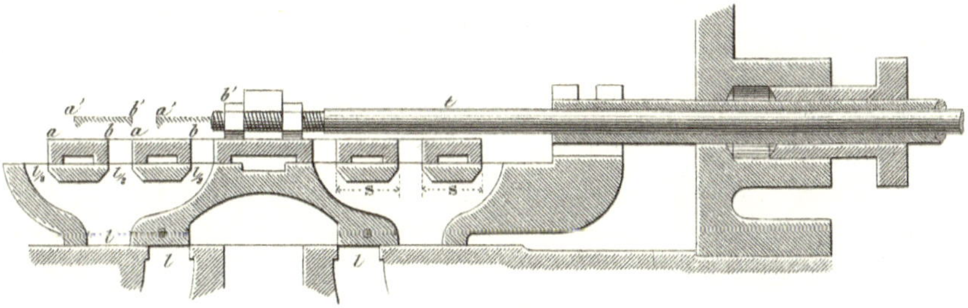

Fig. – 64.

La partie gauche du glissoir est représentée, en pointillé, dans la position qui correspond au commencement de la course en avant du piston, et après la détente.

b. Les fig. 65 et 66 sont, l'une la projection verticale de l'appareil de la variation et l'autre, la projection horizontale, disposition

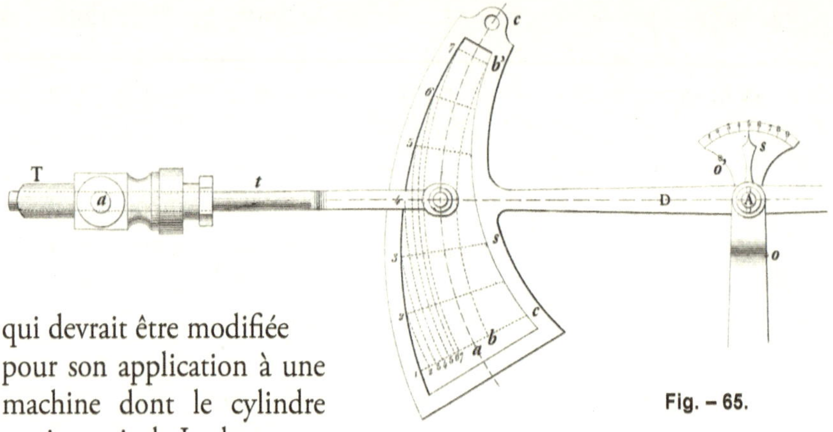

Fig. – 65.

qui devrait être modifiée pour son application à une machine dont le cylindre serait vertical. La barre est supposée composée d'une longue partie fourchue, dont les branches B et B' viennent s'articuler aux axes *a* et *a'*, venus de fonte avec la tige creuse T ou forgés avec le manchon, lorsque cette tige est en fer.

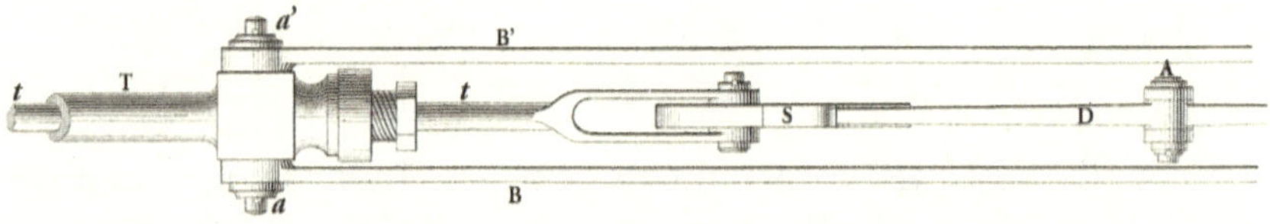

Fig. – 66.

L'extrémité de la tige pleine *t* est terminée par une fourche, suffisamment longue pour que le fond ne puisse rencontrer la branche extérieure du secteur S ; son extrémité maintient un petit axe destiné à servir de butoir.

C. Le secteur S est composé de deux bandes de fer ou d'acier réunies par les extrémités et le tout est soudé à un levier D, qui oscille en A et qui est prolongé pour recevoir un contrepoids d'équilibre. Lorsque le cylindre est vertical ce contrepoids est inutile puisque le levier devient lui-même vertical.

Les courbes des deux branches du secteur sont des arcs de cercle dont les rayons de courbure dépendent de la longueur du levier D et du développement des courbes, mais de telle sorte que les rayons seront d'autant plus grands que la hauteur de la corde de l'arc sera plus courte : *o* et *o'* sont les centres de courbure, l'un de l'arc 1.7, et l'autre de l'arc *b'c*. On verra facilement, sur l'épure, le procédé graphique à l'aide duquel on détermine les points des courbes : 1. *c* répond à la pleine pression,

7. *b'* au maximum de détente et *a b* égale le rayon du butoir plus *n* m/m. Cet appareil est visiblement supérieur à tous les précédents pour la facilité extrême avec laquelle il peut être manœuvré par un régulateur et cette facilité serait même un défaut s'il était mis en relation avec un régulateur très sensible, surtout si la course du piston est longue car il pourrait arriver que, pendant la même pulsation du piston, la position du secteur variât deux fois, et cette seconde variation, dans le cas d'un ralentissement de vitesse, ferait affluer la vapeur, qui agirait sur le piston comme un coup de bélier.

Jusqu'aujourd'hui, rien de semblable ne s'est encore produit, à cause des vitesses des moteurs auxquels il est appliqué et, sans exception, l'appareil remplit sa mission avec une régularité, une facilité d'évolution que nous pouvons légitimement affirmer.

Influence de la bielle. — On a vu, à l'article *Came Trésel*, que ce constructeur corrigeait l'influence de l'obliquité de la bielle sur la distribution de la détente, en donnant à la came une forme particulière qui rendait son action inégale dans les deux courses. Il devient très facile d'utiliser ce procédé dans les systèmes précédents :

1. - en faisant les pas différents à la vis des glissoirs Meyer ;
2. - en allongeant un des côtés des cames Farcot et Bourdon ;
3. - en modifiant le secteur ou les dimensions des intervalles des orifices *n* d'un des côtés du tiroir et du glissoir dans le système Spineux.

Observations sur le mouvement alternatif et sur le mouvement continu des organes distributeurs.

Lavoisier, ce puissant génie, est le père de la théorie de la chaleur qui s'immobilisera quels que soient les efforts tentés pour l'ébranler, a écrit dans les premiers chapitres de son traité de chimie :

> « Nous avons vu que les molécules de tous les corps de la nature étaient dans un état d'équilibre entre l'attraction qui tend à les rapprocher et à les réunir, et les efforts du calorique qui tendent à les écarter. Ainsi, non seulement le calorique environne de toutes parts les corps, mais encore il remplit les intervalles que leurs molécules laissent entre elles. On se formera une idée de ces dispositions si l'on se figure

un vase rempli de petites balles de plomb, et dans lequel on verse une substance en poudre très fine, telle que du sable : on conçoit que cette substance se répandra uniformément dans les intervalles que les balles laissent entre elles et les remplira. Les halles dans cet exemple, sont au sable ce que les molécules des corps sont au calorique, avec cette différence que dans l'exemple cité les balles se touchent, au lieu que les molécules des corps ne se touchent pas, et qu'elles sont maintenues à une petite distance les unes des autres. »

D'après cette théorie que l'expérience corrobore et que la loi universelle et unique pour tous les corps quel que soit le volume confirme que chaque molécule d'un corps organique ou inorganique, infiniment petit ou infiniment grand, est entourée d'une zone de fluide ou de force de cohésion comme le globe est entouré d'une zone de force mouvementée, l'air atmosphérique saturé de vapeur d'eau.

On se rendra maintenant facilement compte pourquoi le corps le plus dur et le plus compact est celui qui est préféré pour former les organes destinés à rouler l'un sur l'autre, puisqu'il faudra plus de force, ou ce qui est la même chose, plus de mouvement ou de chaleur pour en écarter les parties constitutives, et l'on saisira pourquoi la résistance au frottement est plus grande au départ. On en déduira encore la raison pour laquelle les organes animés de mouvements continus sont plus favorables à l'effet utile du moteur et se conservent plus longtemps dans un bon état d'entretien, que les mêmes organes animés de mouvements alternatifs.

Au départ du mouvement d'un corps frottant, d'un robinet par exemple, la puissance doit vaincre l'inertie de la masse qui n'est que la somme des inerties de chaque molécule du métal, plus la résistance attractive, autrement dit l'adhérence.

En vertu de cette dernière force, la molécule tend à résister à la puissance et à augmenter l'intervalle qui la sépare de sa voisine de l'avant, et à comprimer la couche fluide qui la sépare de sa voisine d'arrière ; mais, comme dans le cas supposé, chaque molécule est soumise au même entraînement, il en résultera que la zone calorique, ainsi mise en vibration, ne pouvant se mouvoir dans le sens de la translation, tendra à repousser les molécules voisines verticalement et transversalement avec d'autant plus d'énergie que la vitesse de translation sera plus grande, ce qui produira une excitation proportionnelle des vibrations moléculaires.

Lorsque le mouvement est imprimé, les molécules se mettent en équilibre et elles se maintiendront dans cet état, tant que la direction ne sera pas changée ; mais à l'instant où le mouvement change d'un sens à un autre inverse, la puissance doit :

1. - anéantir la force vive de toutes les molécules, dont l'équilibre est brusquement rompu ;
2. - vaincre l'inertie de l'ensemble ;
3. - ramener de nouveau les molécules en équilibre.

Il se perpétuera ainsi dans la masse une suite de mouvements de balancement, qui devra tendre à augmenter la force répulsive à laquelle les molécules sont soumises, et cette tendance sera d'autant plus prononcée que le corps sera plus spongieux. Si le corps est énergique ou compact, et si les mouvements alternatifs se transforment en percussion, il se produira un phénomène de désagrégation, qui ira en progressant de jour en jour, jusqu'à ce que la force de cohésion soit devenue impuissante pour résister aux efforts qui tiraillent l'organe.

Les balancements moléculaires ne se conduiront pas seulement dans la clef du robinet, mais ils se propageront aussi dans le boisseau par influence, celui-ci absorbant de la chaleur développée par le frottement, laquelle se concentre dans la couche de contact.

Lorsque le mouvement est continu, l'hésitation moléculaire ne se produit qu'au départ du mouvement, qui se continue ensuite sans balancement moléculaire, puisque l'équilibre une fois établi, il ne se produira d'autres causes de rupture que dans les variations de la vitesse de l'organe.

L'expérience est d'accord avec cette théorie, car dans tous les marteaux-pilons où l'on a employé les robinets équilibrés de MM. Wilson et Vaessens, il a fallu s'en débarrasser pour se soustraire à la tyrannie d'un rodage périodique. Au contraire, les robinets et les distributeurs tournants d'un mouvement continu fonctionnent très longtemps sans nécessiter de réparations bien marquantes, témoins le distributeur tournant de la machine de l'atelier de l'Université de Liège et le robinet à détente variable de feu mon père, qui fonctionne encore aujourd'hui, bien qu'il ait été construit avec la machine depuis plus de 30 ans.

Chapitre VI

I – Mouvement des distributeurs. — Excentrique circulaire.

L'organe généralement employé pour imprimer le mouvement rectiligne alternatif aux tiroirs est composé d'un disque en fonte dont le centre de figure E est distant de son axe de rotation C, d'une quantité égale à la demi-course du tiroir, et la distance de ces deux centres est le rayon d'excentricité.

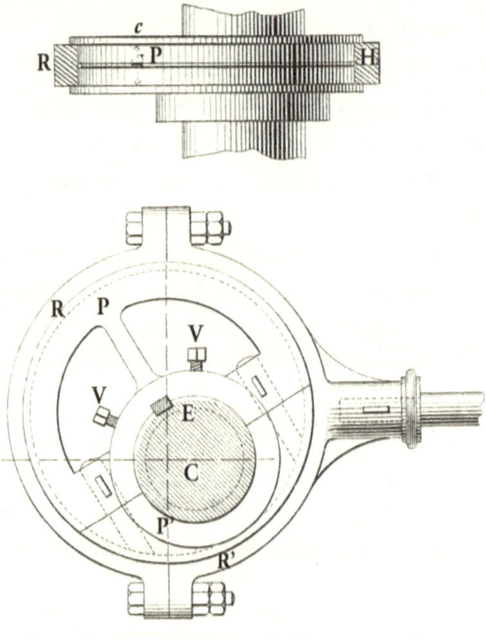

Fig. – 67.

Le disque P (fig. 67) est plein et d'une seule venue, dans les petites dimensions, ou en partie évidé pour en diminuer le poids. Il est en deux pièces, lorsqu'il est appliqué sur l'arbre coudé des locomotives. Ces parties sont ensuite réunies au moyen de deux boulons filetés dans la partie P' et clavelé en S dans l'autre partie. Deux cercles R et R' en fonte, en fer ou en bronze, dans les machines à grande vitesse, sont réunis par des boulons à double écrou ; la moitié R se fixe à la barre F par clavetage ou par boulons. Lorsque la matière employée est du fer, le collier se soude à la barre.

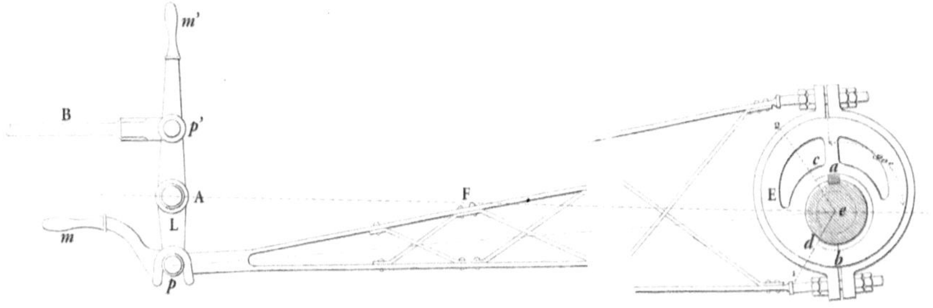

Fig. – 68.

Pour empêcher que les colliers ne puissent s'échapper latéralement, la périphérie du disque est creusée de quelques millimètres ; les rebords, ainsi ménagés, embrassent les joues des colliers. Quelquefois ce sont ceux-ci qui sont creusés intérieurement pour s'emboîter dans le disque.

Lorsque la tige du tiroir n'est pas disposée pour pouvoir en varier la longueur à volonté, on dispose la barre d'après la méthode adoptée par Watt (fig. 68 et 69). La tige du tiroir, quel que soit le moteur, doit être maintenue rectiligne dans un guide fixé à la machine ; elle s'articule ensuite avec la barre. Cette articulation doit être entretenue avec soin, pour conserver une distribution régulière et le meilleur effet utile. Dans les locomotives la tige est en acier.

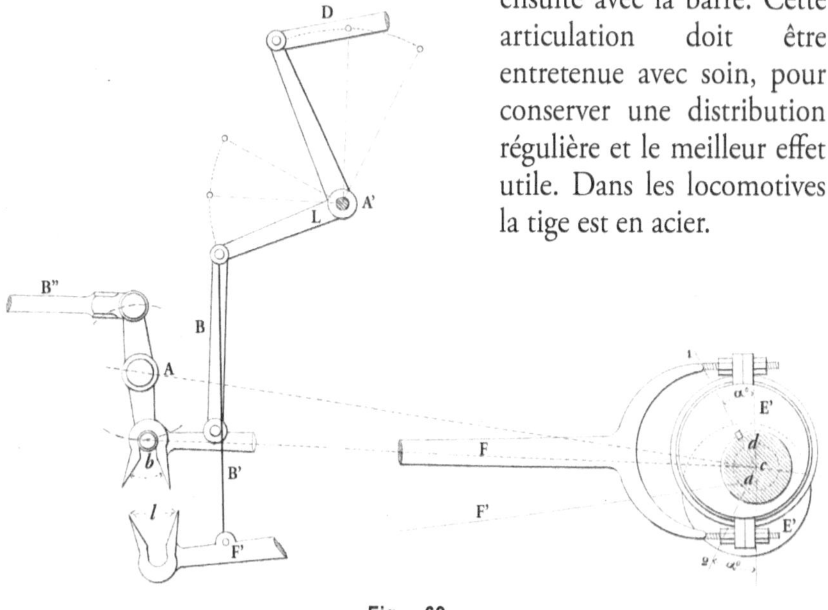

Fig. – 69.

Nous avons vu dans l'étude du tiroir en coquille, que la course du distributeur est égale à 2 *l* pour le tiroir simple et 2 (*l* + *r*) lorsqu'il est à recouvrement ; le rayon d'excentricité sera donc *l* et *l* + *r* : le recouvrement intérieur, *r'*, n'a aucune influence sur l'amplitude de la course.

La largeur L du collier s'obtient en ne faisant supporter au disque que 2 kil. par centimètre carré de la section passant par le centre du disque, ainsi on aura :

$$L = P / 2 D$$

P résistance totale du tiroir et des accessoires,

D diamètre du disque.

L'épaisseur H du collier est égale à L / 2, et l'épaisseur du moyeu, qui ne doit résister qu'à l'effort du calage, est égale au tiers ou au quart du diamètre de l'arbre.

II – Cames.

a. Les Américains adoptèrent le principe d'un excentrique triangulaire, équilatéral curviligne, dont les côtés ont pour centre de courbure les sommets E, D, F (fig. 70).

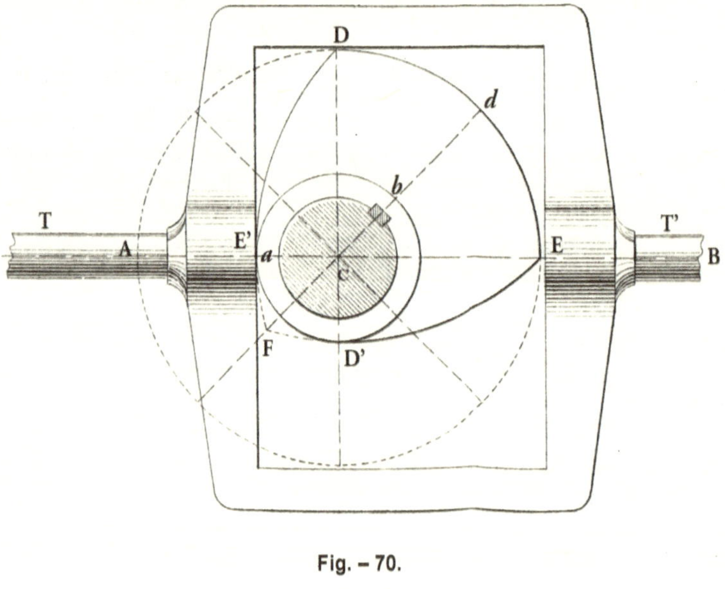

Fig. – 70.

Il est plein, et il tourne dans un cadre en fer, dont les constructeurs soigneux garnissent les côtés en contact de bandes en acier trempé. Dans ce cas la came est elle-même en acier mais plus fréquemment elle est en fer et même en fonte.

Le cadre est soudé ou claveté à la tige T du tiroir et à un autre bout de tige T' laquelle est maintenue dans des guides. Quelquefois des galets *g* et *g'* sont ajustés à l'intérieur du cadre dans le prolongement de l'axe des tiges pour adoucir le mouvement et pour diminuer le frottement.

La came dite de Pittsburg (fig. 70) se trace ainsi : on décrit du centre C la circonférence C *b* du moyeu, on porte sur le diamètre la distance *b d* égale à la demi-course du tiroir ; du centre C on décrit, avec le rayon C *d*, une circonférence que l'on divise ensuite en 8 parties égales par des diamètres, et des points E et D, extrémités de deux diamètres perpendiculaires entre eux, avec un rayon égal à D D' ou E *a*, on décrit les arcs D *a* et E D^1. Tant que le cadre est en contact avec l'arc D E la lumière se maintient ouverte, elle se ferme ensuite avec rapidité.

b. *Wolff* se servait aussi de la came pour activer le distributeur de son moteur combiné de la machine à haute pression avec la machine à condensation. Cette came (fig. 71) était fixée sur un disque en fonte qui recevait son mouvement circulaire de l'arbre moteur, soit qu'il y fut fixé, soit qu'il fut calé sur un petit axe *ad hoc*, qui se plaçait alors en dessous de la boîte du distributeur, disposition qui a été conservée par les constructeurs de ces machines qui utilisent la came ; un des sommets F coïncide avec le centre de rotation, et F *b* égale la demi-course du tiroir.

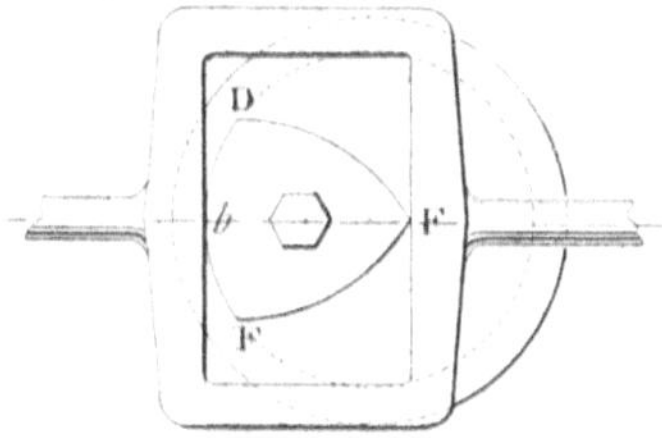

Fig. – 71.

c. *Trésel.* — Nous avons déjà vu que M. Trésel emploie aussi la came de Pittsburg. La came du tiroir distributeur est identique à celle de la figure 70.

La came du tiroir de la détente (fig. 72) joue dans un cadre dont les côtés actifs sont courbes et les rayons de

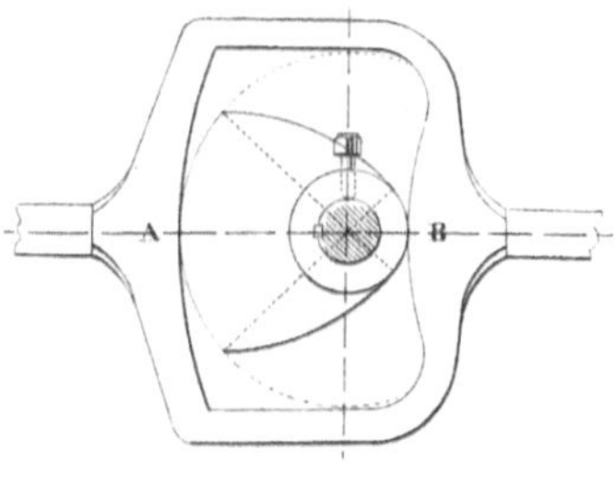

Fig. – 72.

courbure sont choisis de façon à corriger l'inégalité dans la distribution due à l'obliquité de la bielle motrice : ainsi la courbure du côté A fait que la came rencontre plutôt le cadre, tandis que le contraire a lieu lorsque la came se met en rapport avec le côté B ; le premier effet précipite le moment de la détente et le second le retarde.

Nous avons vu, par les tracés des lieux géométriques du tiroir et du piston, que le moment de la détente diffère dans les deux courses et que, bonne pour la course en avant, elle se faisait plus tôt dans la course en arrière ; or les courbures du côté B doivent pouvoir corriger ce défaut.

d. *Came en cœur.* — La came en cœur ou la came Jacquart (fig. 73), produit le même effet que l'excentrique circulaire, c'est-à-dire qu'elle communique au cadre, avec lequel elle reste constamment en contact, un mouvement alternatif régulier.

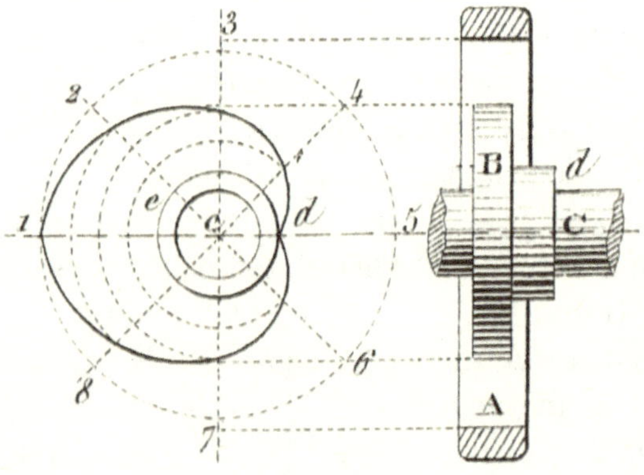

Fig. – 73.

Soit C *d* le rayon du moyen et d'à la demi-course du tiroir.

Du centre C, avec le rayon C 5 on décrit la circonférence que parcourra l'extrémité 1 de la came ; on divise cette circonférence en *n* parties égales, et par chacun des points de division, on fait passer des rayons ; on divise ensuite en *n*/2 parties égales la différence des rayons C 5 et C *d*, et par ces nouvelles divisions, on fait passer des circonférences, dont les intersections avec les rayons correspondants détermineront les points de la courbe de la came. La figure de droite est la coupe du cadre par 3 – 7 et la projection de face de la came B montée sur l'arbre.

e. *Cames à détente de Hodge* — Cet ingénieur constructeur américain adoptait la came de la fig. 74 à ses machines de bateaux, à haute pression et à balancier composé par des tirants et des croisillons en fer. Elle se construit ainsi :

Après avoir décrit la circonférence du moyeu, on choisit un rayon C E, en rapport avec la course et la détente que l'on veut obtenir et,

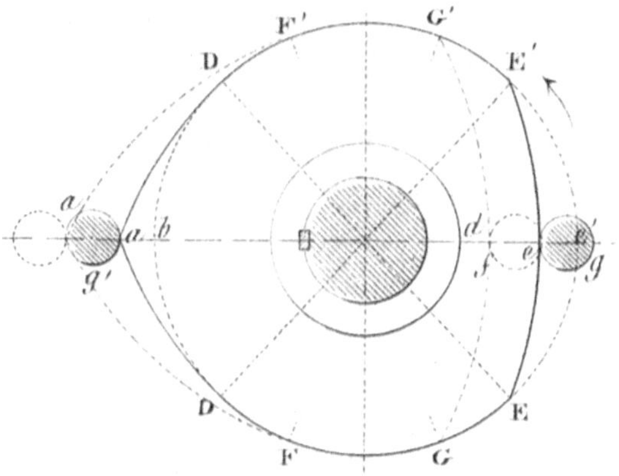

Fig. – 74.

du centre C, on décrit la circonférence EE'D que l'on divise en 4 parties, pour une détente à ½ course, en 6, pour ⅓, en 8, pour ¼ de la course et ainsi de suite.

Soit une détente à ½. Les diamètres D E et D E' diviseront la circonférence en 4 parties égales ; des points E E', comme centre, on décrit les arcs *a'* D' et *a'* D, dont les rayons de courbure sont égaux au diamètre D E = D' E' ; du point «, intersection des deux arcs, et avec a E pour rayon on décrit l'arc E E', les arcs D E et D E' correspondent à la période de l'introduction, puisque les arcs sont égaux à la moitié d'une demi-circonférence, et l'arc E E' correspond à la période de la détente : *a b* = *e e'* = la largeur de la lumière ou la demi-course du tiroir.

En opérant de même, avec une division double, on construira la came *a'* G' G pour une détente à ¼ de la course, et lorsque le développement de la came, dessinée en pointillé, sera d'autant plus petit que la détente sera grande et que *a' b* et *f e'* représenteront en somme la longueur de la course : *g* et *g'* sont des galets fixés aux extrémités E E' du cadre (fig. 70) pour adoucir le frottement.

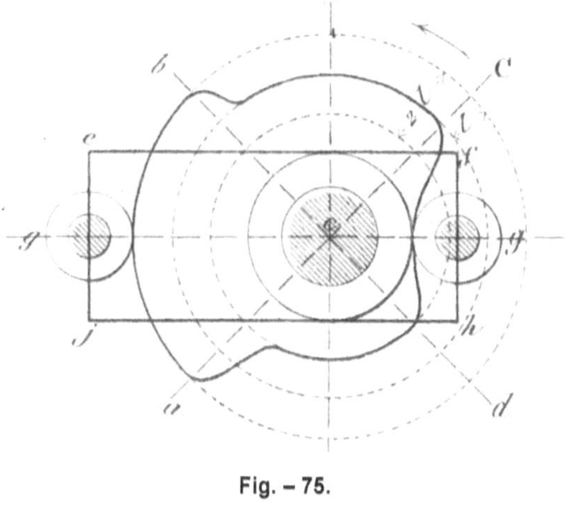

Fig. – 75.

I. *Came à bosses de Saulnier.* — Cet appareil excentrique (fig. 75) a été imaginé pour l'appliquer aux machines à haute pression du système Maudslay pour profiter du pouvoir expansif de la vapeur. Il fut un des premiers agents, connus sur le continent européen, qui permet de profiter de cette propriété de la vapeur en utilisant le tiroir ordinaire. La figure fait voir la disposition des bosses pour une détente pendant la moitié de la course. Aussi, l'arc *a b* correspond à l'introduction et l'arc *b c'* à la détente, et les bosses sont disposées pour que, lorsque le galet *g'* s'élève ou s'abaisse de *l'*, l'autre s'abaisse ou s'élève de la même quantité.

Le cadre était formé de 4 tiges parallèles *e f* et *h j* qui étaient tangentes au moyeu et elles emprisonnaient les deux galets entre elles.

Ce système n'a plus, pour l'époque actuelle, qu'un intérêt purement historique ; il peut cependant trouver encore à être utilisé dans certains appareils mécaniques ou des excentricités particulières sont nécessaires.

g. *Came en développante.* — Nous avons vu dans l'étude des tiroirs de M. Farcot, que ce constructeur emploie une came de l'espèce pour faire varier l'amplitude des évolutions des tiroirs de la détente. L'appareil représenté fig. 76 est une disposition pour utiliser le travail de la détente de la vapeur dans un cylindre d'une machine soufflante à balancier (ou horizontale), qui active la soufflerie des hauts fourneaux annexés aux laminoirs de la société John Cockerill à Seraing. La distribution s'opère par quatre cames distribuées sur un axe parallèle à l'arbre moteur, lorsque le cylindre est vertical, et parallèle au cylindre

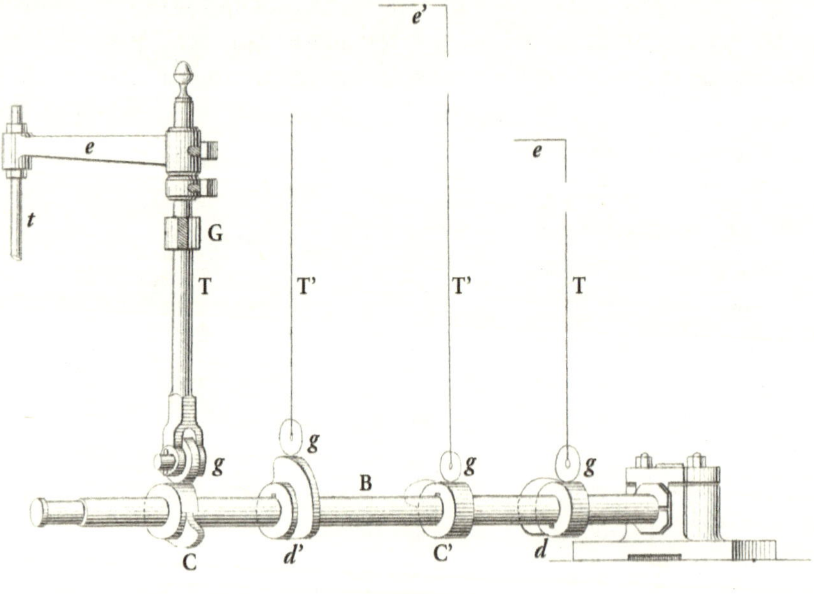

Fig. – 76.

lorsque celui-ci est couché. Il reçoit son mouvement de l'arbre principal par des pignons dentés et angulaires, directement dans le dernier cas, et par un arbre intermédiaire dans le second.

Les cames *c* et *c'* sont destinées à agir sur les soupapes d'introduction, et leur courbure est disposée pour faire fermer les orifices à un point déterminé de la course.

Les cames *d* et *d'* soulèvent les soupapes de l'exhaustion et les maintiennent ainsi pendant toute la course du piston. Elles agissent sur un galet fixé au bas d'une tige verticale T, maintenue dans des guides G, à l'extrémité de laquelle s'ajuste un levier rigide *c* qui porte la tige *t* de la soupape.

Les tiges T conduisent les soupapes du bas du cylindre et les tiges T', celle du haut. La came C', sur la fig. 76, va ouvrir l'orifice d'introduction du haut, *d'* est sur le point d'en fermer l'orifice d'exhaustion et *d* va ouvrir le même orifice du bas.

Lorsque les cylindres sont superposés, et que l'arbre moteur est placé au-dessus du cylindre à vapeur, les cames jouent dans un cadre (fig. 77) et, comme dans la machine exposée par la société du Creusot, elles agissent sur un bout E en acier, pour soulever la tige T et la soupape.

Ce système de distribution convient, à l'exclusion de tout autre, pour des moteurs puissants et dont la vitesse est modérée.

Ces cames se construisent avec une courbure régulière en développante, ou en opérant comme dans la construction de la came en cœur, ou suivant leurs usages, en adoucissant les contours de façon à éviter les contacts brusques et les poussées obliques.

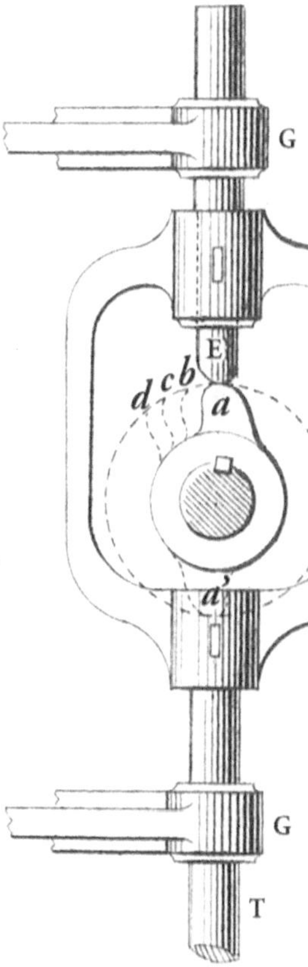

Fig. – 77.

L'emploi des cames, pour conduire le tiroir, doit être rejeté lorsque la pression sur le distributeur dépasse les limites ordinaires car, si la résistance devient trop considérable, les organes et les articulations s'altéreront promptement.

Quelques constructeurs emploient la came et la soupape conjointement avec l'excentrique circulaire et le tiroir. La came a alors pour fonction de faire fermer l'orifice anticipativement et brusquement, et de séparer ainsi le générateur de la boîte de distribution du tiroir ; c'est la reproduction du système, à deux tiroirs jouant dans des boîtes superposées, déjà examiné.

h. On dispose quelquefois plusieurs cames de développement différent (fig. 77) et accolées pour permettre la variation de la détente ; elles sont alors maintenues sur l'arbre par des vis de pression pour pouvoir les présenter successivement et séparément sous le butoir E. D'autres constructeurs ont imaginé de réunir toutes ces cames de manière qu'en avançant ou en reculant le manchon qui les porte, ou augmente ou en diminue la durée de l'admission ; c'est ce qu'on appelle la came hélicoïdale.

i. La projection axonométrique (fig. 78) représente une disposition de M. Fray, où la came hélicoïdale M est invariable, mais où le double galet E est mobile sur l'axe C. Un levier fourchu F s'engage entre les joues des galets solidaires E ; il oscille sur un pivot D, se

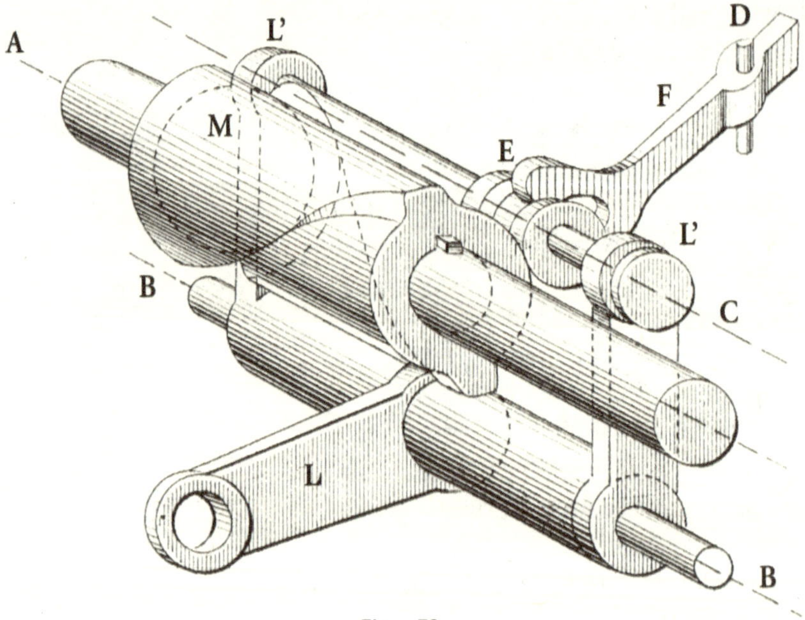

Fig. – 78.

termine en outre par une poignée à la portée du mécanicien, ou par une articulation qui le relie aux organes du régulateur.

Par l'action de la came, les leviers L et L' oscillent sur l'axe B et par l'articulation du levier L, ils transmettent le mouvement ou à un tiroir ou à une soupape.

III – Cylindres excentriques.

En 1844, feu M. Hiard, ingénieur constructeur à Liège, demandait un brevet pour un système de distribution à détente conduit par une rainure excentrique creusée dans la périphérie d'un cylindre.

En 1846, le célèbre Howe obtenait une patente pour sa machine à coudre, où les leviers qui activent la navette et l'aiguille sont mis en mouvement par un cylindre identique.

Le premier n'a pu copier le second, et le caractère de celui-ci ne permettrait pas de le supposer plagiaire ; l'un concevait en Europe et l'autre en Amérique.

Deux leviers (fig. 79) à deux branches M et N portent à l'une de leurs extrémités des petits galets en acier trempé montés sur de petits axes fixés aux leviers ; ces galets s'engagent dans les deux rainures rectangulaires des cylindres, et ceux-ci, calés sur l'arbre moteur, font osciller les leviers M et N sur un axe maintenu par un support en fer E incrusté dans le bâti de la machine.

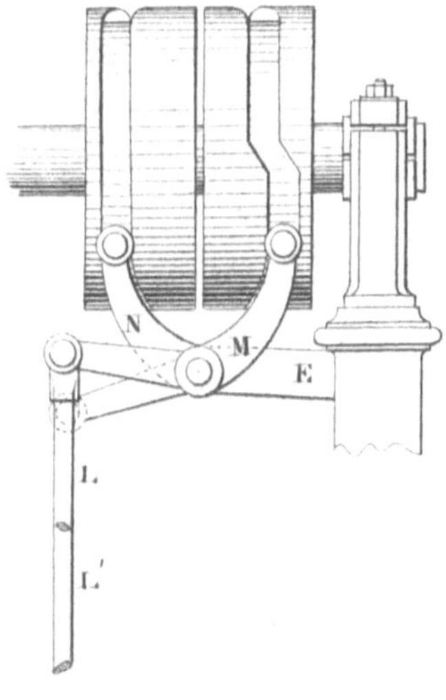

Fig. – 79.

Ils transmettent le mouvement alternatif à deux tiroirs par les tringles L et L' : ces tiroirs sont placés l'un en bas et l'autre en haut du cylindre, et la rainure est disposée de telle façon que, pendant que l'un distribue la vapeur d'un côté du piston, l'autre se maintient ouvert pendant toute la course pour la sortie de la vapeur.

La figure 80 montre la construction des rainures des cylindres développés : A correspond à la sortie, B à la détente et C à l'introduction.

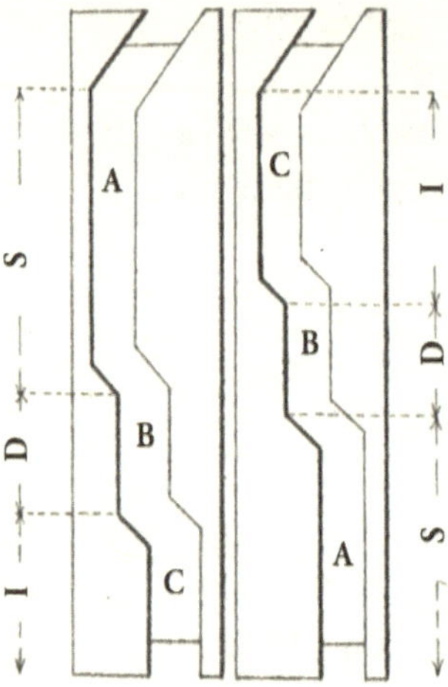

Fig. – 80.

Cet ingénieux mode de transmission, pour distributeurs de petits moteurs, n'a pas été imité, bien qu'il renferme tous les principes que l'on recherche dans cette partie importante de l'organisme des machines à vapeur : ouverture rapide et complète quelle que soit la valeur de la détente, fermeture instantanée, et maintient de l'ouverture pendant toute la course pour la sortie de la vapeur ; enfin, anticipation facultative de la décharge. On reprochait à ce mode d'action une usure rapide, mais en faisant les cylindres en acier fondu trempé, il n'y aurait à remplacer que les petits galets.

IV – Steele.

La pompe alimentaire Steele est conduite par un appareil (fig. 81) qui peut, en certains cas, être utilisée avec avantage dans quelques systèmes de moteurs.

Un support F, boulonné ou à la boîte de la

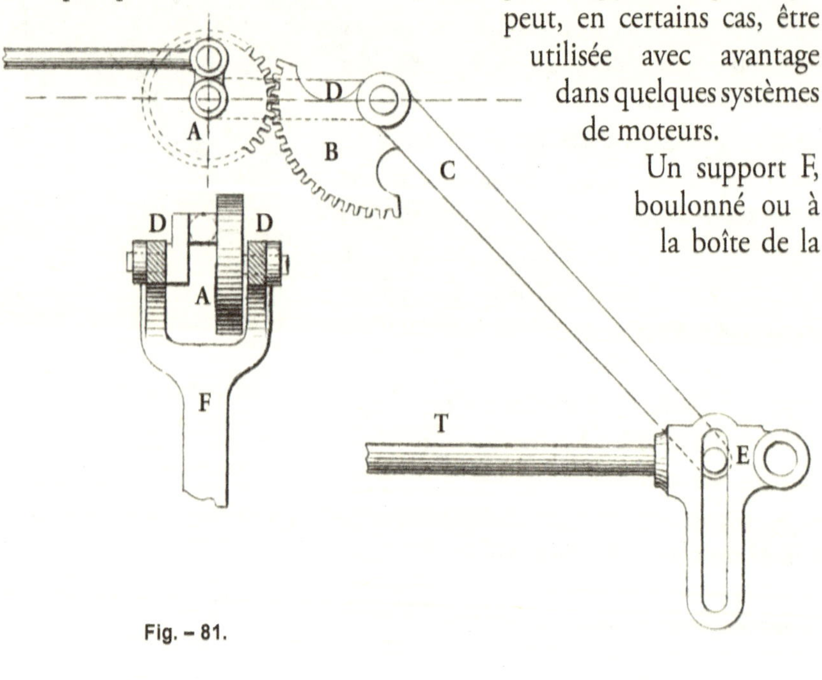

Fig. – 81.

distribution ou aux guides de la tige du piston, maintient l'axe d'un petit pignon denté solidaire avec un coude dont le maneton s'articule avec une bielle qui commande la tige du tiroir. Un levier C oscille sur un axe fixé à un appendice D du support E ; il porte d'un côté un secteur denté B qui engrène avec le pignon A, et son extrémité inférieure est munie d'un pivot qui joue dans l'encoche de la crossette E de la tige T du piston. Si le pignon A est divisé en un nombre de dents égal à celui du secteur B, il fera un tour entier, de sorte que si l'on ne lui donne que la moitié, il distribuera très régulièrement la vapeur des deux côtés du piston, puisque l'obliquité de la bielle n'aura pas sur lui d'influence.

Mais il comporte un inconvénient que n'ont pas les excentriques, qui étant fixés sur l'arbre moteur, participent à son mouvement régulier tout en imprimant au tiroir un mouvement plus rapide au commencement des courses ; tandis qu'ici la vitesse du piston n'étant pas uniforme, est plus petite au commencement qu'au milieu de la course, où la vitesse du tiroir est et doit être très faible, pour maintenir l'ouverture à son maximum le plus longtemps possible. Cet inconvénient est cependant en partie corrigé par la position de la petite manivelle, au commencement de la course, position qui se détermine comme l'angle de calage des excentriques.

V

Un autre mode de transmission de mouvement au tiroir, souvent appliqué aux locomotives à cylindres extérieurs consiste, comme on le verra plus loin, à utiliser l'extrémité du maneton de la manivelle pour y fixer un levier en retour, où l'axe fixé à son extrémité décrit une circonférence égale à celle que décrirait le rayon d'excentricité de la poulie qu'il remplace.

Chapitre VII

I – Moyens d'utiliser la détente de la vapeur par un seul tiroir, avec ou sans variation.

1. Les premiers moyens connus et employés sont les cames Hodge, Saulnier et en développante.
2. *Watt.* — Le second qui vient ensuite est le tiroir à recouvrement de Watt.
3. *Wolff.* — Le troisième est dû à Wolff, qui eût l'heureuse idée de conjuguer la machine à basse pression et à condensation de Watt et la machine à haute pression de Maudslay en Angleterre et de Fulton en Amérique, en faisant agir la vapeur à pleine pression dans le petit cylindre et par détente dans le grand.

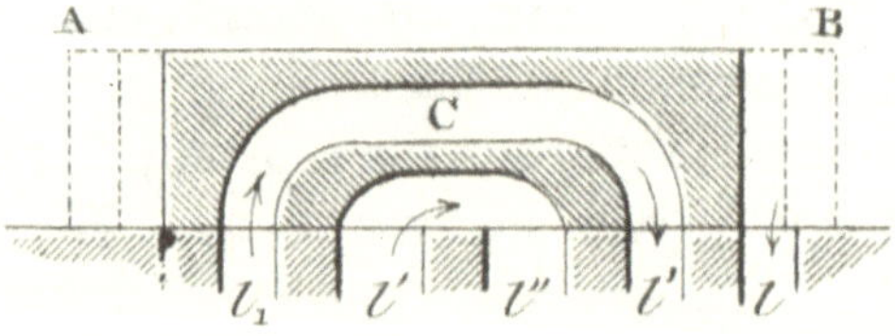

Fig. – 82.

Le tiroir qu'il imagina représenté par la fig. 82, est remarquable par son extrême simplicité, car seul il doit distribuer la vapeur à la fois aux deux pistons. La tablette est percée de cinq ouvertures, dont les extrêmes conduisent aux deux faces du piston du petit cylindre ; les deux suivantes l' communiquent avec le grand cylindre et la lumière centrale l'' conduit la vapeur détendue au condenseur.

La figure montre la position du tiroir qui correspond à la fin de sa course. La vapeur entre par l pour aller pousser le petit piston ; elle sort du petit cylindre par *l*, en passant par le canal ménagé dans le tiroir et par *l'*, elle passe pour aller dépenser progressivement, sur le grand piston, la capacité de mouvement dont elle dispose encore ; enfin, elle s'échappe de dessous ce piston par la lumière *l''* et elle passe par *l'''* pour aller dans le condenseur, céder à l'eau froide le restant de chaleur disponible.

En le prolongeant suivant A B il est visible que l'on pourra utiliser le glissoir et les crochets de M. Edwards et pousser la détente jusque dans le premier cylindre.

Ce système a le grave inconvénient d'étrangler les lumières *l'* dans la période de l'exhaustion ; c'est pourquoi on préfère généralement lui substituer deux tiroirs, l'un pour le petit et l'autre pour le grand cylindre. Les jumeaux respirent mal, lorsqu'ils n'ont qu'un cœur pour deux.

4. Le quatrième moyen pour utiliser la détente avec un seul distributeur, c'est l'addition des recouvrements au tiroir.

II – Détente variable avec un seul excentrique et un seul tiroir.

1. *Cabry.* — Cet ingénieur du chemin de fer Belge imagina, comme nous le verrons plus loin, de faire varier la course d'un tiroir en assujettissant l'extrémité de la barre à agiter le levier de commande en différents points de la branche inférieure : ainsi qu'il est constaté dans un rapport de feu M. Masui en date du 28 octobre 1842, inséré dans le tome II du *Bulletin de l'Industrie*, dirigé alors par le très regretté M. Jobard.

Stephenson. — L'idée de M. Cabry se perfectionne chez Stephenson par la production de la coulisse, qui ne fut imaginée par son auteur, ainsi que nous le disons plus loin, que pour faciliter la manœuvre de l'embrayage et du désembrayage des encoches des barres.

Ce mode de transmission a reçu depuis de nombreuses applications et, à part celle que nous avons déjà passée en revue il en est d'autres qui viendront successivement se placer sous notre sujet.

2. *Coulisse Doweel.* Cet ingénieur irlandais utilisa aussi la coulisse Stephenson à la distribution d'un bateau côtier : la coulisse est renversée et la barre F(fig. 83) est égale à cinq fois la course de l'excentrique. L'extrémité de cette barre se termine par une fourche articulée avec les axes A d'un coulisseau destiné à agiter la coulisse, comme on le voit sur la figure.

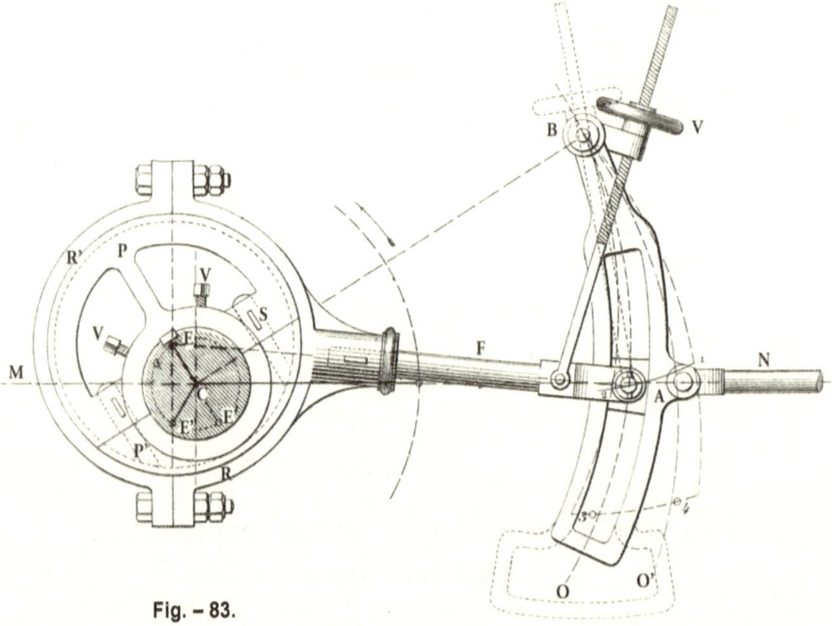

Fig. – 83.

C'est la reproduction presque exacte de la coulisse Delpech, l'aînée ; et tout ce qui a été dit alors, quant à la construction de la coulisse, de son attache avec la bielle N, de la tige du tiroir et du point de suspension B, s'applique exactement à celle-ci. La figure montre en effet que ce point B se trouve à l'intersection de la perpendiculaire, élevée du centre C de l'arbre moteur sur la direction du rayon d'excentricité C E qui est la position relative au commencement de la course avec l'arc central de la coulisse, laquelle a son centre de courbure en E et E' pour l'autre course. L'anneau pointillé au bas de la coulisse la complète pour ce qui concerne l'appareil Delpech.

La barre est suspendue à une tige filetée qui est engagée dans un petit support soudé au levier de la coulisse. Cette suspension est ainsi disposée pour que, malgré les oscillations de la coulisse, le coulisseau se maintienne à la même distance du point d'oscillation et de suspension B et pour qu'en agissant sur le petit volant écrou V, on puisse faire varier la position du coulisseau dans la coulisse. Par la disposition des centres de courbure de la coulisse, l'avance à l'introduction restera invariable quelle que soit la position du coulisseau : 1 – 2 est l'arc décrit par l'axe du coulisseau lorsqu'il communique à la tige du tiroir une amplitude de mouvement égale à celle qu'il reçoit de l'excentrique, 3 – 4 est la position la plus basse qu'il occupera avec cette dimension de la coulisse et les cordes de ces arcs sont nécessairement égales.

La variation de la détente n'est pas exactement proportionnelle à la course du tiroir, il faudrait, pour qu'il en soit ainsi, que le point de suspension fut à une distance infinie.

La durée de l'admission varie comme l'angle $\alpha°$ que fait l'horizontale qui passe par le centre de rotation C avec les rayons d'excentricité ; c'est-à-dire que la course du distributeur sera d'autant plus grande que le coulisseau s'élèvera dans la coulisse.

III – Appareil de distribution du système Heusinger et Waldegg, (suivant M. Zeuner) ou Waelschaerts.

On a pu remarquer à l'exposition universelle de Paris en 1855, à droite, dans l'annexe des machines partie Allemande ou Suédoise, une locomotive remarquable par l'intelligence qui avait présidé à sa construction. On y remarquait une disposition inusitée des organes de la distribution, qui n'était commandée que par un seul excentrique dont la barre s'articulait à l'une des extrémités d'une coulisse renversée suspendue, par son milieu, à l'extrémité d'un levier vertical assujetti sur un axe horizontal.

La variation des positions du coulisseau s'obtenait par le procédé ordinaire : une bielle de suspension articulée à la bielle de la tige du tiroir et à l'extrémité d'une des branches d'un levier coudé, dit de relevage, enfin par la tringle et le levier de changement de marche. Ce système simplifiait le mécanisme, mais il ne permettait pas d'utiliser ni l'avance ni le recouvrement ; nous en verrons plus loin l'application à une machine d'extraction et à un bateau à vapeur (fig. 84).

Waelschaerts. — Laissant à d'autres le soin de résoudre le problème de l'origine de la distribution précédente modifiée et amplifiée du levier

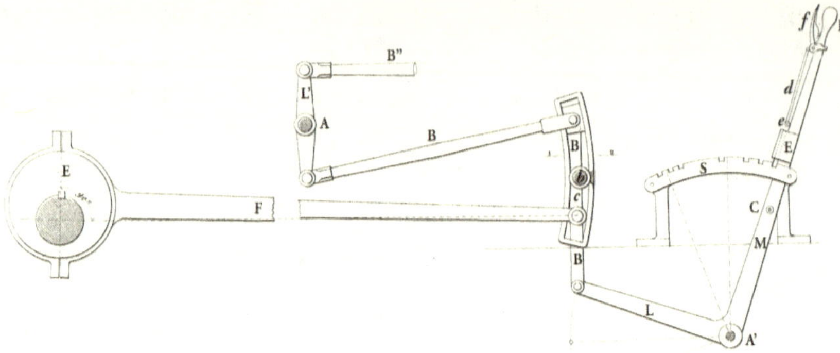

Fig. - 84.

d'avance, modification que revendique M. Waelschaerts ingénieur Belge, nous continuerons à la désigner sous ce nom, vulgarisé chez nous.

Que l'on imagine l'appareil Heusinger et Waldegg, amplifié d'un levier droit Y (fig. 20, p. 39), dont l'extrémité inférieure sera mise en rapport avec la crosse du piston et dont l'extrémité supérieure sera reliée à la tige du distributeur, enfin, qui sera assujetti à rester dépendant des mouvements de la coulisse ; et l'on aura le système de distribution à détente variable et à changement de marche, le plus simple et le plus rationnel qui soit connu.

Ce système, appliqué à quelques machines belges et françaises, étonne par sa simplicité et son originalité ; l'on a peine à comprendre comment les balancements de ce levier, combinés avec une petite coulisse renversée et un seul excentrique, peuvent maintenir l'harmonie entre tous les organes de ce monstre de fer, auquel on applique d'ordinaire deux brides et un puissant mors. Tel est le problème que nous allons résoudre, et les résultats prouveront que la faveur dont il jouit chez nous est bien légitimement acquise.

Description. — L'ensemble se compose :

1. - d'un excentrique W calé exactement à angle droit avec le rayon de la manivelle O Ro ;
2. - d'une barre F reliée d'une part au collier de la poulie et d'autre part avec l'extrémité inférieure d'une coulisse légère avec laquelle elle s'articule ;
3. - d'une coulisse simple renversée suspendue par son milieu E dont les axes oscillent dans deux points fixes d'un support quelconque ;

4. - d'une petite bielle P terminée par deux fourches dont l'une s'articule avec le coulisseau de la coulisse et dont l'autre s'articule en B avec le levier Y ;
5. - du levier, dont l'extrémité supérieure C terminée en fourche s'articule avec les axes d'un manchon solidaire de la tige T' du tiroir et dont l'extrémité inférieure est disposée pour rester engagée avec la crosse du piston. Pour cela, ou l'extrémité de F est composée d'une coulisse rectiligne dans laquelle joue un axe fixé à un appendice G forgé avec la crosse de la tige T, ou le levier se termine par un bout cylindrique qui coulisse dans un manchon U fixé à l'appendice G, ou enfin le bas du levier s'articule avec une petite barre *h* reliée elle-même à l'axe K de l'articulation de la tige du piston avec la bielle motrice.

La tige T' du distributeur est maintenue rigide par un guide M, fixé quelque part en avant, et non arrière, du manchon C.

Tout le système est mis sous la dépendance immédiate de la volonté du machiniste qui, par le levier de changement de marche (la tringle D), le levier coudé L et la bielle de suspension *b* fait :

a) distribuer la vapeur en quantité proportionnelle à la résistance au mouvement ;

b) fermer presque entièrement les lumières ;

c) changer la direction de la distribution pour que la machine marche en sens opposé, soit en variant la position du coulisseau dans la coulisse, soit en amenant celui-ci au centre E, où les lumières ne pourront plus s'ouvrir que de l'avance linéaire *a*, soit en le descendant dans l'autre partie de la coulisse.

Mouvement. — La tige du piston commande au levier Y ; le levier commande le tiroir conjointement avec la coulisse et celle-ci est elle-même commandée par l'excentrique ; ces mouvements sont si harmonieusement combinés, que les uns viennent en aide aux autres sans s'entraver jamais.

a. La tâche du levier Y est, en étant secondée par la tige du piston, d'agir sur le tiroir pour lui faire ouvrir la lumière de la grandeur de l'avance, de l'abandonner ensuite à la coulisse qui, aidée à son tour par l'excentrique, fait achever la course au tiroir et le ramène au levier. Celui-ci fait compléter la fermeture et avancer le tiroir de deux fois le recouvrement extérieur et de l'avance linéaire *a*, pour le confier de nouveau à la coulisse et à l'excentrique.

b. Il résulte de cette indépendance de mouvement, qu'au commencement de chaque course, de la marche en avant ou de la marche en arrière et, quelle que soit la position qu'occupera le coulisseau, l'avance à l'introduction restera invariablement la même, mais la compression et la sortie varieront toujours avec le degré de la détente, c'est-à-dire que la compression sera d'autant plus grande et que la sortie aura lieu d'autant plus tôt que l'ouverture de la lumière sera plus petite.

1re Période. — Dimensions du levier. — Le levier Y sera aussi grand que le comportent les exigences de l'ensemble des organes du moteur. Il est divisé en deux parties. L'une, la branche supérieure, est dépendante de la grandeur du recouvrement, de l'avance linéaire, de la longueur de la grande branche et de la course du piston. L'autre est dépendante de l'harmonie des proportions, de certaines exigences des résistances du métal et de la place disponible.

Lorsque le piston est aux extrémités de sa course (fig. 85), l'axe mobile B du levier doit se trouver sur la verticale A' N qui divise en deux parties égales la course du piston et du tiroir ou la corde de l'arc que décrit l'extrémité A du levier (fig. 86) lorsqu'il est conduit par l'intermédiaire de la barre *f*.

Dans cette position inclinée, l'extrémité *c* du levier (sur la droite V V' qui figure la tige du tiroir) doit être distante du point milieu N d'une quantité égale au recouvrement *r*, plus l'avance *a* ; d'où :

$$CN = C'N' = r + a = l$$

Les fonctions du levier étant ainsi déterminées, on le mettra à même de les remplir en cherchant le rapport qui doit exister entre les deux courses de ces extrémités et les longueurs de ces branches.

Soit $A_0 V$ la hauteur disponible et R le rayon de la manivelle.

En considérant les triangles A_0 V C et B N C, rectangles tous les deux, et en remarquant que C V = *l*, on aura :

$$A_0 C = \sqrt{\overline{A_0 V}^2 + \overline{C V}^2}$$

En faisant A_0 C = Y A_0 et V = $m + n$ et en substituant, la grandeur totale du levier sera exprimée par :

$$Y = \sqrt{\overline{(m+n)}^2 + l^2}. \quad (1)$$

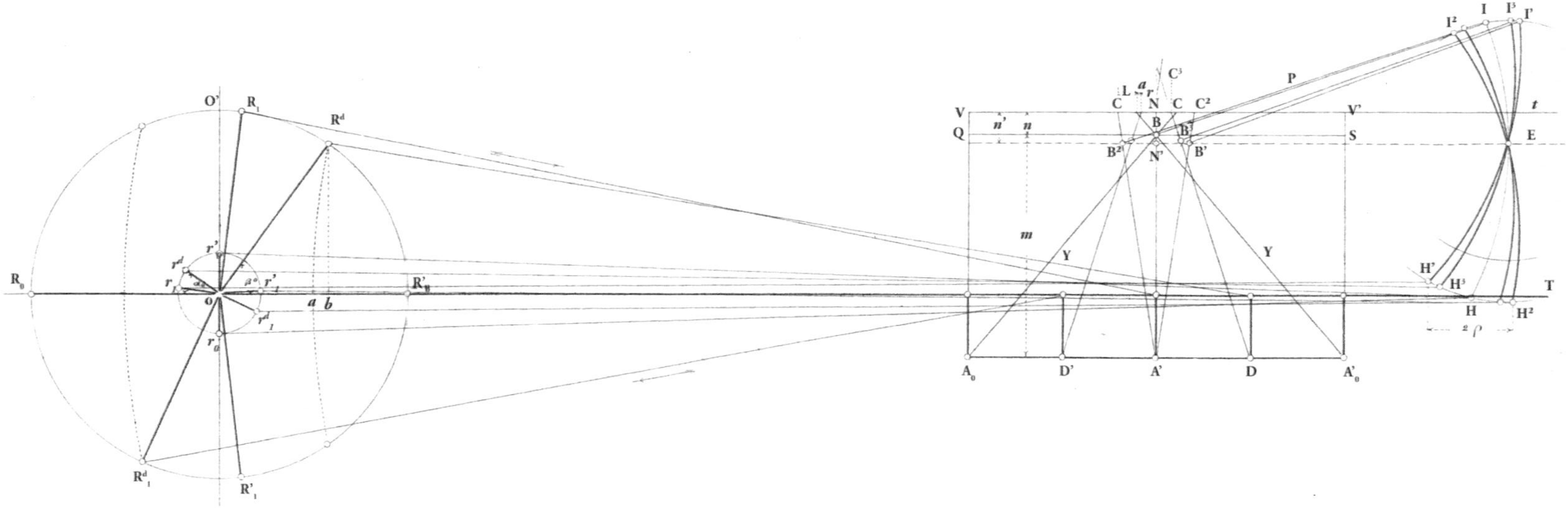
R₀
O'
R₁
Rᵈ
r'
rᵈ
r₁
o
r'₁
rᵈ₁
r₀
a b
R'₀
Rᵈ₁
R'₁
V
Q
n'
n
m
Y
C
L
a
r
N
C
C²
C³
B
B²
N'
B³
B'
P
V'
S
A₀
D'
A'
D
A'₀
I²
I
I³
I'
t
E
H'
H³
T
H
H²
2 ρ

Fig. – 85.

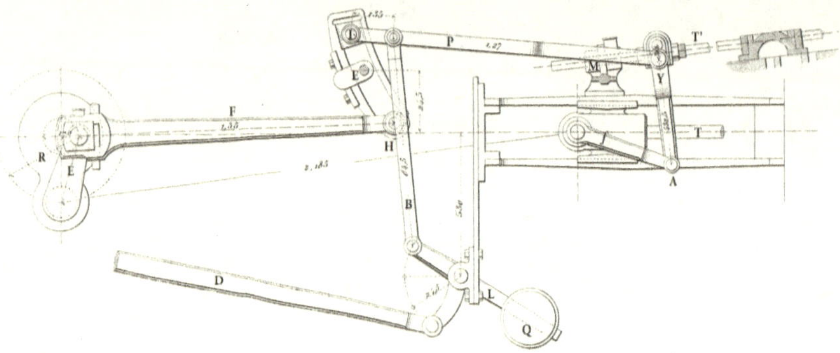

Fig. – 86.

La similitude des triangles donne le rapport :

$$CV : CN :: m+n : n \text{ ou } BN$$

donc

$$n = l(m+n) / R+l \quad (2)$$

De cette valeur de n on tirera,

$$m = A_0 - n \quad (3)$$

Nous connaissons les trois côtés du grand triangle A_0 V C et deux des côtés des triangles A_0 N' Q et B N' C, donc les côtés inconnus A_0 B B C seront donnés par la proportion :

$$m+n : Y :: n : BC$$

et

$$BC = Y \times N / m+n' \quad (4)$$

d'où

$$A_0 N = BC - Y \quad (5)$$

La longueur de la coulisse de l'extrémité du levier sera donnée par la différence :

$$A_0 - A' + r + x$$

r étant le rayon de l'axe fixé à l'appendice G et x une quantité quelconque suffisante pour empêcher, dans le cas d'usure des articulations B et C, l'axe de venir percuter sur les extrémités de la coulisse.

Ce qui précède démontre que ce mode de communication de mouvement n'est applicable qu'aux tiroirs à recouvrement.

2e Période. — Rayon d'excentricité. — Lorsque le piston sera au milieu de son évolution, l'extrémité du levier et par conséquent le tiroir seront à la fin de la leur, puisque le rayon d'excentricité sera alors horizontal, en supposant la bielle infinie, tandis qu'au commencement de chaque course il est vertical en $o\ r_0$ ou $o\ r'_0$ alors que la lumière et déjà ouverte de l'avance *a*. Il résulte de ces deux positions du rayon d'excentricité :

1. - que la coulisse doit être verticale au commencement des courses;
2. - que la demi-course de l'excentrique doit être exactement telle que cet agent fasse parcourir au tiroir, par l'intermédiaire de la coulisse, une distance égale à la demi-course du tiroir moins l'avance et le recouvrement.

Soit l' cette partie de la course du tiroir et L la largeur de la lumière ou la partie de course comprise entre la fin et le moment où la lumière est sur le point de se découvrir.

Nous supposerons que le recouvrement a été déterminé pour une détente minimum au quart de la course.

$C^2 C^3 = L$, $C C^2 = L - a = l'$; $r = C^3 = N.$ et $a = C C^3$

Puisque C3 N est égal au recouvrement, au moment de la détente l'inclinaison du levier sera C^3 D, en ne considérant qu'un côté de la course du piston, et au milieu de la course elle sera A' C^2 et le tiroir devra revenir sur lui-même pour fermer la lumière en C^2 ; mais lorsque l'excentrique est vertical ou que le piston est à la fin de sa course par le levier seul la lumière est déjà ouverte d'une quantité *a* ; donc la poulie ne doit être capable que de faire parcourir à l'articulation B du levier que la quantité B B', B' étant l'extrémité de la course du point B.

Ainsi la grandeur du rayon d'excentricité dépendra de l'intervalle B B' et du rapport des deux branches de la coulisse E H et E I ; et comme la distance N' B' est la valeur réelle de cette partie du parcours du point B, on aura, en considérant les triangles N A' C^2 et N' A' B' :

$$A'C^2 = \sqrt{(L + r)^2 + (m + n)^2}. \quad (5)$$

L'hypoténuse du premier triangle étant ainsi déterminée, on trouvera le second en se rappelant que B C est donné par (4), donc :

$$A'B' = A'C^2 - BC. \qquad (6)$$

Les deux triangles semblables donnent :

1° : $A'C^2 : m + n :: A'B' : A'N'$

et $A'N' = [(m + n A') B'] \,/\, A'C^2 \qquad (7)$

et 2° : $A'N' : m + n = B'N' : L + r$

enfin $B'N' = [A'N' (L + r)] \,/\, m + n \qquad (8)$

Nous connaissons maintenant la grandeur de l'évolution du point B dépendante du rayon d'excentricité. Or si les deux branches de la coulisse étaient égales, c'est-à-dire si l'articulation de la barre F et le point le plus élevé du coulisseau étaient à la même distance du point E, il est clair que le rayon d'excentricité serait égal à B' N' ; mais E H > E I, on devra donc chercher ce rayon ρ d'après le rapport entre les branches en posant :

$$HH' : EH :: II' : EI$$

ou

$$\rho : EH :: B'N' : EI$$

donc

$$\rho = (EH / EI) (B'N') \quad \text{(solution)}$$

L'inflexion verticale B N' sera d'autant moins appréciable que la petite branche du levier sera moins courte, mais comme le point B est assujetti à la verticale A' N, le point *c* à la valeur de *a* et le point A_0 la grandeur de la course du piston, il s'ensuit que l'agrandissement de la petite branche est dépendant de la plus grande largeur que ces limites permettent de donner au levier. Plus grand sera le levier, plus parfait sera l'instrument.

3e Période. — La détente.

a. Lorsque le piston aura parcouru les ¾ de sa course, les deux extrémités du levier devront être, avons-nous vu, en D et en C^3 et pour un parcours de A' D, le point revenu sur lui-même n'aura parcouru que le petit espace $B^1\, B^3$ qui représente la corde de l'arc que décrit l'extrémité I de la coulisse et la projection de l'arc $H\, H^3$ sera égale au cosinus moins le rayon des tables de l'angle $\alpha°$ que font entre eux le rayon d'excentricité $O\, r^d$ et l'horizontale $O\,T$, prolongement de l'axe de la tige du piston ; et ce cos $\alpha°$ devra avoir pour valeur (la bielle motrice est supposée infinie) :

$$\cos \alpha° = (EH / EI) \times B^1 B^3 + 1 \text{ ou } 10$$

suivant que l'on emploiera les valeurs naturelles ou les valeurs logarithmiques.

Mais $B^3 B^1 = B' N' - B^2 N'$ et pour trouver cette valeur il nous faut connaître $B^3 N'$ puisque B' B' est connu.

En considérant le triangle A'' C^3 D et en déduisant la valeur de N N' de la relation (7) on aura :

$$A'' D : B^3 N^3 :: A'' C C^3 : N N'$$

ou

$$R - r : B^3 N' - r :: m + n : m + n - A' N'$$

donc

$$B^3 N' - r = (R-r) NN' / m + n$$

B^3 B' étant ainsi connu il ne restera plus qu'à comparer cette valeur multipliée par le rapport des deux branches de la coulisse avec la valeur de cos $\alpha°$.

Observons que l'extrémité de la manivelle se projettera au milieu de O' R'o puisque la bielle est infinie, et que par conséquent cos $\beta° = 0,50$, ce qui se rapporte à un angle de 60°, donc l'angle $\alpha°$ sera égal à 90° - 60° ou 30°.

Le cosinus de l'angle de 30° a pour valeur naturelle 0,86603, d'où :

$$1 - \cos \alpha° = 1 - 0,86603 = 0,13397$$

et 0,133975 sera la valeur de la corde de l'axe H' H^3, et l'on devra avoir

$$0,133975 = (EH / EI) \times B' B^3$$

b. Lorsque l'on voudra chercher ces valeurs pour un point quelconque en fonction de la longueur de la bielle, que nous désignerons par M, on observera que, lorsque le piston aura parcouru une longueur *Oa*, l'extrémité du rayon de la manivelle se projettera en *b*, en avant ou en arrière du point *a*, suivant que la manivelle sera en avant ou arrière de la verticale *O O'* et que le cosinus de l'angle $\beta°$ n'est plus exprimé par la fraction de la course du piston.

Mais les trois côtés du triangle O R^d D sont connus puisque OD = M - *O a* ; on aura par conséquent l'angle β° par

$$\cos \beta^\circ = R^2 + \overline{OD^2}\ \overline{M^2} / 2OD \times R$$

d'où l'on déduira la valeur de α°.

La coulisse. — Le rayon de courbure de cette coulisse simple renversée est égal à la longueur de la bielle P, qu'il conviendra de faire la plus longue possible ; le centre sera pris en N' et non en B pour que l'arc H T partage en deux parties égales les arcs I^1 I^2 et H^1 H^2. La hauteur de la coulisse sera au minimum égale à trois fois la course de l'excentrique.

Autant que possible le point de suspension E doit se rapprocher de l'horizontale O S qui passe par N' B ', mais de manière que la corde de l'arc H H' se rapproche de l'horizontale ou de la direction moyenne de la barre F. L'égalité entre les distributions dépend entièrement de la position que l'on pourra donner à la machine.

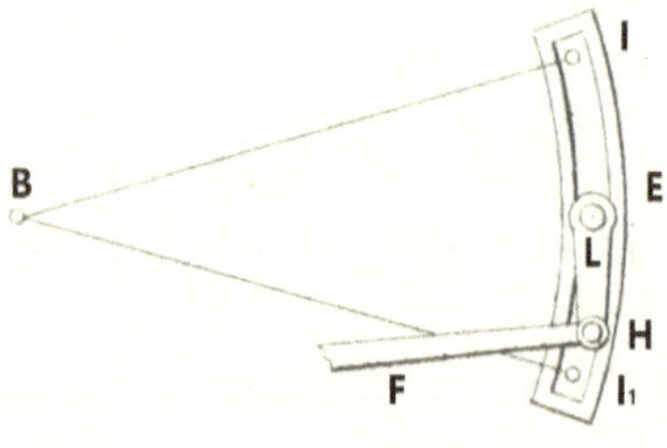

Fig. - 87.

La disposition dessinée, fig. 87, permet de diminuer la valeur *g* et de chercher une position du levier L, en rapport avec la direction de la barre, et une autre pour la coulisse, en rapport avec son centre d'oscillation, et l'égalité des courses du point B dans les deux directions de la machine.

Ce qui précède fait voir que cet appareil est d'une simplicité rationnelle telle, que l'on peut suivre tous ces mouvements avec une extrême facilité, comparé surtout aux autres systèmes qui exigent des appareils en bois pour étudier les moyens de les régler le plus convenablement possible. Cette simplicité affirme sa supériorité car tout mécanisme complexe et qui exige, pour être analysé, des calculs infinitésimaux ou autres, s'éloigne d'autant plus du but que l'on s'est proposé que la complication ou l'excentricité est plus grande.

Explication de la fig. 86, p. 116.— L'appareil Waelschaerts, appliqué aux machines à grande vitesse du système Crampton du chemin de fer du Nord Français, est représenté à l'échelle de 1/20 sur la figure, dont le croquis a été pris sur une de ces machines.

1. La barre de l'excentrique se transforme ici en une bielle pourvue d'une tête avec coussinets et clavetage, qui s'engage dans l'axe de l'extrémité du levier en retour E, invariablement fixé au pivot de l'extrémité de la manivelle R. Ce procédé est avantageux, au point de vue des frottements, mais il n'est applicable qu'aux machines à cylindres extérieurs.

Cependant, en faisant traverser l'axe de suspension jusqu'à l'extérieur et en y fixant un levier, ce procédé pourrait être appliqué dans certains cas aux machines à cylindres intérieurs.

2. La bielle P du coulisseau est terminée par deux fourches : l'une embrasse la coulisse et l'autre le levier fourchu F, le guide M et la tige du tiroir.

3. Le levier est ici conduit par une petite bielle *f* ; dans le but de l'allonger autant que possible on a placé son articulation avec le manchon de la tige au-dessus de l'axe de la tige T'. Il se divise en deux branches pour embrasser le manchon et les articulations de la fourche sont munies d'étriers pour réparer les effets de l'usure. Le manchon de la tige ou la crossette est maintenu par deux écrous de chaque côté.

4. La coulisse est articulée par le bas avec la fourche de l'extrémité de la barre ; son point de suspension est ajusté sur la convexité et y est fixé par des vis. Cet ajustage doit être évité ; il convient de le réunir à la coulisse par soudure.

5. La bielle P est mise en rapport avec l'intelligence de la machine, par deux bielles B de suspension, le levier coudé et à contrepoids L, la tringle D et le levier de changement de marche.

Observation relative à la conjonction du levier avec la tige du piston. — Si on remarque qu'au commencement de la course du piston la vitesse est plus faible qu'à tout autre point, jusqu'à la moitié de la course où sa vitesse est égale à la vitesse angulaire de la manivelle, tandis qu'au contraire la vitesse du tiroir est et doit être plus grande au commencement et très faible à la fin ; de plus, si l'on observe que le levier F (fig. 20, p. 39) est plus long au commencement qu'au milieu de la course, ce qui produira un effet opposé à ce qui doit être, on conclura qu'il y a là deux vitesses qui tendent à se contrarier et qu'il convient de ramener l'harmonie, autant que possible, en organisant le levier de façon qu'il conserve une longueur constante : ce qui s'obtient, en le reliant à la tige du piston par une petite bielle, comme on vient de le voir.

IV – Distribution de M. Allen appliquée aux machines horizontales à grande vitesse du système Witworth.

La *Revue universelle* dans son bulletin relatif à l'exposition de Londres de 1861 contient un rapport bien détaillé de cette distribution, par M. Dwelshauvers, et *L'Engineering journal*, dans son numéro du 1er janvier 1868, donne un dessin d'ensemble de cette machine, ainsi que les épures relatives à la distribution.

Description : (fig. 88). La distribution est conduite par un excentrique circulaire, ainsi calé sur l'arbre moteur parallèlement à la manivelle, que celle-ci étant aux points morts, la poulie excentrique est à fond de course; position anormale, comparée à toute autre distribution.

Le collier de l'excentrique est solidaire d'une demi-coulisse simple renversée(5) ou dont la convexité est tournée vers l'arbre moteur. Il est articulé en zéro avec un levier L, dont l'extrémité inférieure est assujettie à osciller sur un axe A fixé au bâti de la machine.

La coulisse est fixée perpendiculairement au rayon d'excentricité, de façon que, dans la position dessinée dans la fig. 88, la corde de l'arc de la coulisse entière est perpendiculaire à l'horizontale C M, lorsque les bielles F et F' ont leur articulation G et G ' sur le prolongement de C M ; dans ce cas, le coulisseau serait relié directement avec les tiges des tiroirs et, en prolongeant la coulisse en dessous de C M, elle serait organisée pour le changement de marche. Sur la figure, la demi-coulisse est rejetée un peu en arrière, pour que la corde soit normale à la moyenne entre les directions D G et D G', c'est-à-dire que le centre de courbure se trouve entre G et G' ; par ainsi, dans les positions qui correspondent au commencement de la course, quelle que soit la position du coulisseau dans la coulisse, les organes de la distribution restent, autant que possible, invariables.

Par suite de cette organisation de l'excentrique et de la coulisse, celle-ci, qui est normale lorsque la manivelle M est aux points morts, s'incline en avant ou en arrière, suivant que la manivelle est en M' ou en M", mais sa plus grande inclinaison étant moins prononcée que dans les coulisses agitées par deux barres, ou par une seule barre, avec axe de suspension au milieu de la coulisse, il en résulte que la résistance au mouvement de la

(5) Coulisse Frinck.

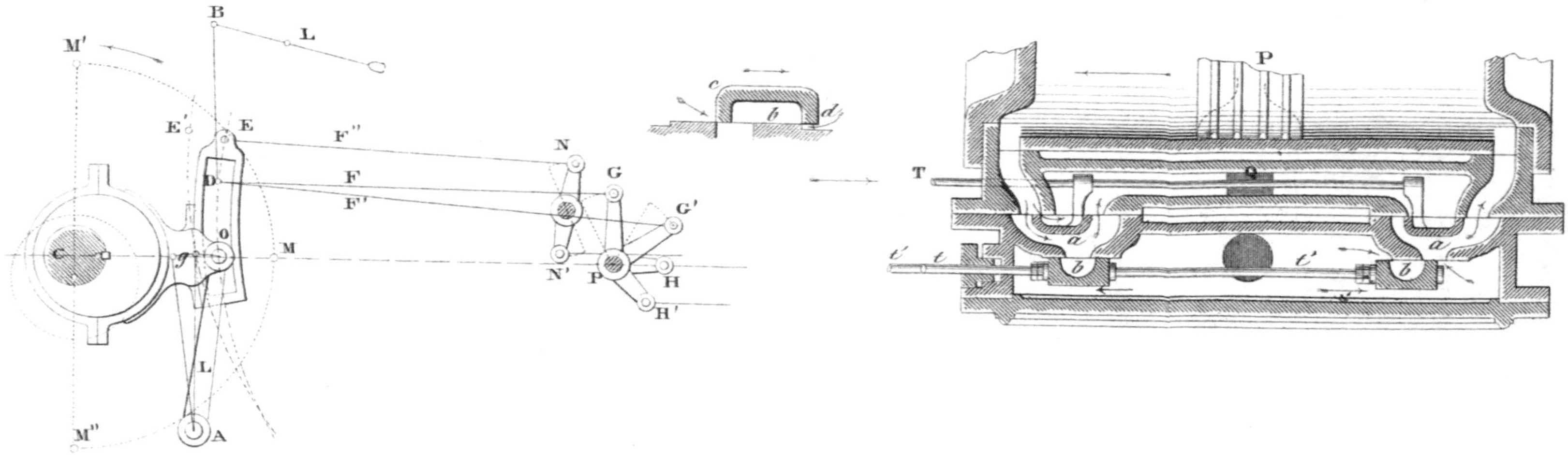

Fig. – 88.

variation du coulisseau est beaucoup plus faible et que l'appareil se prête à être dirigé par un régulateur.

Cette coulisse, organisée pour la marche en avant et pour la marche en arrière, aurait cet avantage, sur les coulisses précédentes, de donner invariablement la même avance à l'introduction à tous les crans de détente.

L'extrémité supérieure de la coulisse est articulée avec la bielle F'' qui, par l'intermédiaire du levier N N', communique le mouvement de va-et-vient à la tige T des tiroirs *a* qui distribuent la sortie de la vapeur ; de cette manière, la course de ces tiroirs est invariable et au maximum.

Le coulisseau est articulé aux bielles F F', qui se relient ensuite aux extrémités G G' des leviers coudés G H et G H', lesquels conduisent les tiroirs *b* et *b'*, dont l'un distribue la vapeur à une face du piston, et l'autre à la face opposée.

Ces tiroirs reçoivent leur mouvement chacun par une tige spéciale, dont les axes jouent dans deux plans horizontaux différents. Ils sont placés aux deux extrémités du cylindre, comme dans les machines de Watt et les leviers qui les conduisent sont ainsi placés, dit le rapport précité, que la vitesse du tiroir qui ouvre la lumière est à son maximum, et à son minimum lorsqu'il la ferme. La vapeur introduite, passe par les cavités qui renferment les tiroirs *a a'* de la décharge et après avoir produit son effet, elle s'échappe par le conduit où s'agitent les tiges de ces tiroirs et par l'orifice Q, pour se rendre dans l'appareil de condensation.

Les tiroirs, dont l'un est dessiné à une plus grande échelle, sont disposés pour que la vapeur puisse s'introduire par les deux bouts ; le creux intérieur n'est ménagé que dans ce but. La variation de la détente, ou de la position du coulisseau dans la demi-coulisse, est sous la dépendance d'un régulateur Porter, par le levier à fourchette L et la bielle B D. Ces machines marchent avec une vitesse de 250 à 300 tours par minute. Ceux qui les ont vu fonctionner ont pu se convaincre de la régularité de la marche et de l'extrême sensibilité du régulateur, dont la vitesse angulaire est toujours plus grande que la vitesse de l'arbre moteur.

Tracé des positions de la coulisse (fig. 89). — C M étant le rayon de la manivelle et C D le rayon d'excentricité, on divise les deux circonférences, décrites avec ces rayons, en parties égales : soit C *h*, l'écart du centre de l'arbre à l'arc central de la coulisse ; X la direction moyenne des bielles F et F' ; *h h'* ou *p p'* la longueur du rayon de courbure, dont le centre se trouvera en 8'. De ce point, on décrira l'arc *h a'* 8 qui sera l'arc central de la coulisse lorsque la manivelle coïncidera avec C 8_0 et le rayon d'excentricité avec C 8_1 ; et $p\ b^1\ o$ sera l'arc central lorsque la manivelle sera dans la position C M ; donc *o'* sera son centre de courbure. Pour obtenir tous les points intermédiaires entre *h* et *p*, on décrira des points de division de la petite circonférence, comme centre, avec un rayon égal à *o p* ou *h* 8_1, des arcs de cercle, qui couperont l'horizontale H en des points 1, 2, 3, etc., correspondant aux mêmes points de la circonférence décrite avec C D ; par les points,

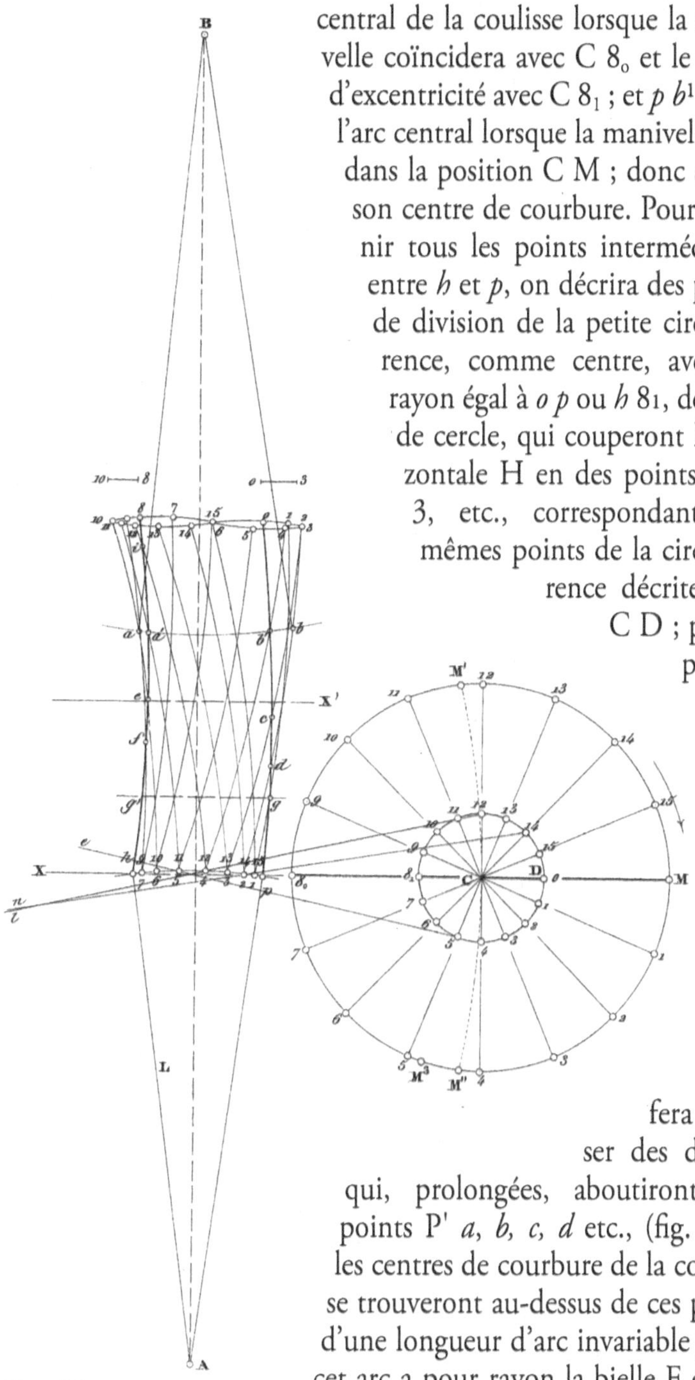

Fig. – 89.

on fera passer des droites qui, prolongées, aboutiront aux points P' *a*, *b*, *c*, *d* etc., (fig. 90) ; les centres de courbure de la coulisse se trouveront au-dessus de ces points d'une longueur d'arc invariable *p' o'* ; cet arc a pour rayon la bielle F et son

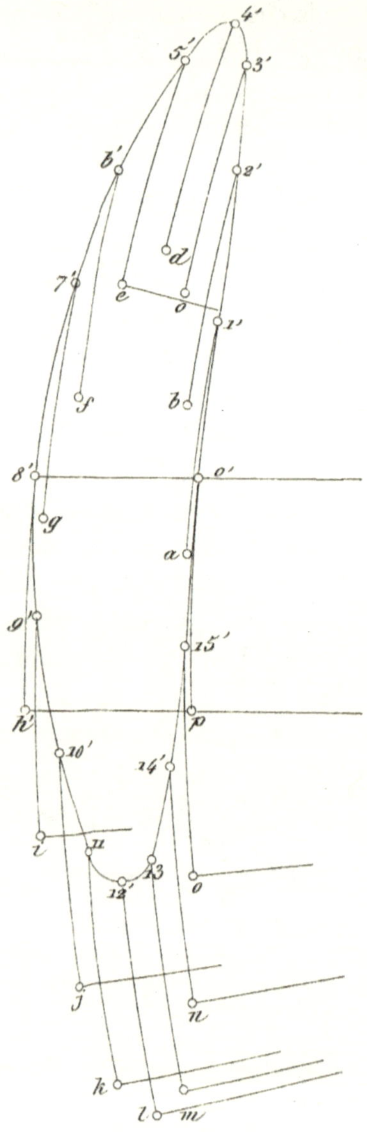
Fig. – 90.

centre de figure est successivement en 0, 1, 2, 3 etc., entre *p* et *h*. En réunissant tous ces centres 0', 1', 2', 3' etc., des arcs correspondants aux positions de la manivelle, ils formeront une courbe fermée sensiblement elliptique.

En examinant le tracé (fig. 89) des différentes positions de la coulisse, on remarque :

1. - qu'à partir de 0, elle s'incline en arrière jusqu'au 3, pour ouvrir la lumière, au sommet, de 0 3 ; qu'ensuite et tout en étant poussée en avant, ce sommet revient sur lui-même, pour venir fermer la lumière en 4 et 5, ce qui correspond à la position M^z de la manivelle, un peu au-delà de la demi-course ;
2. - au fur et à mesure que la coulisse est reportée en avant, elle se redresse et, après avoir parcouru la distance 0 – 8, elle vient se replacer normalement suivant *h* 8 lorsque le piston est parvenu à l'extrémité de sa course ;
3. - la manivelle en s'élevant successivement en 9, en 8 et en 10, fera incliner la coulisse en avant et attirera l'axe d'oscillation *h* en arrière ; la lumière s'est ouverte de 8 – 10 plus petit que 0 - 3 ;
4. - lorsque l'arc sera en 12 – 12 la lumière se fermera, alors que le piston est au milieu de sa course ;
5. - à partir de ce point le centre de courbure 12' se redresse, pour venir se replacer de nouveau en 0, lorsque le piston est à la fin de sa pulsation ;

6. - en descendant le coulisseau dans la coulisse jusqu'en *a b*, par exemple, la lumière ne s'ouvre plus que de *b b'* et de *a a'* et elle se ferme lorsque la manivelle et l'excentrique sont en C 4 et C 11 ;
7. - en *c* et en *e*, elle se ferme, en 3 et en 10 ;
8. - enfin en *f* et *g'*, la lumière reste fermée.

On voit, qu'avec cette organisation de la coulisse et de l'excentrique, il faut que la hauteur de la coulisse soit d'autant plus grande que l'on veut obtenir une plus petite détente ; que le sommet est la seule position possible pour l'articulation de la bielle qui commande les distributeurs de la sortie ; que ceux-ci sont indispensables ; qu'à cause d'eux, il serait impossible de faire servir cette disposition de la coulisse à un moteur à changement de marche, à moins de reporter l'articulation de la bielle F" d'une extrémité à l'autre de la coulisse.

On remarque encore que l'étranglement de la lumière augmente très rapidement pour une légère variation de la détente et qu'il faut organiser les tiroirs pour qu'ils ne puissent découvrir la lumière par leur extrémité opposée, c'est-à-dire qu'ils doivent être très longs, comparés aux tiroirs ordinaires.

Les diagrammes de la fig. 91 sont la reproduction, à une échelle réduite, de ceux que l'auteur du rapport précité a pris sur la machine. I et II se rapportent aux tiroirs distributeurs *b* et *b'* ; de A en Y, milieu de la course du piston, la lumière est ouverte et fermée, pour le premier, et de B en C pour le second. III se rapporte aux tiroirs de la sortie *a a'*, de A en C la vapeur doit être comprimée.

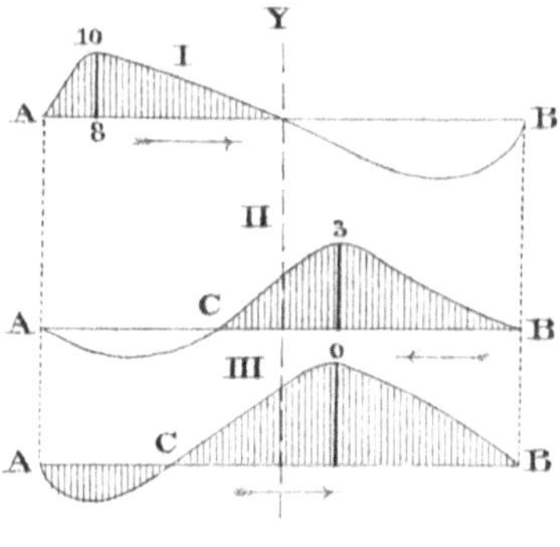

Fig. – 91.

En résumé, à part l'originalité de cette combinaison, qui a demandé beaucoup d'intelligence, nous ne voyons pas qu'elle corrige aucun des défauts des autres modes de distribution, malgré sa complication de 4 tiroirs, et nous ne pouvons la considérer que comme une curiosité mécanique, digne d'une sérieuse attention. M. Allen a voulu très probablement, en imaginant ce système de distribution, atteindre le même résultat que M. Corlis en supprimant les déclics.

V – Distribution Corlis à déclics.

Système Spencer. – La maison Hicks, Haergreaves et Cie, exposait à Paris, en 1867, une machine à laquelle était appliquée la distribution imaginée par M. Corlis, ingénieur américain, et modifiée par M. Spencer.

Cet appareil représenté fig. 92, 93, 94, 95, 96 et 97, comporte ces avantages :

1. - de faire disparaître les conduits de la boîte de distribution au cylindre ;
2. - de faire fermer brusquement la lumière à tous les points de la course à volonté ;
3. - de rendre la course du tiroir indépendante du rayon d'excentricité, ce qui permet de faire ouvrir toute la lumière quelle que soit l'étendue de la détente ;
4. - de rendre les tiroirs de l'exhaustion indépendants des tiroirs de l'admission, par suite, de faire la section des orifices de sortie beaucoup plus grande que celle des lumières d'introduction et de maintenir ces orifices ouverts pendant toute la course.

Nous avons vu, précédemment, que la distribution de M. Hiard était conçue pour remplir le même but, mais avec une détente fixe.

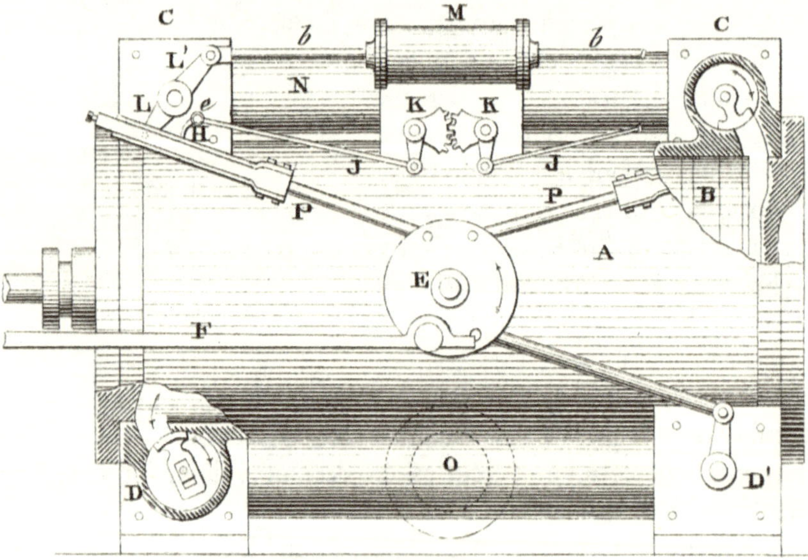

Fig. – 92.

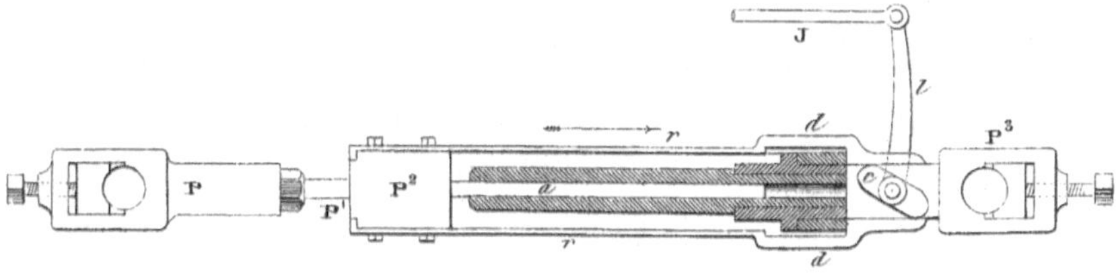

Fig. – 93.

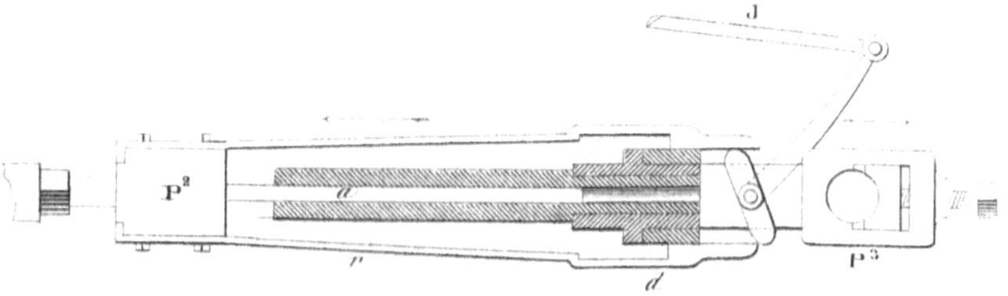

Fig. – 94.

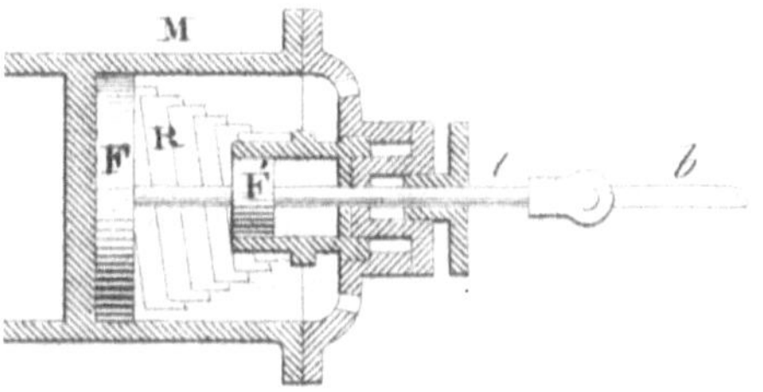

Fig. – 95.

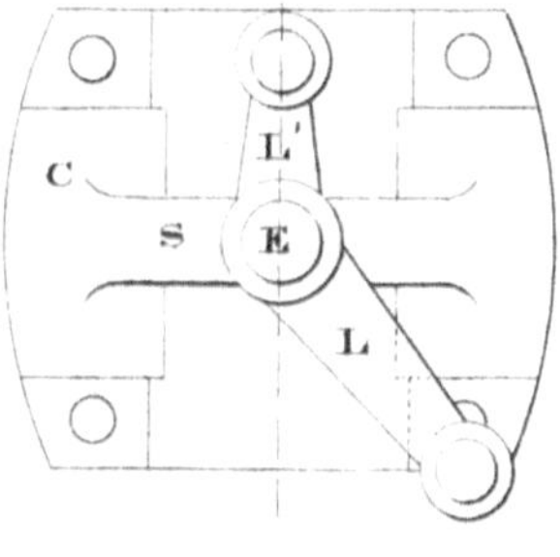

Fig. – 96.

Description. — La distribution Corlis se compose (fig. 92) de quatre boisseaux cylindriques, dans lesquels jouent les clefs A (fig. 97) des robinets distributeurs de l'entrée et de la sortie. Les deux premiers C et C' sont placés au-dessus et les deux autres D et D' en dessous du cylindre, perpendiculairement à son axe Les extrémités des axes des quatre robinets sont munies chacune d'un levier, qui est mis en rapport intermittent avec un disque E, qu'une barre F fait osciller.

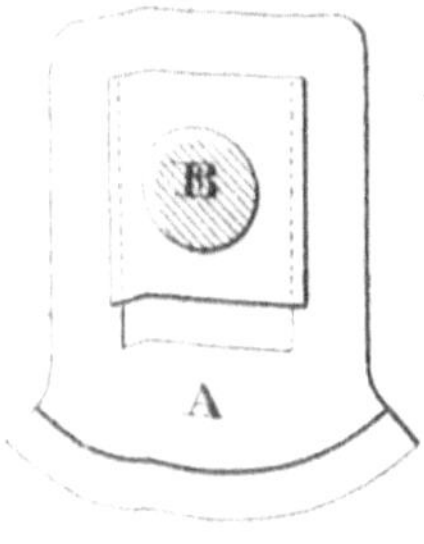

Fig. – 97.

Bielles des distributeurs supérieurs. — Ces organes sont construits pour pouvoir, à un moment donné, s'isoler brusquement du levier L. Les bielles

Spencer (fig. 94 et 95) sont divisées en trois parties P, P^2 et P^3. Les deux premières solidaires l'une de l'autre par le bout fileté P', peuvent être rendues indépendantes de la partie antérieure P^3 au moyen de ressorts et d'une came *c*, dont on fait varier la position suivant le degré de la détente. La partie P s'articule par son extrémité avec le pivot fixé au disque E ; elle est solidaire du prisme P^2 et d'une petite tige *a* qui s'engage dans le creux de la partie P^3. Deux bandes en acier trempé *r*, faisant ressort, sont solidement fixées, par des boulons, sur le prisme P^2 ; chaque ressort est terminé par un plan en saillie, formant encoche *d* qui, suivant qu'il occupe la position de la fig. 93, ou celle de la fig. 94, relie la tige P^3 aux deux autres parties, ou la dégage. L'articulation P^3 est reliée à une tige creuse, par deux plaques parallèles et verticales, qui maintiennent entre elles l'axe du cameron *c*. Cette tige creuse est soudée à un prisme dans lequel on a incrusté des plaques en acier trempé sur lesquelles les plans des extrémités des ressorts viennent se poser et glisser après l'écartement.

Déclic. — L'axe du cameron *c* est rendu solidaire d'un petit levier *l*, qui s'articule avec une tringle J, de longueur variable avec le degré de la détente, de telle sorte que, lorsque la bielle est entraînée par le disque, le cameron se relève, écarte les deux ressorts et rend la liberté à la partie mobile de la tige, qui est alors brusquement ramenée en arrière par l'action d'un ressort. Lorsque la bielle est ensuite repoussée par le disque, les deux ressorts *r* ressaisissent la tige P^3 pour l'entraîner de nouveau et la lâcher ensuite.

Ressort d'entraînement. — Le levier L fixé à l'extrémité de l'arc du distributeur (fig. 96) est solidaire d'un autre levier L' qui s'articule avec une tige bielle *b*, laquelle le relie à la tige *t* de deux pistons F et F', logés dans le cylindre M. Le piston F est soumis à l'action d'un ressort en spirale et le petit piston joue dans un cylindre additionnel, dans lequel de l'air est introduit et comprimé de façon que l'action de ces pistons, d'abord très énergique, diminue vers la fin de leur pulsation.

Variation de la détente. — La variation de la longueur de la tringle J se fait par un mécanisme identique à celui qu'employait Edwards pour l'écartement de ses crochets : les tringles s'articulent aux extrémités de deux petits leviers (fig. 92) solidaires de secteurs dentés engrenant l'un avec l'autre, de sorte qu'en écartant ou rapprochant l'un, l'autre s'écarte ou se rapproche de la même quantité ; l'un des deux étant mis en rapport avec un régulateur, on conçoit que la position des camerons sera assujettie à varier avec la vitesse de la machine.

Distribution de la vapeur de sortie. — Celle-ci est conduite par deux bielles ordinaires qui reçoivent, du disque E, un mouvement alternatif continu, qu'elles transmettent aux deux robinets D et D'. La vapeur s'échappe par le tuyau O, comme elle s'introduit par le tuyau N.

La figure 97 montre le robinet suédois qui sert de distributeur, il est venu de fonte avec une coulisse dans laquelle est engagé un prisme coulisseau soudé à l'axe E, dans le but de corriger les effets de l'usure.

La figure 96 fait voir la disposition des leviers L et L' : S est un support arqué venu de fonte avec le couvercle qui maintient l'extrémité de l'axe E.

La fig. 98 représente le distributeur que M. Allen a employé dans une machine du système Corliss ; il se rapporte à la distribution de la sortie : T est le tiroir, N le levier et M la capacité par laquelle la vapeur s'échappe. Le tiroir supérieur est organisé de la même façon, à l'exception que, recevant la pression de la vapeur sur son plan supérieur, il est logé dans la boîte même de la distribution .

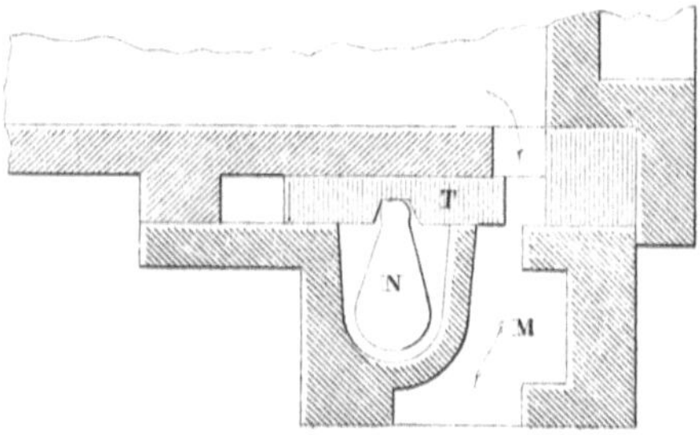

Fig. – 98.

Déclics Corliss. — La fig. 99 est la projection verticale d'un système d'échappement adopté par Corliss, qui a beaucoup d'analogie avec le précédent. La bielle P est terminée par un bout prismatique sur lequel on a fixé, en saillie, une plaque C en acier trempé. Ce prisme est articulé à deux petites barres A, qui le relient à une bielle de suspension B. Le levier crochet B, articulé en *b* avec le levier L du distributeur porte, à son extrémité, un petit prisme en acier *d*, par lequel

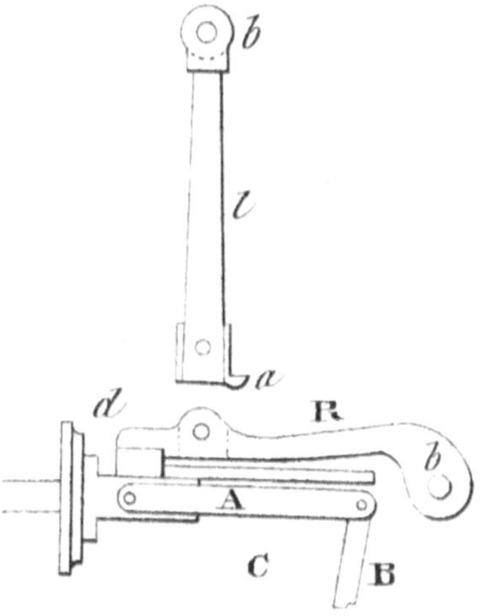

Fig. – 99.

il s'engage avec la tige P ; il est maintenu adhérent par un ressort logé dans une cavité, creusée à cet effet dans le crochet ; il est pourvu d'une charnière dans laquelle s'engage l'extrémité inférieure du levier *l*. Ce levier porte un petit cameron *a* qui a pour objet de repousser le crochet R et de l'isoler ainsi de la tige P, effet qui est obtenu par l'inclinaison du levier, lequel est, ou invariablement fixé par son articulation *b*, ou relié à un appareil de variation ; et dans le premier cas, la détente est invariable.

Les fig. 100 et 101 sont la production d'un dessin à l'échelle de 0,0321 pour 0,304.8 (1 pouce ½ pour un pied) de l'*Américan Engineering* d'un système de déclic perfectionné

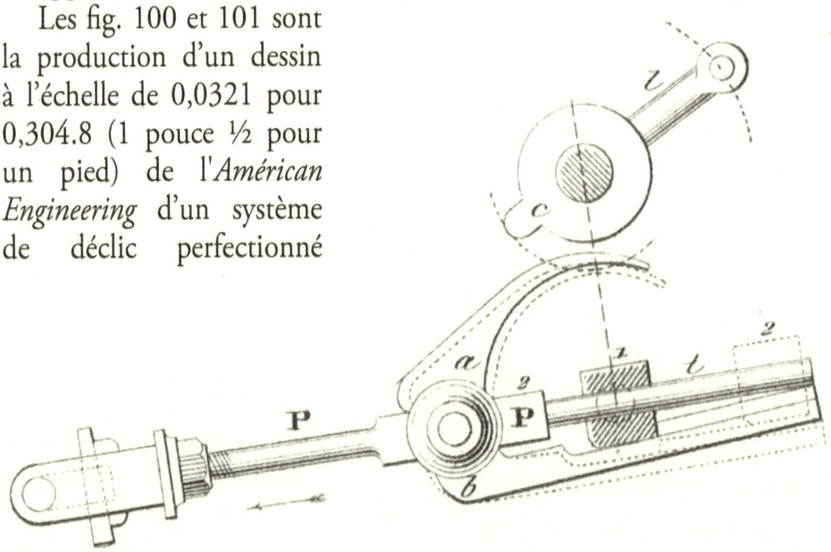

Fig. – 100.

par M. Corliss. L'extrémité de la bielle P se compose d'une partie prismatique P^2 qui s'engage dans la charnière formée par la jonction du crochet *b* et du levier courbé *a* et d'une tige *t*, qui coulisse dans un appendice prismatique en acier 1, solidaire du levier L ; par cet arrangement, la bielle P est soutenue par la pièce 1 et, quelle que soit la position de la bielle, le prisme 1 se présente toujours normalement à l'encoche du crochet *b*.

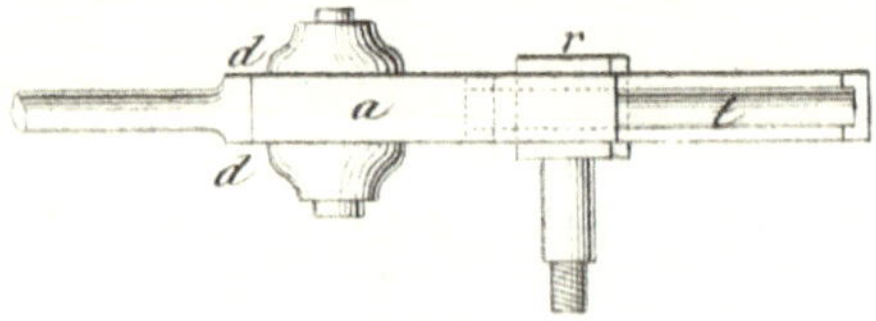

Fig. – 101.

Sur l'axe du robinet est monté un petit cameron *c*, assujetti à varier de position par la tige *l*, qui est mise en relation avec le régulateur. Suivant la position qu'occupera le cameron, le levier courbé *a*, ramené en arrière par la bielle P, rencontrera plus ou moins tôt le cameron *c*, qui l'obligera ainsi à s'abaisser et avec lui le crochet *b* avec lequel il fait corps. Le prisme 1 étant ainsi dégagé viendra se placer en 2 lorsque la bielle sera parvenue à l'extrémité de sa course ; et lorsque celle-ci sera repoussée en avant, elle viendra de nouveau engager le prisme : un ressort en spirale, logé dans les saillies *d* de la charnière, tend sans cesse à relever le crochet *b* et le levier *a*. La fig. 89, p. 125, est la projection horizontale de ce mécanisme.

La fig. 102 donne les positions relatives de la manivelle et du rayon d'excentricité de la machine où cet appareil est employé.

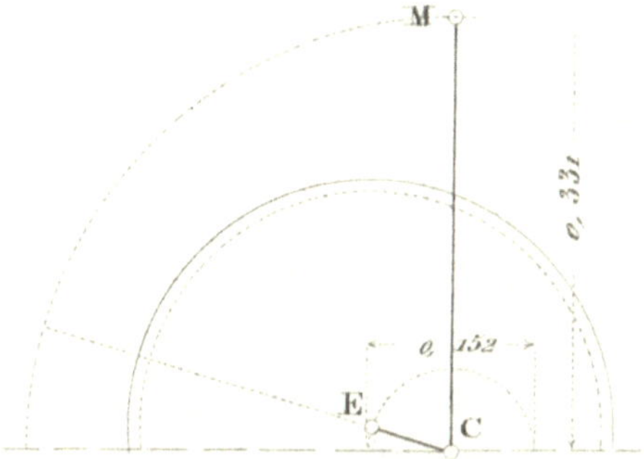

Fig. – 102.

Ces ingénieux procédés peuvent trouver leur emploi dans des machines à petite vitesse, mais à la condition d'être conduites par des machinistes soigneux et adroits, qui seront à même de juger de l'opportunité d'une réparation et de la faire eux-mêmes ; dans ces conditions ce système peut concourir avec les distributions par soupapes.

Au point de vue de la variation de la détente par le régulateur, le système Corliss est supérieur à tous les autres parce que les oscillations du pendule, si sensible qu'il puisse être, ne peuvent avoir aucune influence sur la distribution après que le déclic a dégagé le distributeur de sa bielle. La lumière ne peut donc pas être ouverte une seconde fois dans la même pulsation.

Chapitre VIII

I – Distributeurs originaux

Appareil de la distribution du perforateur Créase. — Le *supplément au Traité des mines de houille*, par feu M. Ponson, contiendra la description du perforateur Créase, dont les dessins des fig. 103 et 104 m'ont été communiqués par son fils. Ce remarquable appareil se compose de deux cylindres accolés, dont l'un est plus grand que l'autre et dans lesquels se meuvent parallèlement l'un à l'autre deux tiges solidaires de piston ainsi disposés qu'ils se distribuent réciproquement la vapeur nécessaire au mouvement de chacun d'eux.

Description. — Pistons moteurs. — Dans le grand cylindre se meuvent les pistons P et P' soudés sur la même tige T dont l'extrémité porte un manchon N destiné à recevoir le manche du foret ; cette tige T est en partie creusée et dans le creux s'engage à frottement doux la tige T' qui porte à son extrémité un petit pignon *n* (fig. 105), qui engrène avec la vis sans fin creusée dans l'axe de rotation V. Cette seconde tige T' est assujettie :

1. - à rester invariable, rectilignement, par une saillie conoïde *s* sur laquelle s'applique la presse filetée du couvercle du cylindre ;
2. - à communiquer le mouvement angulaire qu'elle reçoit de la vis, aux pistons, à la tige et au foret ; pour cela, elle est munie d'une longue cale, qui coulisse dans une rainure ménagée dans le creux de la tige T.

Pistons distributeurs. — Dans le petit cylindre, jouent quatre petits pistons aussi soudés sur une même tige *t*, dont l'extrémité s'articule à

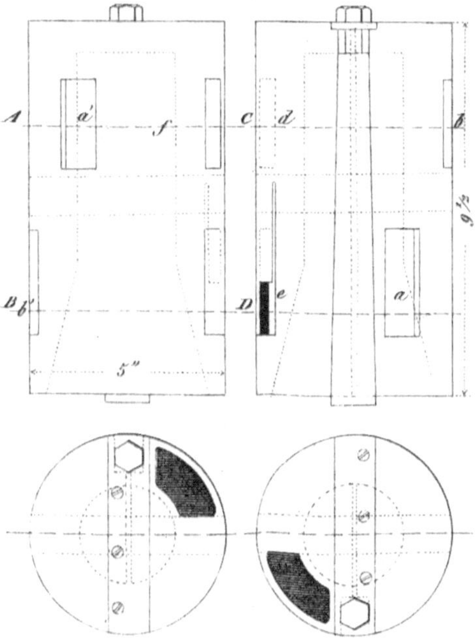

Fig. – 103.

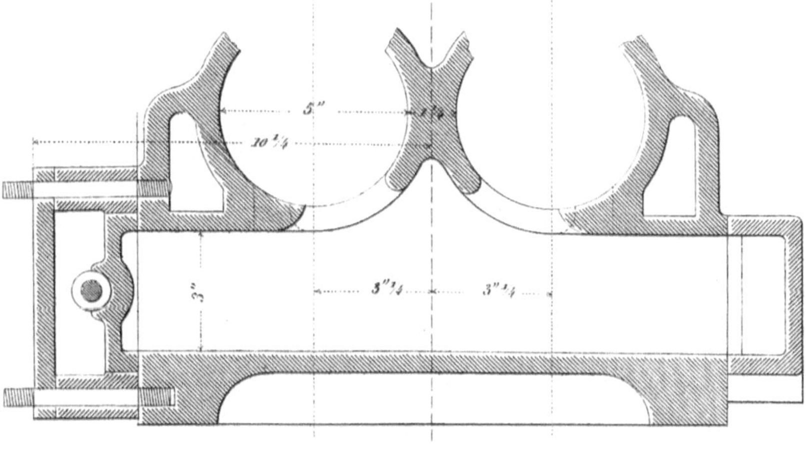

Fig. – 104.

une petite bielle *b* (fig. 105). Le mouvement régularisé par le volant est transmis à l'arbre V par la manivelle O. Par cette disposition, à chaque tour de la vis, le foret se prépare à frapper à un point différent.

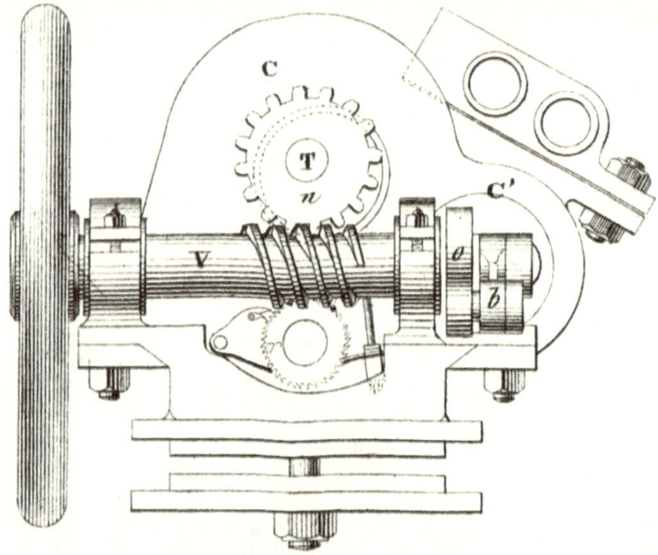

Fig. – 105.

Conduits de vapeur. — Dans chaque cylindre débouchent cinq orifices ; les lumières d'introduction du petit au grand, vus en coupe horizontale, sont en rapport avec les orifices *a*, qui amènent la vapeur, (fig. 106) avec les capacités G et D du grand cylindre et m_1, m_2, m_3, du petit. Les orifices du milieu sont destinés à la sortie et les orifices O et O' conduisent la vapeur, qui afflue par L dans le grand cylindre, en *g* et *d* pour repousser les petits pistons.

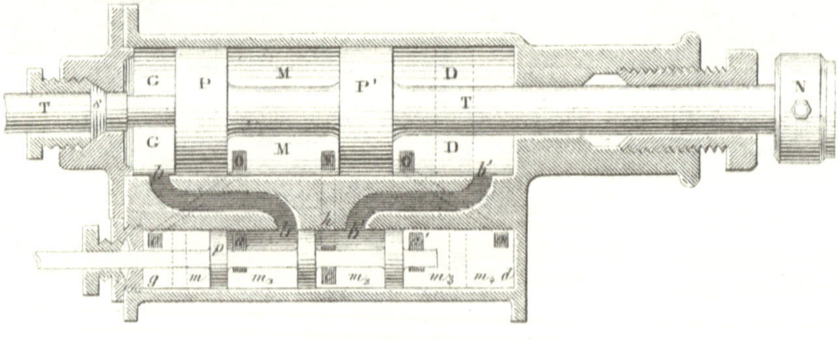

Fig. – 106.

Marche de l'appareil. — La fig. 106 représente les organes disposés pour le commencement de la course percutante :

1. La vapeur venant par *a*, passe dans la capacité G pour pousser le piston, pendant que la vapeur qui se trouvait en *g*, M, D et *d* s'échappe par le conduit E *e* qui la conduit à l'extérieur. Le piston P, en découvrant la lumière O vers G, permet à la vapeur motrice de passer dans le compartiment *g* du petit cylindre pour pousser le piston P en avant ; la lumière *a* se recouvre et se découvre vers *g* et il faudra nécessairement qu'un cinquième piston P vienne se placer entre *a* et *o* pour empêcher la vapeur de retourner dans le grand cylindre.

2. L'impulsion imprimée a fait passer les trois pistons du milieu :

1. - de *m* en m_1, pour intercepter la communication de la capacité G avec le générateur ;
2. - de m_1 en m_2, pour mettre G en communication avec l'extérieur ;
3. - de m_1 en m_3, pour ouvrir la communication de la capacité D avec la chaudière.

3. La vapeur s'introduit par L' en D pour retirer le foret de son trou de mine, pendant que la vapeur contenue en *g* et G, se précipite par L pour s'échapper et qu'elle prépare ainsi la nouvelle pulsation en retour des pistons *p* et P.

La patente Créase comporte, comme on vient de le voir, cinq pistons et six compartiments. Cette disposition n'est nécessaire que lorsque l'on veut, toujours dans tous les cas, que la longueur du petit cylindre C' soit égale à la longueur du grand C et lorsque l'on veut que le rayon de la petite manivelle *o* soit plus grand que la largeur d'un orifice.

Construction. — La fig. 106 fait voir la disposition des pistons *p* réduite à sa plus simple expression. Pour conserver la même longueur aux cylindres on a augmenté la largeur *h* qui sépare les deux lumières *b'* et *b*.

Soit *l*, la largeur des orifices égale au rayon de la petite manivelle *b*. Les épaisseurs des pistons *p* et *p'* seront égales à 2 *l*, et l'épaisseur du piston P" sera égale à *l*. Les intervalles entre les lumières *a* et *o*, *a'* et *o'* seront égaux à 2 *l* et la longueur du cylindre C peut être réduite ainsi à 10 *l* ou cinq fois la course, en faisant *x* égal à *l*. La course des pistons P et P' étant L, la longueur du grand cylindre dépendra des épaisseurs des pistons et de *l*. Elle sera égale à :

$$2\,L + 3\,l + 2\,P \quad \text{ou} \quad 4\,l \quad \text{au minimum.}$$

II – Machines à quatre cylindres jumeaux de M. Hicks.

Les visiteurs de l'exposition universelle de cette année ont pu remarquer un bloc quadrangulaire, traversé par l'axe d'un volant animé d'une grande vitesse et sans aucun organe apparent de communication de mouvement, qu'une petite roue, dans la gorge de laquelle passait une mince courroie tordue qui allait s'enrouler sur une poulie fixée à l'axe d'un régulateur Pickering.

De toutes les machines à vapeur exposées à Paris alors, le moteur Hicks est sans contredit le plus remarquable comme le plus original des produits intelligents de l'espèce, et il vient de droit se placer à côté du perforateur Créase dont il est similaire.

Ensemble. — Cette machine se compose (fig. 107) de quatre pistons creux, ouverts à un bout et fermés à l'autre bout, où va s'articuler la courte bielle qui le relie à la manivelle M de l'arbre moteur, laquelle à son tour le met en relation avec son vis-à-vis et avec son voisin. Le manchon N est un disque en fonte qui relie les deux parties de l'arbre moteur par l'intermédiaire des boutons prolongés des manivelles, disposées à angle droit l'une par rapport à l'autre (fig. 105).

Les cylindres, venus d'une seule pièce avec le bâti et les orifices d'entrée et de sortie, sont composés de deux tubes en fonte accolés l'un à l'autre. Ils sont séparés par une boîte semi-rectangulaire et semi-circulaire qui renferme les paliers de l'arbre moteur. Cette boîte est fermée par une couverture supérieure et par des cloisons boulonnées sur les bouts, de ceux-ci débouchent :

1. - l'extrémité de l'arbre qui reçoit le volant ;
2. - celle qui porte la poulie à gorge qui commande le mouvement du régulateur. Celui-ci est placé directement sur la boîte sphérique E, qui contient la soupape modératrice, qu'il dirige par la tige qui traverse son axe. La vapeur vient par le tuyau F ; elle va aux cylindres par le tuyau T et elle sort, toujours par en dessous, par un tuyau qui la conduit à l'air.

Cylindres et pistons. — Les cylindres sont mis directement en rapport avec le tuyau T d'entrée et de sortie, qui débouche dans les cylindres par des orifices ménagés dans les parois latérales. La vapeur est ensuite conduite d'un cylindre à l'autre par des canaux ménagés dans

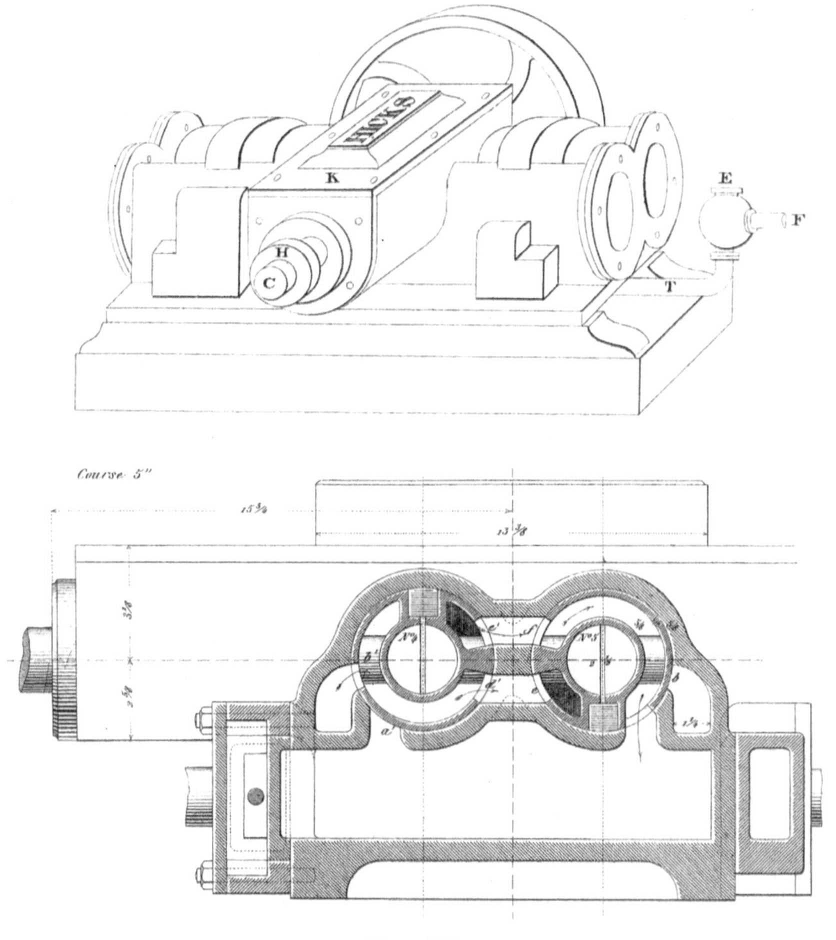

Fig. – 107.

l'épaisseur des pistons, qui viennent déboucher, en temps opportun, vis-à-vis d'orifices ménagés dans la paroi commune aux deux cylindres par lesquels la vapeur, par un autre canal ménagé longitudinalement dans l'épaisseur des pistons, se rend au fond du cylindre voisin pour pousser son piston.

Ces orifices et ces canaux sont ménagés dans des plans superposés tout en débouchant à des distances différentes.

La disposition de ces passages est ainsi imaginée, que la vapeur ne peut être introduite que depuis le commencement de la course jusqu'au milieu, elle agit par détente depuis ce point jusqu'à la fin ; qu'elle s'échappe ensuite, en passant par un canal du piston voisin pour se rendre à l'air.

Chaque piston creux est pourvu :

1. - d'un canal 4 (fig. 108), ménagé longitudinalement dans l'épaisseur, lequel débouche à l'extrémité B, et qui se met en rapport avec les orifices intermédiaires 3 ou 3' par lesquels la vapeur doit lui venir ;
2. - des canaux 2 et 2' perpendiculaires à l'axe, qui doivent conduire au piston voisin, la vapeur qui amène le tuyau T par l'orifice 1 ou 11 ;
3. - d'un canal 7, aussi large que possible, qui vient se mettre en relation avec un orifice intermédiaire 6 (fig. 109) par lequel la vapeur qui produit son effet doit s'échapper par 8, en passant par le premier canal 4, mais qui débouche par une ouverture 4' différente de la première. Pour que l'échappement puisse se faire

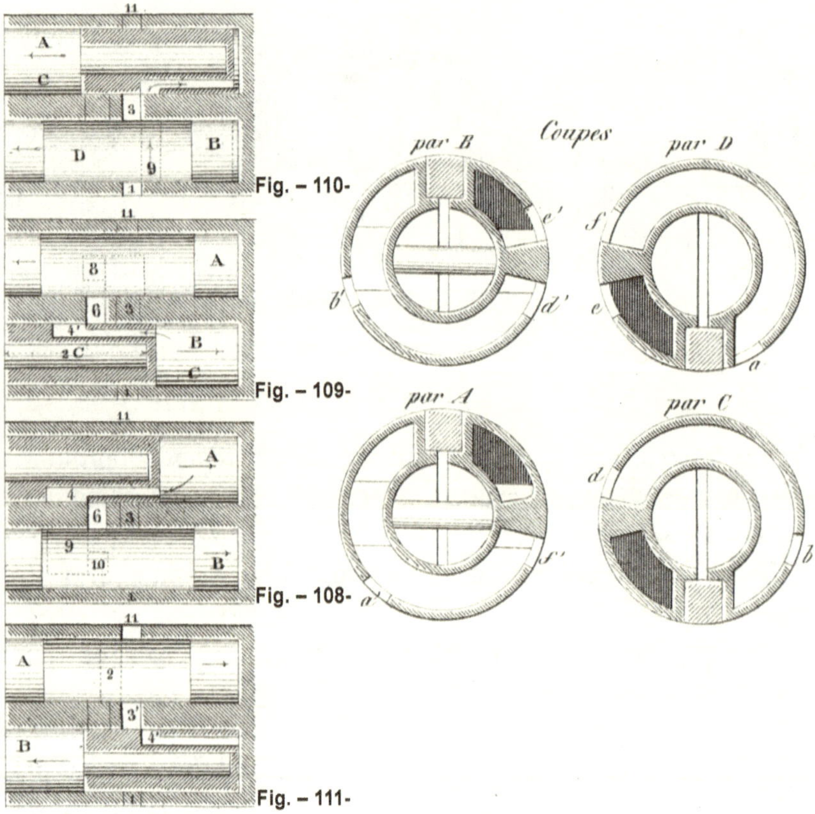

Fig. – 110-

Fig. – 109-

Fig. – 108-

Fig. – 111-

pendant la course entière, il faut que les orifices 4' et 7 aient deux fois la largeur de la lumière 6. C'est à cause de cela que les pistons doivent avoir une longueur au moins égale à deux fois la course.

Cette solution de la distribution de la machine Hicks, n'est peut-être pas exactement conforme à celle de l'inventeur, mais nous n'avons eu, pour résoudre ce problème, qu'un catéchisme de M. Hicks, qui se distribuait à l'exposition. Le journal du Harts de M. Bruno Kerl contient dans ses derniers numéros de 1867 une description de cette machine, qui se trouve également détaillée dans l'*Engineering* du 12 juillet 1867.

Les fig. 108, 109, 110, 111 et 112 sont conformes à ce qui vient d'être dit. La première se rapporte à la période de l'introduction et à la détente dans le cylindre B, où elle commence ; la seconde, à la détente dans le cylindre A et à la sortie dans le cylindre B ; la troisième, à la sortie des deux cylindres, qui reçoivent maintenant leur mouvement de la vapeur qui pousse les pistons opposés ; la quatrième, à l'achèvement de la sortie en 4 et à l'introduction dans B ; enfin, la cinquième montre l'ensemble de l'organisme pour la période représentée par la figure 108.

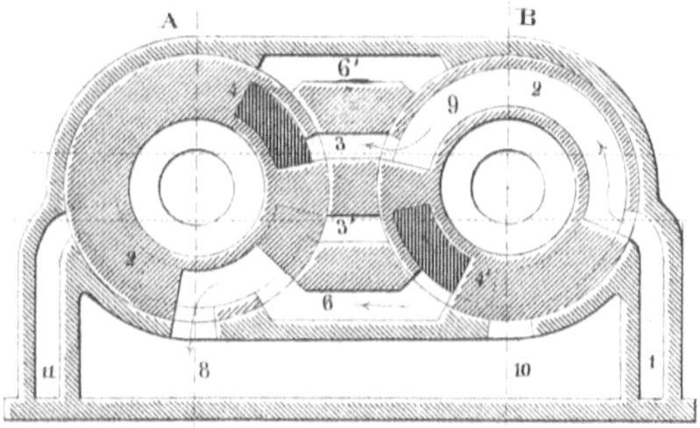

Fig. – 112.

La fig. 113 est la reproduction de la coupe des cylindres et des pistons de la même figure du catéchisme susdit ; 1 et 11 sont les entrées ; *b*, 8 et 10 sont les sorties ; *b'* d'après le catéchisme est aussi un canal de sortie.

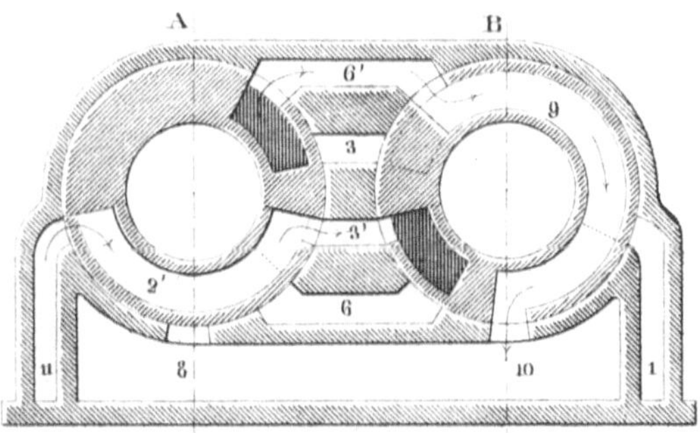

Fig. – 113.

Observations. — De prime abord, cette machine paraît avoir l'inconvénient d'exiger plus d'effort pour vaincre les frottements des longs pistons, mais on sait que l'étendue de la surface n'a d'influence sur la résistance des frottements qu'aux points de départ.

De plus, le développement de la longueur des pistons est avantageuse pour réduire l'épaisseur de l'usure à sa plus simple expression, en la répartissant sur une grande étendue, ainsi que cela se fait avec les tourillons des axes, qui sont d'autant plus longs que la vitesse et la pression sont plus grandes. Ces pistons se maintiennent étanches par leur longueur même, mais dans le cas d'usure trop prononcée, ils exigent d'être remplacés, à moins qu'on ne les ait construits de manière à pouvoir enlever dans leur pourtour une épaisseur suffisante pour les introduire dans une enveloppe de rechange.

La bielle est écourtée, mais elle n'a aucune influence ni sur la régularité du mouvement ni sur la distribution ; puisque n'ayant pas d'excentrique, ni de tiroir, on peut toujours disposer les orifices sans avoir égard aux positions intermédiaires de la manivelle.

La simplicité de la machine et la façon dont sont groupés les organes mis à l'abri de l'air et de la poussière en font incontestablement le moteur propre aux constructions, aux travaux d'art hydrauliques et industriels, qui exigent des machines spéciales où les réparations et l'entretien doivent être réduits à leur plus simple expression et où souvent on n'a même pas toujours un maréchal à sa portée.

Chapitre IX

Distributeurs tournants

1 - Robinets Maudsnlay

L'ingénieur anglais Maudslay, eut le premier l'idée de transformer la machine à basse pression et à balancier de Watt, en une machine où la vapeur agissait à une pression de plusieurs atmosphères et qui transmettait directement sa puissance à l'arbre moteur sans l'intermédiaire d'un balancier.

Le cylindre était posé verticalement sur un bâti trapu qui soutenait l'arbre moteur, dont les extrémités étaient garnies de deux manivelles parallèles, et l'une d'elles était réunie par un court étrier à une troisième pour communiquer le mouvement à l'atelier ; les deux premières manivelles étaient reliées à la traverse de la tige du piston par deux longues bielles. La machine ainsi groupée offrait l'immense avantage alors de réduire considérablement l'espace nécessaire, de diminuer relativement le prix de la construction de l'appareil et de permettre de construire des machines de toutes dimensions à la portée de toutes les bourses et de toutes les industries.

La machine verticale de Maudslay a précédé la machine, dite *en l'air*, d'Olivier Evans, qui, elle-même, a été suivie de la machine horizontale et celle-ci, universellement vulgarisée aujourd'hui, n'est entrée dans l'industrie que pas à pas, tant on craignait l'usure inégale du piston et de la tige.

Robinet. — Soit que Maudslay ait voulu donner à sa machine un caractère complet d'originalité, soit qu'il ait eu en vue de ne pas

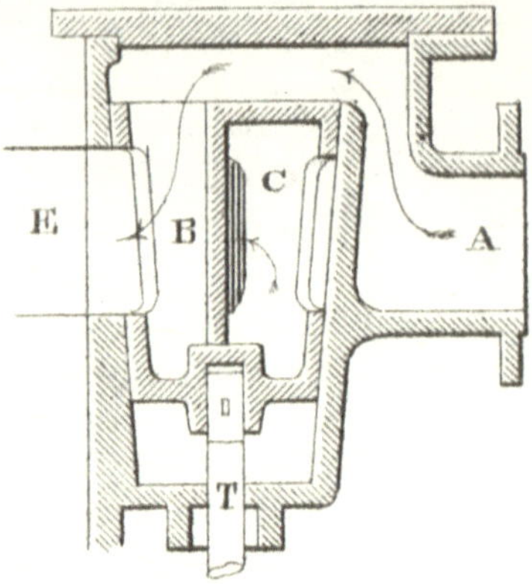

Fig. – 114.

compliquer son moteur d'une longue tringle d'excentrique agissant sur un levier éloigné qui eût renvoyé le mouvement à un autre levier, lequel l'eût enfin transmis au tiroir, imagina un robinet creux (fig. 114 et 115) percé d'ouvertures convenablement disposées pour distribuer la vapeur des deux côtés du piston, qu'il combina avec l'excentrique de Watt, lequel transmettait à l'appareil, un mouvement curviligne alternatif.

La clef est divisée en deux compartiments B et C. Le compartiment B (fig. 114), ouvert par le haut, est en communication avec la vapeur du générateur par la tubulure A ; il est percé d'une lumière verticale, qui se met alternativement en relation avec les orifices E et E' par lesquels la vapeur se rend au-dessus ou en dessous du piston. Le compartiment C, clos en bas et en haut, est percé de trois lumières par lesquelles (fig. 115) la vapeur passe du cylindre à l'air extérieur par le conduit S. La clef est solidaire d'un axe T qui traverse le stuffingbox du fond du boisseau pour recevoir, à son extrémité, le levier auquel s'articule la barre de l'excentrique.

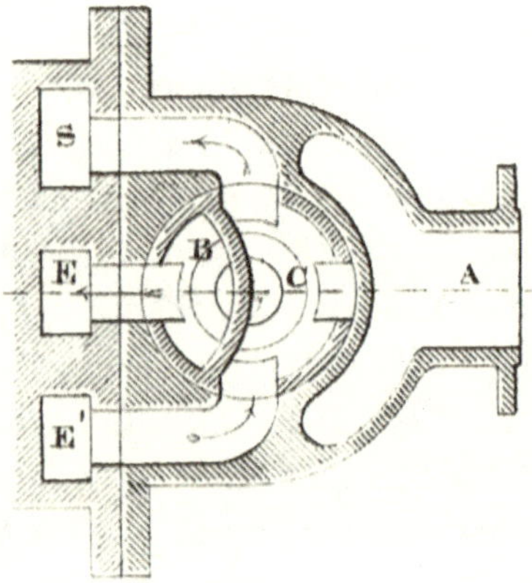

Fig. – 115.

2 - Robinets Spineux[6].

Ce constructeur, qui spécialisait dans les Pays-Bas la construction des machines Maudslay, avait remarqué que les robinets, à mouvement alternatif, exigeaient des rodages fréquents pour être maintenus étanches, tandis que les mêmes robinets, à mouvement continu, fonctionnaient très longtemps sans réparation.

(6) Feu le père de l'auteur.

Le robinet qu'il imagina est percé de deux canaux B et C (fig. 116 et 117) diamétralement opposés. La vapeur s'introduit par A et passe par le canal B pour se rendre en dessous du piston ; au demi-tour suivant, le canal B se met en coïncidence avec l'orifice E' et la vapeur est conduite, par un tuyau en cuivre rouge, au-dessus du piston pendant que la vapeur s'échappe par le canal C et par le tuyau D. Un pignon d'angle, calé sur la tige T de la clef du robinet, transmet à celui-ci un mouvement circulaire continu, et chaque tour du distributeur correspond à un tour de l'arbre moteur.

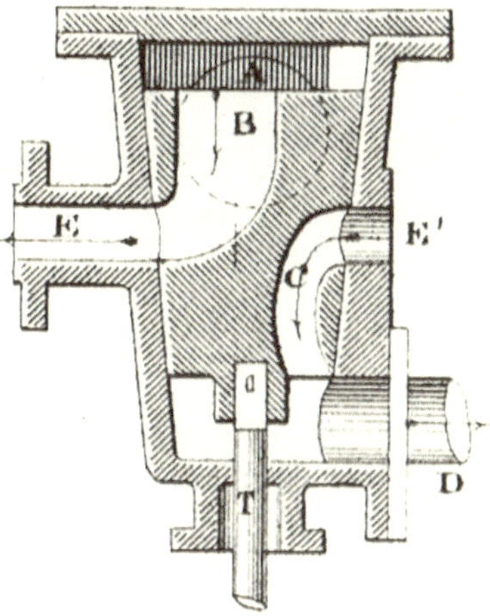

Fig. – 116.

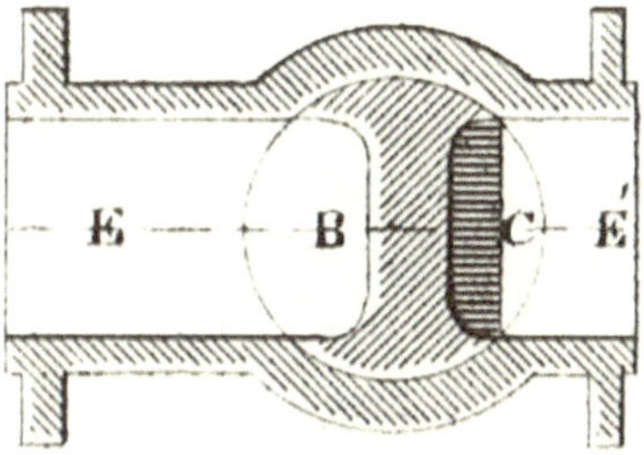

Fig. – 117.

La fig. 116 est la coupe verticale par l'axe, dans la position qui correspond au mouvement ascensionnel du piston.

La fig. 117 est la coupe horizontale par les orifices E et E'.

Robinets à détente variable. — Dans le but d'utiliser la force expansive de la vapeur et de rendre l'organe indépendant de la pression de la vapeur tant dans le sens vertical que dans le sens horizontal, il se fit breveter pour un robinet à mouvement continu, percé de quatre ouvertures et à détente variable pendant la marche de la machine.

Cette innovation, encore inconnue alors sur notre continent, consiste (fig.

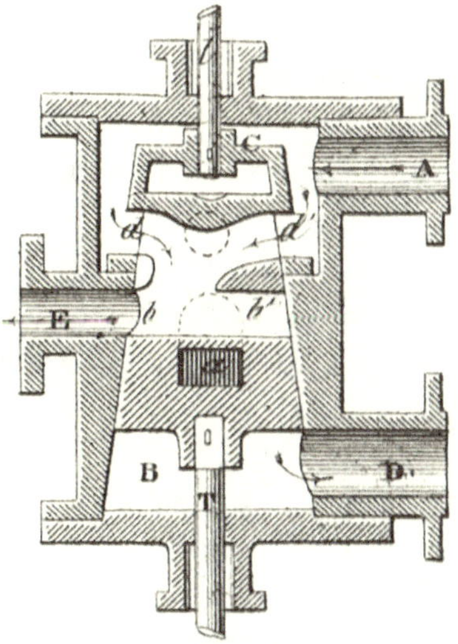

Fig. – 118.

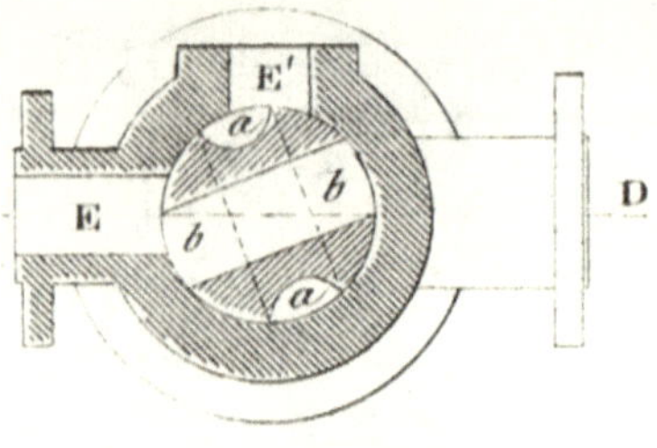

Fig. – 119.

118 et 119) dans un chapeau mobile C, percé de quatre ouvertures, en regard l'une de l'autre, qui se pose exactement sur le bout de la clef renversée. Il repose par sa base annulaire sur une saillie circulaire ménagée dans le boisseau; il ne participe pas au mouvement du distributeur, mais il est variable de position par la tige *t*, à laquelle se fixe un levier index, qui parcourt un registre circulaire maintenu sur le couvercle du boisseau. Par cette disposition du chapeau sur le robinet, celui-ci est complètement à l'abri de la pression de la vapeur.

Dans la partie supérieure, qui s'emboîte dans le chapeau, la clef est traversée par un canal *d d'*, qui conduit la vapeur dans le canal inférieur *b b'*, parallèle au premier, et de là, alternativement, sur la face supérieure et sur la face inférieure du piston, par les orifices E et E' (fig. 119). Le canal *b b'* est ainsi prolongé pour détruire l'effet de la pression de la vapeur qui tendrait sans cela à repousser la clef contre le boisseau. Un troisième canal *a*, à angle droit du premier, passe en dessous du canal *b b'*, il conduit la vapeur dans la capacité B, d'où elle s'échappe par la tubulure D, pendant que la vapeur s'introduit dans le cylindre par la lumière. Pour cela, la tubulure E est placée à angle droit de la tubulure E et le robinet ne fait qu'un demi-tour pendant que l'arbre moteur fait une révolution entière.

La pression peut être nulle sur l'organe, puisque la vapeur ne pourra pas s'introduire dans l'intérieur du chapeau ; elle se répartit uniformément par la disposition des orifices *a, a , b, b'* et la pression de la vapeur de sortie est plus que suffisante pour maintenir l'intimité du contact. La tige T, dont l'extrémité est calée avec une roue angulaire dentée, repose sur une crapaudine, qui est assujettie à s'élever ou à s'abaisser par une vis.

La variation s'obtient, en changeant la position du chapeau angulairement et en sens contraire de la direction du mouvement du distributeur, depuis une ouverture entière jusqu'à une fermeture complète.

Ce distributeur ne s'est pas vulgarisé parce que déjà à cette époque les robinets étaient condamnés ; on leur préférait, non sans bonne raison, un tiroir en coquille. La détente de la vapeur était encore incomprise, les machinistes, peu au courant de leur état et la détente variable, pendant la marche, était considérée par les industriels comme une complication artistique dont il dédaignaient de payer les frais. Le robinet à détente fixe fonctionne encore aujourd'hui à la vénérable machine de ses ateliers de construction, exploités actuellement par ses fils aînés, et depuis 30 ans, ce robinet n'a exigé que quelques insignifiantes réparations.

3 - Robinet équilibré de M. Wilson.

L'organe représenté en coupe horizontale fig. 120 a été imaginé pour faciliter la manœuvre du distributeur des marteaux-pilons qui ne sont pas automoteurs, en le disposant de façon que la pression de la vapeur ne pût avoir aucune influence sur la résistance au mouvement. Pour cela la clef du robinet, légèrement conique, est creusée intérieurement de bout en bout, de manière que la vapeur qui afflue par la tubulure A, s'introduise dans le creux B par le haut et par le bas du boisseau disposé à cet effet. Dans la circonférence extérieure sont ménagées deux capacités *c* et *c'*, cloisonnées en haut et bas pour empêcher leur communication avec les capacités remplies de vapeur générée. Le boisseau est venu de fonte avec les deux orifices et les canaux qui conduisent la vapeur sur les deux faces du piston, L' sur le haut et L sur le bas. Au milieu de la hauteur du boisseau, ou en regard des capacités opposées diamétralement *c* et *c'*, on ménage la tubulure L", qui conduit la vapeur à l'air extérieur.

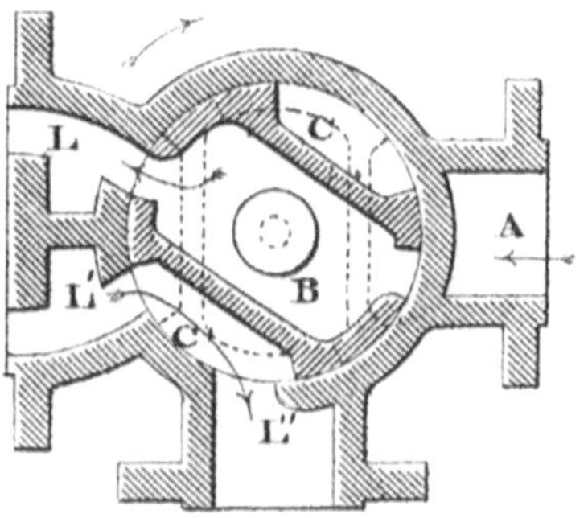

Fig. - 120.

Dans la position représentée, la vapeur s'introduit par L pour soulever le marteau, pendant qu'elle s'échappe d'au-dessus du piston par L' C' et L". Quand le marteau est arrivé à la hauteur déterminée, le machiniste, en agissant sur le levier énarbré à l'extrémité de la tige du robinet, amène l'organe dans la position représentée en pointillé, pour que la vapeur, qui vient de soulever le piston, puisse passer de la face inférieure sur la face supérieure, où son énergie s'utilise encore pour activer la chute. L'organe est ensuite ramené à la première position qui coïncide avec l'entrée et la sortie : une vis de pression réagit contre l'action, relativement minime, de la vapeur, qui tend à enfoncer le robinet par la différence des deux surfaces annulaires des bases du tronc de cône.

4 - Robinet équilibré de M. Vaessen

Cet ingénieur des ateliers de construction de St-Léonard à Liège, a modifié le robinet précédent en le disposant plus favorablement pour l'équilibre et de manière à pouvoir l'utiliser aux machines rotatives avec les avantages des recouvrements.

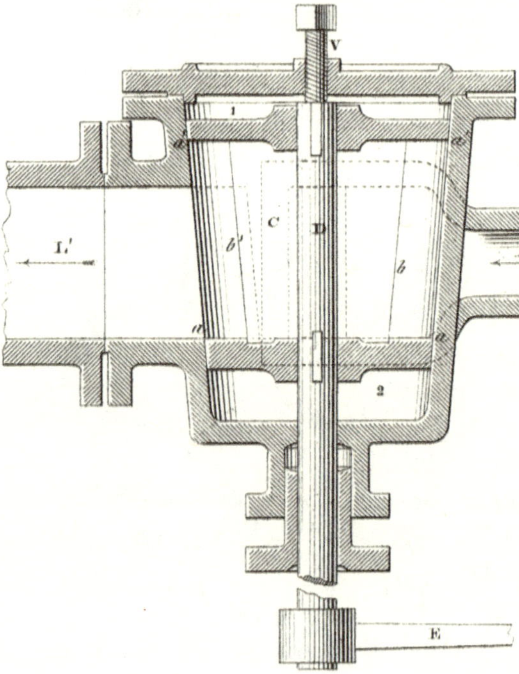

Fig. – 121.

Comme le robinet Wilson, organisé pour passer la vapeur d'une face à l'autre du piston avant de lui donner accès à l'air extérieur, est employé comme nous le verrons encore au chapitre *marteaux-pilons*, pour faire augmenter l'énergie de la chute ; celui de M. Vaessen est disposé (fig. 121 et 122) pour distribuer la vapeur générée sur les deux faces, tout en lui donnant une large issue pour s'échapper. Ainsi la

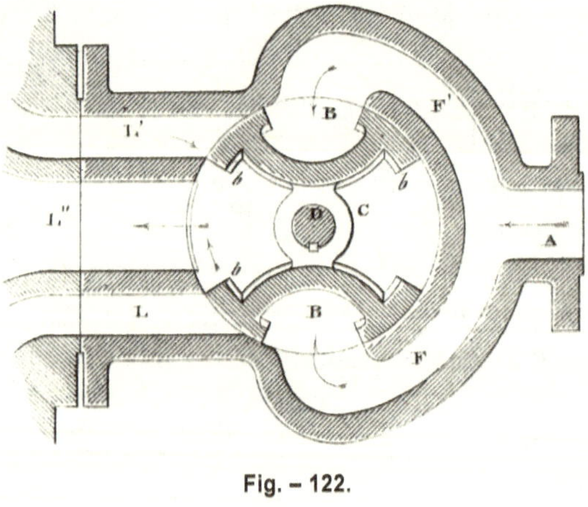

Fig. – 122.

vapeur s'écoule rapidement et non plus successivement, comme dans le robinet précédent, où elle doit passer d'en dessous au-dessus du piston avant de pouvoir s'échapper.

La clef du robinet est creuse, comme le premier, mais cette capacité est cloisonnée en haut et en bas pour servir à l'échappement ; les capacités B et B' identiques aux capacités C et C' de l'autre robinet, sont mises en relation avec la tubulure A, qui amène la vapeur motrice par le canal circulaire F et F', disposé pour que la vapeur ne puisse pénétrer ni en haut ni en bas du robinet ; par F et B la vapeur passe en dessous du piston, et par F' et B' elle se rend au-dessus pendant que la vapeur s'échappe par L" d'en dessous. Ensuite, la chute, n'étant plus entravée par la vapeur de sortie et étant activée par de la vapeur nouvelle, est d'une très grande énergie. Les figures représentent l'organe au milieu de son évolution. La première est la section horizontale par le plan passant par l'axe et par les milieux des orifices A et L" : D l'axe de rotation claveté à la clef, E levier de manœuvre et V vis de pression destinés à réagir contre la poussée de la vapeur de sortie qui tend à soulever le robinet par la différence des surfaces des cloisons supérieure et inférieure.

La seconde est la section verticale par le milieu des orifices A et L", ces robinets ne se maintiennent pas étanches, et ils ont presque partout été remplacés par des tiroirs, parce qu'ils nécessitaient des rodages fréquents résultants de l'alternatif des mouvements.

5 - Disque tournant et à détente variable

Ce distributeur est représenté en coupe horizontale par 1 — 2 (fig. 123) et en coupe verticale par le plan F (fig. 124).

Cuvette. — Il se compose d'une cuvette circulaire fixée par au milieu de la hauteur du cylindre de la machine. Dans cette cuvette on a ménagé les conduits *l* et *l'* qui conduisent la vapeur par les orifices *a* et *b*, au-dessus et en dessous du piston ; dans la partie centrale on a creusé deux cavités K et I, destinées à donner issue à la vapeur qui s'échappe par des canaux latéraux et par la tubulure L ; elle est munie d'un presse-étoupe que traverse l'axe vertical A, qui va se fixer au disque D, pour lui imprimer le mouvement de rotation continu que lui transmet l'arbre moteur.

Disque distributeur. — Cette partie de l'organisme est d'une épaisseur suffisante pour que la hauteur du creux intérieur H soit telle

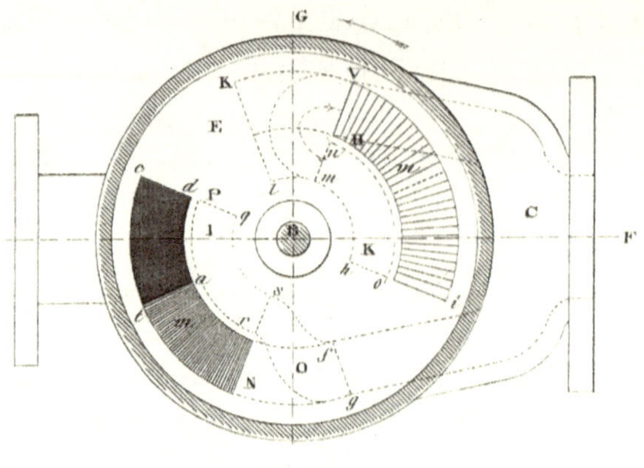

Fig. – 123.

que la vapeur puisse librement s'échapper au-dehors. En regard de ce creux intérieur, qui joue le même rôle que le creux des tiroirs, le disque est percé d'un orifice *o* rayonnant, dont le développement *c g* est égal au développement K *i*, du creux, et à trois fois l'arc *c t* de la lumière *a*, qui est égal à ⅛ de la circonférence, de sorte que les intervalles N *g* K *v* égalent aussi ⅛ de circonférence P, *q r s* et *m n h o* sont les cavités I et K, *k l h i* sont les angles du creux H.

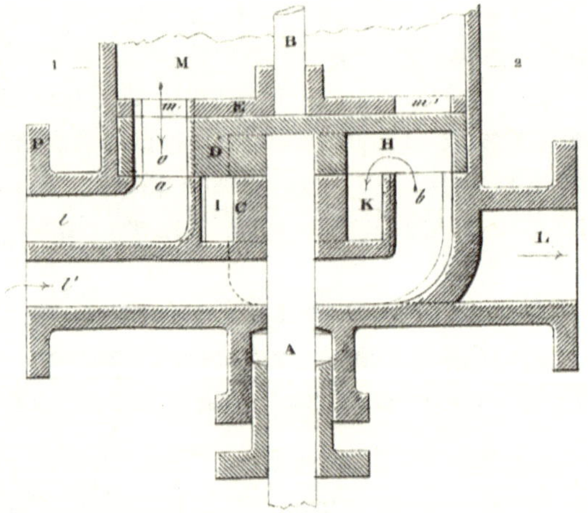

Fig. – 124.

Disque de la détente variable. — Le disque E est percé de deux ouvertures *m* et *m'* dont les arcs extérieurs, *c* N et V *i*, sont égaux à deux fois les arcs *c t* et *i w* des lumières *a* et *b*, ou à ¼ de circonférence ; il est fixé à une tige B qui traverse le couvercle de la boîte M, venue de fonte avec la cuvette C. Cette tige est réunie à un levier à charnière, lequel vient s'enclencher dans des crans ménagés dans une platine circulaire fixée à la boîte M. Pour varier la détente, il suffit de soulever le levier du cran et d'imprimer ensuite un mouvement angulaire au disque E en sens inverse du mouvement de rotation. Par cette disposition, la détente varie depuis le milieu de la course jusqu'à la fin comme dans le robinet à chapeau mobile. Au commencement de la course la vapeur s'introduit par les deux extrémités de la lumière O du disque D.

Ce distributeur a l'inconvénient d'exiger une communication de mouvement complexe et d'augmenter les surfaces en contact, mais il n'exige que peu ou point d'entretien.

6 - Tiroir tournant Martéjus

Ce distributeur mentionné dans le journal *Polytechnique* de M. Dingler est ici disposé pour le mouvement continu ; la fig. 125 est une section par 1—2, et la fig. 126 est une coupe verticale par 3 — 4. La cuvette est percée de deux ouvertures rayonnantes, diamétralement opposées, qui sont séparées par des pleins C égaux entre eux et aux surfaces des lumières A et A'. Dans le centre de la cuvette on a ménagé l'orifice circulaire B par lequel la vapeur est conduite à l'extérieur par la tubulure C. Un tiroir circulaire animé d'un mouvement continu vient placer son ouverture E, alternativement en regard de l'une ou l'autre des lumières A et A', pendant que son plein D se place sur la lumière opposée pour l'échappement. La vapeur est introduite dans le haut de la cuvette par la tubulure F.

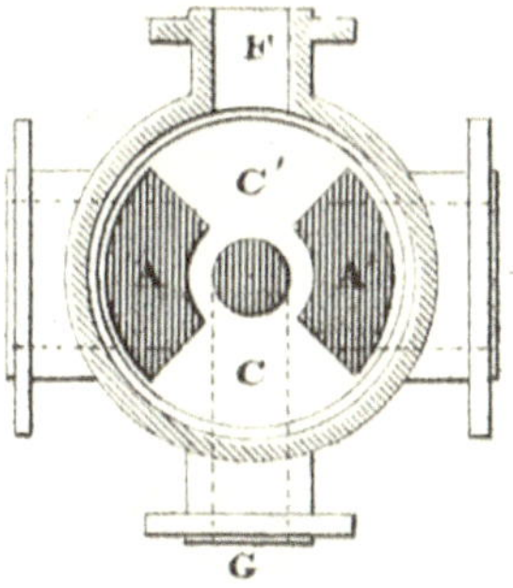

Fig. - 125.

Les distributeurs tournants à mouvement alternatif ou continu comportent des désavantages qui sont loin d'être compensés par l'effet que l'on en retire. Ils exigent une communication de mouvement complexe par roues dentées. Ils conservent un mouvement uniforme à tous les points de la course, tandis que la vitesse du tiroir conduit par l'excentrique, étant plus grande au commencement de la course du piston et étant très faible au milieu, la lumière reste plus longtemps à son maximum d'ouverture.

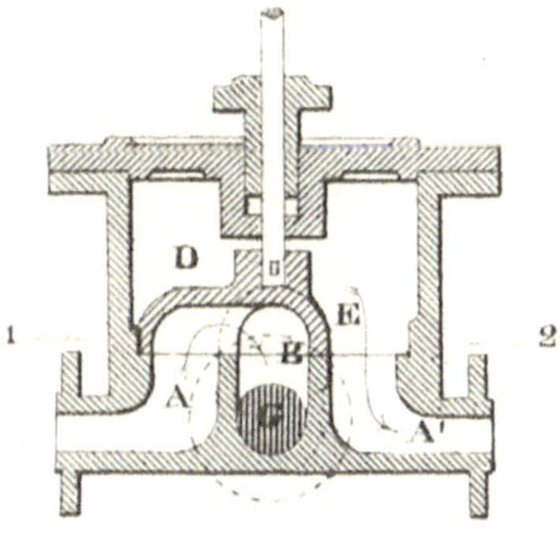

Fig. - 126.

7 - Cuvette tournante de M. Cuvé

Ce distributeur a été imaginé par M. Cavé pour l'appliquer aux

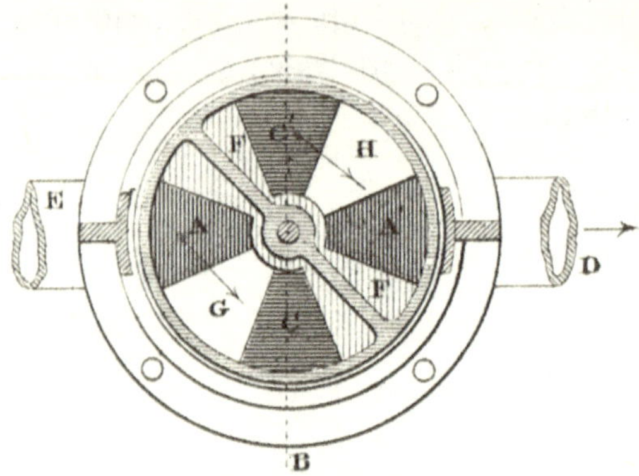

Fig. – 127.

machines oscillantes sur des axes centraux ; il fut ensuite modifié pour servir aux machines rotatives ordinaires. Il se compose (fig. 127 et 128) d'une cuvette cylindrique divisée en deux parties égales par une cloison verticale. Une barre articulée au levier L, est agitée par un excentrique qui communique ainsi à la cuvette un mouvement circulaire alternatif. La tablette B, venue de fonte avec le cylindre, est percée de quatre orifices rayonnants égaux entre eux et aux parties pleines qui les séparent : C et C' sont les lumières d'introduction, A est l'entrée de vapeur et A' est la sortie.

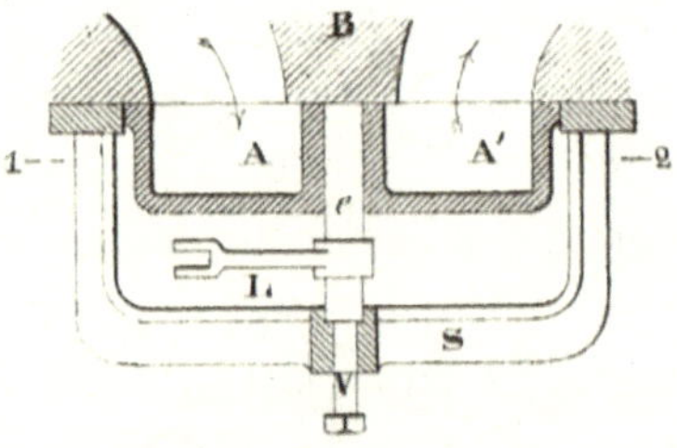

Fig. – 128.

En imprimant un mouvement angulaire tel que les empattements F de la cuvette viennent se poser sur les pleins G et H, la vapeur entrera par C' et elle sortira par C et par A'.

La cuvette est introduite dans un enfoncement creusé circulairement dans la tablette, et elle est maintenue adhérente par le support arqué S et par la vis de pression V, qui est nécessaire pour réagir contre la pression de la vapeur.

Ce distributeur est encore utilisé dans les machines oscillantes, il est alors venu de fonte avec le tuyau qui amène la vapeur et il prend la forme du tiroir Martejus tout en conservant ses dimensions ; l'orifice A est seul supprimé.

Chapitre X

Distribution des machines oscillantes

L'oscillation de la machine se faisait sur un axe creux fixé au bas du cylindre. La distribution était conduite par un tiroir posé sur le couvercle supérieur du cylindre, qui lui servait de tablette. Ce mode d'oscillation était avantageux, au point de vue de la longueur de la tige bielle et par conséquent de la régularité du mouvement de rotation, mais le poids de la masse oscillante, agissant comme un fléau sur la tige, obligeait de la faire très robuste pour résister à ces secousses alternatives ; le bâti s'ébranlait, et ces ébranlements, communiqués aux couples, compromettaient la sûreté du navire.

M. Cavé imagina de corriger ces défauts et d'équilibrer le cylindre en plaçant deux axes d'oscillation au milieu de la hauteur. La tige fut aussi réduite de la longueur d'un rayon et le mouvement de rotation fut, il est vrai, plus ou moins saccadé, mais le moteur y gagna sous le rapport de la stabilité.

1. *Par les axes et les tuyaux.* — Les axes creux d'oscillation communiquaient avec le haut et le bas du cylindre chacun de leur côté ; le tuyau, qui amène la vapeur du générateur au cylindre et celui qui doit la conduire du cylindre à l'air extérieur ou au condenseur, s'emboîtent dans le creux des axes, où ils sont maintenus par des presse-étoupe qui participent aux mouvements d'oscillation : cette jonction des tuyaux et des axes est toujours employée.

Les extrémités des tuyaux étaient fermées par une cloison venue de fonte qui était percée de deux ouvertures rayonnantes, cette cloison bien dressée et rodée s'appliquait exactement sur un disque semblable, venu de fonte avec le cylindre au fond de la cavité de la boîte à étoupe. Pour maintenir le tuyau adhérent, il était pourvu à son extrémité d'une saillie circulaire sur laquelle on plaçait un anneau en bronze qui était soumis à la pression de l'étoupe.

Les ouvertures étaient ainsi disposées, que lorsque le cylindre était vertical, l'une s'ouvrait d'un côté du cylindre et la symétrique se fermait du côté opposé ; la vapeur s'introduisait ainsi sur une face du piston pendant qu'elle s'échappait de l'autre.

2. *Par un seul axe et une cuvette fixée au tuyau d'introduction.* — La disposition précédente avait l'inconvénient de faire dépenser beaucoup de vapeur, sans utilité, pour remplir les canaux verticaux accolés au cylindre. Pour corriger ce défaut, M. Cavé appliqua, au tuyau d'introduction, la cuvette décrite précédemment, et l'autre tuyau fut débarrassé de sa cloison et l'axe de son disque. Le disque de l'axe distributeur fut percé de trois ouvertures rayonnantes ; deux verticales C et C', qui conduisaient la vapeur l'une au-dessus et l'autre en dessous du piston, et la troisième A' (fig. 127, p. 152) communiquait avec le tuyau de sortie par un canal circulaire qui entourait le cylindre. L'extrémité du tuyau d'introduction est terminé comme la cuvette mobile (fig. 128, p. 152), avec cette différence que l'un des compartiments est ouvert, pour permettre à la vapeur de pénétrer successivement par les orifices C et C'. La disposition des orifices doit être telle que le mouvement oscillatoire suffise à la distribution. Cette distribution est encore utilisée dans les machines oscillantes de petite dimension.

3. *Par un tiroir et une coulisse.* — On a pu déjà se rendre compte des nombreuses améliorations dont la coulisse, imaginée par M. Stephenson, a été directement la cause dans les appareils de la distribution de la vapeur, et il est hors de doute que, sans l'intermédiaire de cet organe, la machine oscillante aurait été abandonnée comme emploi dans les machines de marine où elle s'est vulgarisée depuis.

La coulisse (fig. 129 et 130) est assujettie à coulisser elle-même entre deux guides parallèles et verticaux *f* fixés au bâti de la machine ; elle est mise en mouvement par la barre de l'excentrique et par un coulisseau qui est articulé à un levier droit, par lequel elle transmet son mouvement de va-et-vient à la tige d'un tiroir. Celui-ci est logé dans une boîte, qui est appliquée verticalement au cylindre. Lorsque la machine est à double mouvement, cette coulisse horizontale est mise en rapport avec une seconde commandée par les barres des deux excentriques.

Le centre de courbure de la première coulisse coïncide avec le centre de l'axe d'oscillation O. On limite le développement de la coulisse en cherchant le point extrême de l'amplitude du coulisseau lorsque le cylindre est à sa plus grande inclinaison, qui correspond à la position R du rayon de la manivelle, laquelle est alors perpendiculaire à l'axe de la tige bielle ; *d* et *d'* seront ces positions extrêmes.

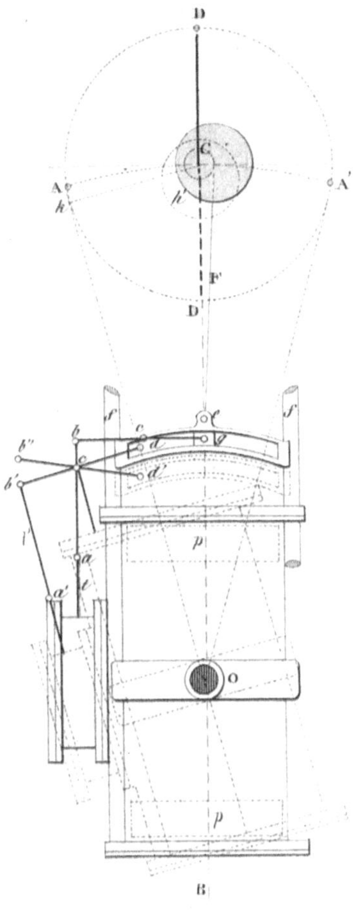

Fig. – 129.

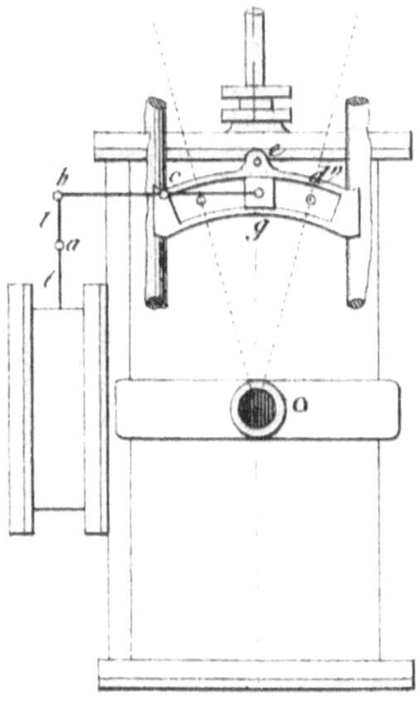

Fig. – 130.

Explication des figures. — D et D' sont les positions du bouton de la manivelle lorsque le cylindre est vertical et *h* est la position qu'occupe l'excentrique, qui est calé en sens inverse du mouvement, puisqu'il doit faire monter la coulisse pour faire descendre le tiroir par l'intermédiaire du levier droit *b c g*, de la bielle *l* et la tige *t*. La barre F s'articule en *l* à un appendice fixé à la coulisse.

Lorsque le cylindre est incliné, ou que la manivelle est au milieu de la course en A, le coulisseau aurait parcouru l'arc *g o*, si la coulisse restait invariable ; et il est en O, lorsque la coulisse est agitée par l'excentrique, qui est alors en *h'* à la fin de sa course ; l'axe d'oscillation *c* du levier, solidaire du cylindre, est alors en *c'* et le levier est en *b" c' o*1. Dans le but d'augmenter la longueur de la barre F, on abaisse la coulisse (fig. 130) pour que le point d'oscillation *c* du levier soit directement fixé à la circonférence du cylindre ; par suite, le développement de la coulisse est diminué dans le rapport des rayons de courbure *o d* et *o' d"*.

4. *Deux tiroirs et deux boîtes parallèles.* — La modification apportée par la coulisse aux machines oscillantes a eu pour conséquence de détruire l'équilibre de la masse en mouvement, par l'amplification de la boîte qui ne pèse que d'un seul côté. On réparera facilement ce défaut en faisant venir de fonte avec le cylindre une seconde boîte identique à la première placée de l'autre côté. L'équilibre serait ainsi rétabli, soit que l'on remplaçât la seconde boîte par toute autre masse dont le moment serait égal. La seconde boîte pourrait être avantageusement utilisée en y plaçant un second tiroir commandé par un second excentrique et une seconde coulisse horizontale, parallèle à la première. Par cette disposition, et en se rappelant ce qui a été dit relativement aux tiroirs à recouvrement pour ce qui concerne les irrégularités des deux distributions dues à la longueur de la bielle motrice, on corrigera le défaut de la petite longueur relative de la tige bielle, en donnant à chaque tiroir un recouvrement spécial et un excentrique de course différente. Cette amplification aurait pour résultat de rendre uniforme dans les deux courses, le moment de la détente, le moment de la sortie et la durée de la compression. Indépendamment de l'avantage de l'équilibre rétabli et de la régularité parfaite de la distribution, le cylindre serait chauffé uniformément, ce qui rétablirait sa rigidité, toujours plus ou moins compromise par la différence des températures des deux côtés.

Chapitre XI

Distributeurs équilibrés

Bien que les efforts tentés jusqu'à ce jour pour parvenir à créer un bon tiroir équilibré n'aient pas répondu à ce que l'on en attendait ; parce qu'il nécessite un entretien coûteux, qu'il coûte cher d'installation et qu'il multiplie les surfaces de contact, et parce que, enfin, la pression sur le tiroir est absolument indispensable pour le maintenir étanche ; cependant il est des circonstances où son emploi est avantageux et même nécessaire.

1. Le premier distributeur qui vient se placer de droit en tête est incontestablement le tiroir de Watt déjà décrit et figure dans la planche première, auquel le principe de l'équilibre est rationnellement appliqué pour les pressions de la vapeur dont on faisait usage alors.

2. Viennent ensuite les soupapes à double siège dites d'équilibre.

3. Le robinet à détente variable et à chapeau mobile.

4. Le perforateur Créase.

5. Les pistons distributeurs de Hicks.

6. Les robinets Wilson et Vaessen.

7. Les distributeurs Detombay et Condies, qui seront décrits au chapitre des marteaux-pilons ; enfin plusieurs autres complexes décrits ci-dessous. Pour se rendre compte des essais qui ont été tentés et de la variété des formes, et pour rendre sensibles les erreurs que l'on peut être entraîné à commettre dans l'équilibre de deux vases communicant, nous avons pensé de reproduire ici l'originale construction représentée (fig. 131), et qui a été appliquée à une machine du pays dont nous n'avons vu que le dessin.

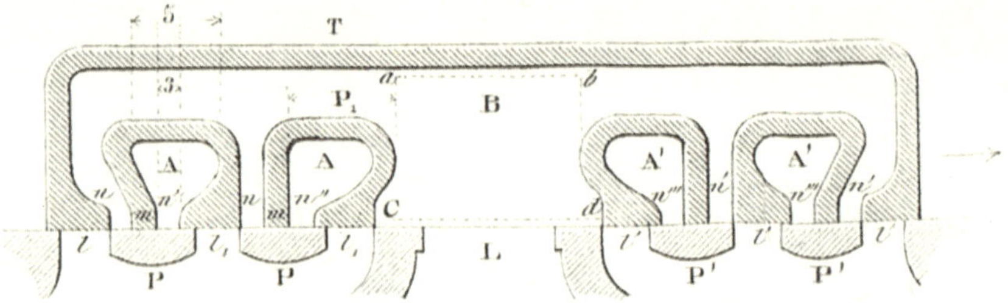

Fig. – 131.

En admettant que ce tiroir ait pu remplir le but que s'est proposé son auteur, but que nous supposerons être l'équilibre, il aurait le désavantage d'être très long et d'exiger ainsi une boîte d'une grande capacité. Il a l'avantage de tripler, à peu près, les issues par lesquelles la vapeur s'échappe et d'être en faible partie équilibré :

1. - par la vapeur qui s'introduit, par les ouvertures *l*1 de la tablette, dans les cabinets A ménagés transversalement dans le tiroir ;
2. - par la vapeur d'échappement qui remplit la capacité intérieure B.

Bans le premier cas, l'équilibre ou la réaction de la vapeur générée, se fait non sur une surface dont la largeur est S, mais sur une surface *s* dont la largeur est égale à l'orifice *n* car il y a réaction en sens opposé sur la différence des deux surfaces. Quant au second effet, dû à la réaction de la vapeur de sortie, cette réaction n'est plus grande, comparée à un tiroir ordinaire, que de quatre fois la surface d'un intervalle *n*.

8. La fig. 132 représente les tiroirs équilibrés de M. Maldant qui ont beaucoup d'analogie avec les tiroirs de Watt. Chaque tiroir est traversé par deux canaux dont l'un *l* conduit la vapeur générée sur la face du piston et dont l'autre L la conduit à l'extérieur par la tubulure B. Les deux tiroirs sont réunis par une tige *b* ; ils se meuvent dans un espace entièrement libre latéralement et ils sont

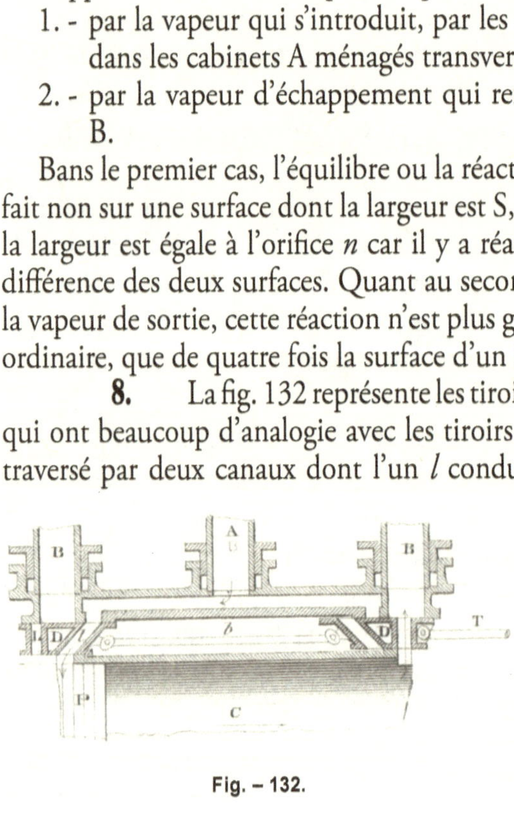

Fig. – 132.

maintenus adhérents sur la tablette par le poids d'une plate-forme dans laquelle on a ménagé le conduit *c* et les tubulures qui reçoivent les tuyaux de vapeur A et B. La réunion de ces tuyaux avec les tubulures est faite par des boîtes à étoupe pour que la plate-forme pèse sur les tiroirs quelle que soit l'usure.

9. La figure 133 fait voir une disposition rationnelle appliquée à l'équilibre d'un tiroir ordinaire : le tiroir T est réuni, par la barre articulée *a*, à un petit piston creux P. Celui-ci joue, à frottement doux, dans un petit cylindre vertical monté sur le couvercle de la boîte. Si la surface de ce piston est égale à celle du tiroir, celui-ci sera équilibré moins ce qui est nécessaire pour vaincre le frottement du piston ; mais si la vapeur passe au-dessus du piston, l'équilibre sera évidemment rompu. L'entretien de cet appareil exige une attention persévérante.

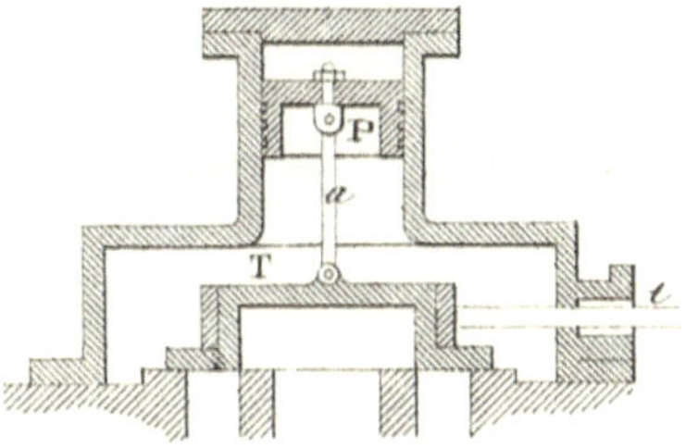

Fig. – 133.

10. La modification du système précédent représentée fig. 134 supprime le piston. Celui-ci est remplacé par un plafond mobile formé par une tôle légèrement élastique B surmontée d'un petit cylindre, au fond duquel s'articule la tige *a* incrustée dans le tiroir. La tablette est recouverte d'une seconde tablette curviligne, sur laquelle joue le tiroir arqué, qui se meut ainsi entraîné par la tige *t* tout en étant maintenu par la tige rigide *a*. Ce système est dangereux à employer car, pour peu que la tôle cède sensiblement, le tiroir sera soulevé.

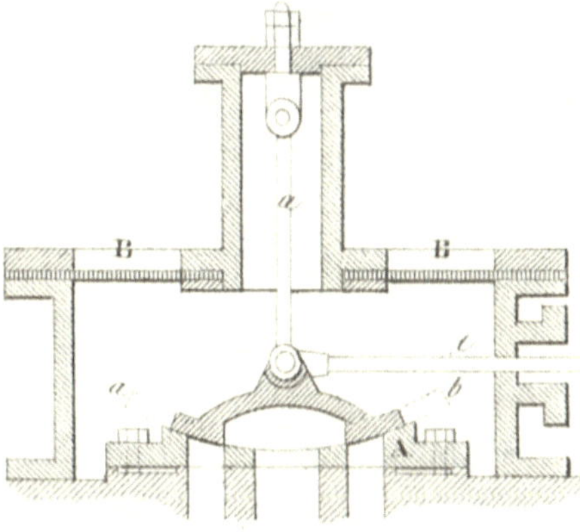

Fig. – 134.

11. La fig. 135 coupe longitudinale, est le tiroir équilibré imaginé par M. Leclercq,

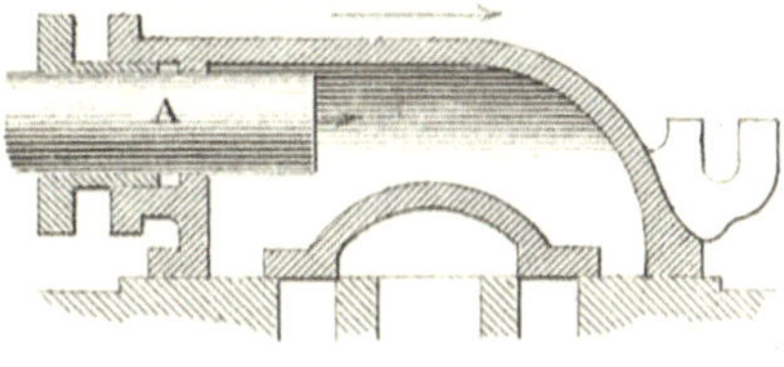

Fig. – 135.

constructeur à Lille : la boîte de distribution est ici transformée en tiroir, dans l'intérieur duquel s'introduit l'extrémité du tuyau A d'arrivée de vapeur. Ce tiroir boîte est mis en mouvement par une tige et il porte une garniture à étoupe ou stuffing-box dans laquelle le tuyau A est introduit. La pression de la vapeur tend plutôt à le soulever qu'à le presser sur la tablette, et c'est pour corriger cet effet qu'il est maintenu, fig. 136, coupe transversale, par des glissières angulaires dont l'une est mobile, pour corriger les effets de l'usure latérale. Le tiroir se meut dans la direction de la flèche, par l'action de la vapeur qui agit sur la face opposée au tuyau A, mais pour le repousser, il faut réagir contre cette pression. Ainsi ce qui est économisé d'un côté est dépensé de l'autre.

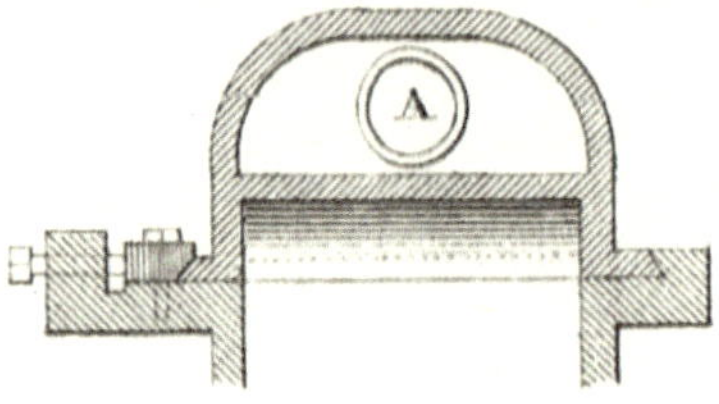

Fig. - 136.

12. Le système employé par M. Lenoir à ses moteurs à gaz a donné l'idée d'utiliser le tiroir de M. Hanrez pour l'appliquer à l'appareil équilibré, représenté en coupe longitudinale, fig. 137. Le tiroir est percé de deux ouvertures qui aboutissent aux lumières d'introduction, auxquelles elles sont égales aux plus petites, au minimum de la moitié. Il se meut entre la tablette et une boîte A, dans laquelle se rend la vapeur génératrice par la tubulure B. Le plan horizontal de cette boîte, parfaitement dressée et rodée, est pourvu de trois ouvertures rectangulaires de même section que les orifices C du tiroir, et disposées de manière que la vapeur s'introduise par deux d'entre elles dans les canaux C. La boîte A est maintenue invariable, longitudinalement, par des boulons et des

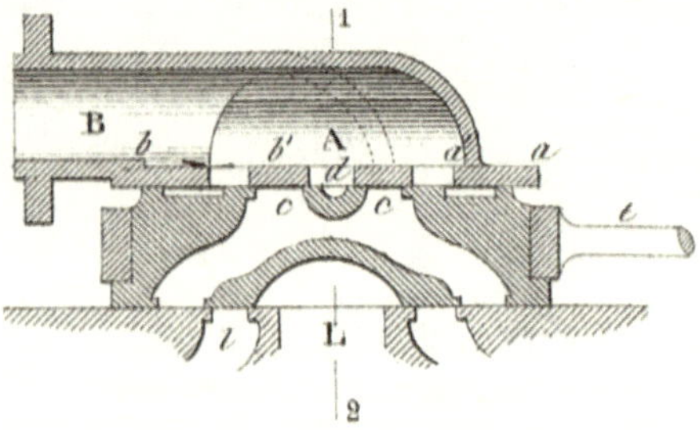

Fig. - 137.

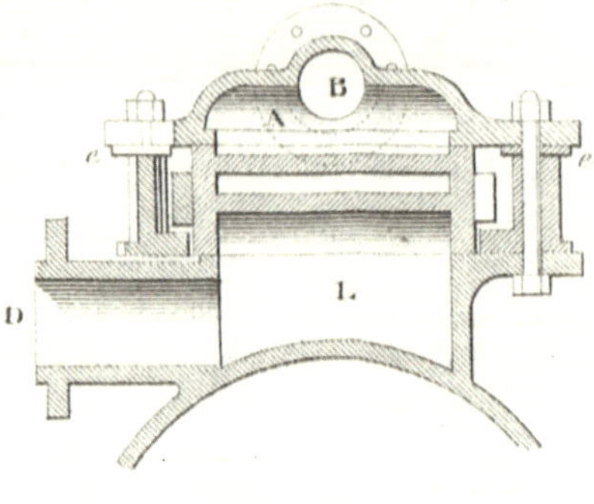

Fig. - 138.

entretoises latérales. Elle est comprimée sur le tiroir par des coussinets en gutta-percha *l*, qui ont l'avantage de ne pas compromettre le parallélisme. La fig. 138 est la coupe transversale par 1 —2 ; D est la tubulure par laquelle la vapeur s'échappe.

On réduira de beaucoup les dimensions de la boîte A, en ne ménageant dans son plan horizontal qu'une seule ouverture ; alors le point *b* sera en *b'* et l'extrémité *a* sera en *a'*. Les ouvertures *c* et l'ouverture *d* doivent être de même largeur et égales à *l*.

13. Le 17e volume de la publication industrielle de M. Armangaud mentionne deux machines du système Wolff accouplées, où le constructeur a employé un seul tiroir d'un grand développement pour chaque couple de cylindre et qu'il a judicieusement équilibré pour en diminuer la résistance, qui eut été considérable.

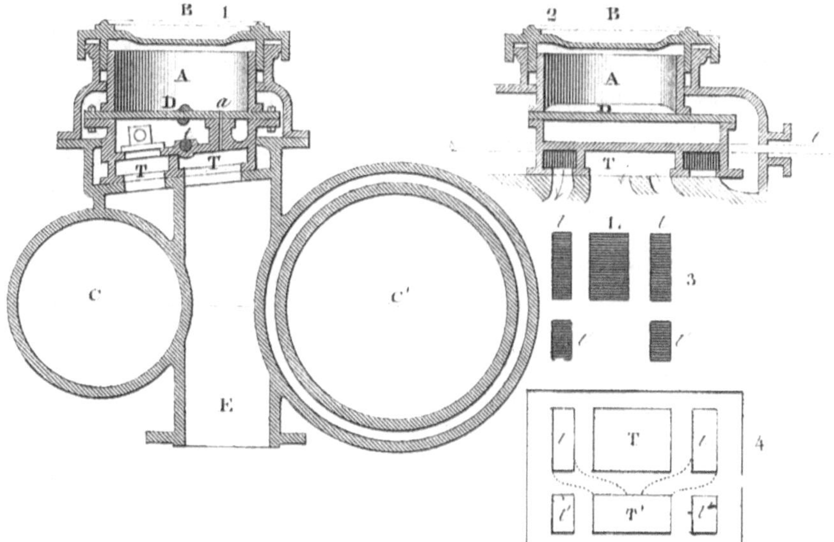

Fig. – 139.

Ce tiroir (fig. 139) est disposé pour distribuer la vapeur dans le grand cylindre C' et dans le petit cylindre C conjointement avec les tiroirs superposés de M. Meyer. Il est divisé en deux parties. Son plan supérieur D glisse sous le cylindre A qui repose sur le tiroir. Ce cylindre est maintenu étanche par un presse-étoupe formé par la couverture B ; il est en communication, intérieurement, par le petit conduit. Le vide, en se communiquant dans la capacité A, fait que la pression atmosphérique appuie sur la couverture, et celle-ci en s'enfonçant, comprime la garniture d'étoupe.

Le distributeur est représenté par 4 (fig. 139) en projection horizontale renversée. Il est divisé en deux par une cloison dans laquelle le constructeur a ménagé les deux canaux qui font communiquer la lumière centrale T' avec les lumières d'introduction *l* du grand cylindre de la machine.

La fig. 130 est la coupe verticale par l'axe de cylindre d'équilibre A et par la partie T du tiroir qui est destiné pour distribuer la vapeur dans le grand cylindre. Le grand tiroir distributeur et le tiroir de la détente sont conduits chacun par un excentrique.

La vapeur passe par l'enveloppe du grand cylindre avant de se rendre dans la boîte de la distribution ; après avoir poussé successivement le petit et le grand piston, elle est conduite au condenseur par le tuyau E.

La fig. 131 est la projection horizontale des lumières de la tablette ; les lumières *l'*, moitié des lumières *l*, conduisent la vapeur aux deux faces du petit piston, *l* aux deux faces du grand et L dans le tuyau E.

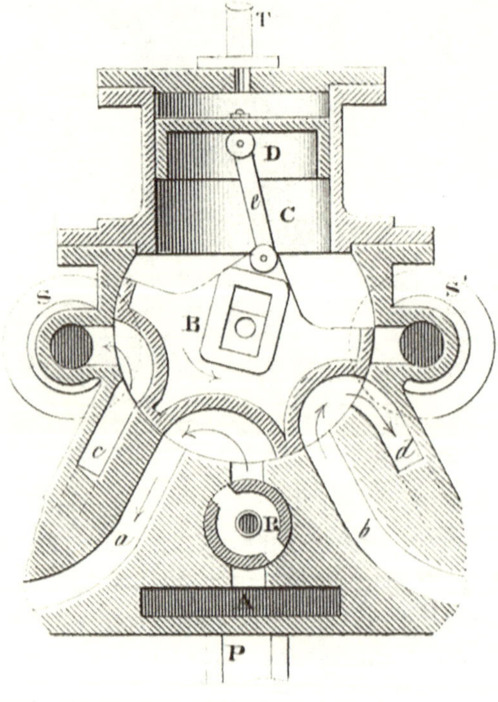

Fig. – 140.

14. *Distributeur Guérin.* — La machine à condensation centrifuge de ce constructeur, et qui est décrite dans le génie industriel, est pourvue d'un distributeur B oscillant du système suédois déjà mentionné, qui est équilibré par un piston D, (fig. 140) logé dans un petit cylindre *c* fixé sur le boisseau ; le distributeur et le piston sont réunis par une tige articulée *e*. Le robinet distributeur, représenté en coupe verticale, est divisé en trois compartiments. Le compartiment du milieu a pour mission de mettre, alternativement, le robinet B, variable par un régulateur, en relation avec les deux faces du petit piston par les canaux *a* et *b*. Les compartiments extrêmes sont disposés pour que l'un fasse communiquer les deux cylindres pendant que l'autre livre accès à la vapeur de sortie, à l'appareil de condensation.

Ainsi, dans la position représentée par la figure, la vapeur qui s'introduit par l'orifice A est interceptée par le robinet qui vient de se fermer lorsque les pistons sont au milieu de leur course ; la vapeur se rend dans le petit cylindre par le canal *a*, pendant que la vapeur, qui a poussé le petit piston dans la course précédente, se rend dans le grand cylindre par les canaux *b* et *d* et qu'en même temps, celle qui doit aller au condenseur, s'échappe par *c* et par le tuyau conique S. La fig. 141 est la coupe horizontale du boisseau par les axes de tubulures S et S'.

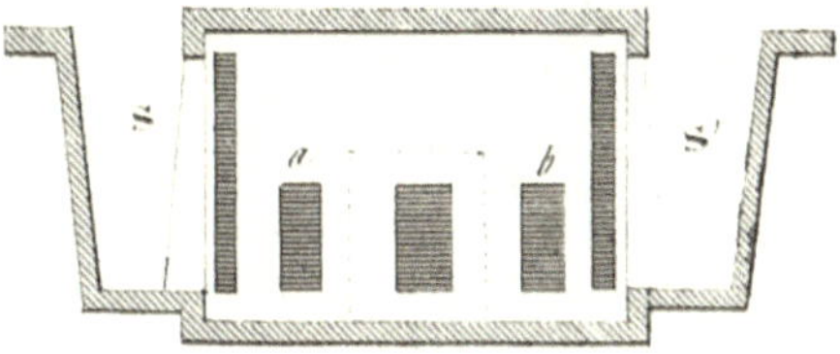

Fig. – 141.

Les pistons marchent en sens inverse, l'un étant à l'extrémité de sa course en avant, l'autre est à la fin de sa course en arrière.

Système de distribution Watzka pour machines système de Wolff à double condensation. — Bien que cet appareil dessiné fig. 142 sorte du cadre de ce chapitre en ce qui concerne les tiroirs équilibrés, il trouve cependant sa place ici pour compléter les distributeurs originaux

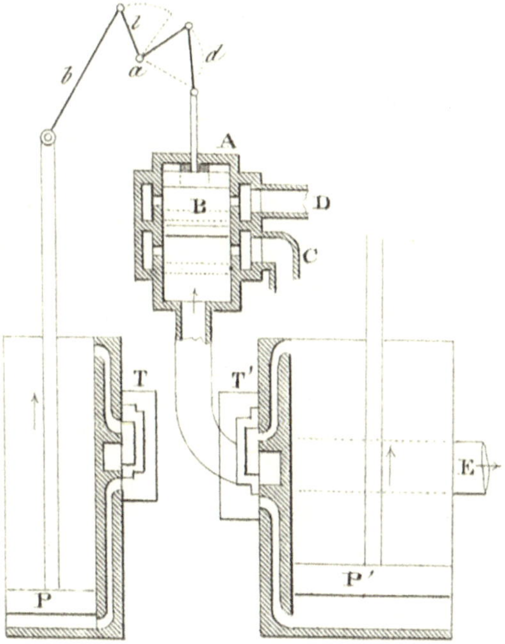

Fig. – 142.

des machines de Wolff[7]. Dans ce système de distribution chaque cylindre est pourvu d'un tiroir en coquille ordinaire conduit par un excentrique calé en avance sur sa manivelle. Les deux pistons se meuvent dans le même sens, mais le grand piston a une légère avance sur le petit.

La figure est arbitrairement faite pour en dégager les organes de la distribution. La vapeur s'introduit en dessous du piston P, pendant que celle qui se trouve au-dessus passe par le creux du tiroir T et de là, dans le cylindre distributeur A pour aller soulever aussi le piston P'. Le piston P, dont la tige est reliée à un levier coudé L abaisse, en s'élevant, le piston distributeur B ; celui-ci en descendant, dégage les orifices supérieurs qui communiquent avec le condenseur par la tubulure D et la vapeur ne pouvant plus se rendre dans le grand cylindre, se précipite dans le condenseur pour faire le vide au-dessus du piston P. Le piston P' continue son mouvement ascensionnel poussé par la détente de la vapeur.

Lorsque le piston P sera au milieu de sa course, le piston B sera au bout de la sienne, pour s'élever ensuite, en même temps que le piston P achève son mouvement ascensionnel. Le piston P' étant à l'extrémité de sa course, la vapeur lui viendra du cylindre voisin, pour le repousser vers le bas, pendant que la vapeur générée s'introduira au-dessus du piston P, un peu avant la fin de sa course, de façon que la pression sur P' réagira contre la contre-pression sur la face supérieure du piston P.

Par ce système, la vapeur agit par détente dans les deux cylindres et ceux-ci sont chacun en rapport avec l'appareil de la condensation, l'un par le tuyau D et l'autre par le tuyau E.

Pour apprécier la valeur industrielle de cet ingénieux mode de distribution, il faut :

1. - déterminer le volume et la pression de la vapeur qui reste dans le petit cylindre à l'instant où elle est mise en relation avec le condenseur, la résistance qu'elle peut opposer au mouvement du piston P et la puissance qu'elle est encore capable sur le grand piston P^1 ;
2. - chercher la différence entre cette résistance et cette puissance ;
3. - s'assurer enfin, si le vide produit dans le petit cylindre est plus favorable au mouvement que la différence entre la pression et la contre-pression, et faire intervenir dans le calcul la résistance du piston distributeur B.

(7) Voir le *Journal polytechnique* de M. Dingler.

15. *Tiroirs superposés équilibrés de M. Pirotte.* — Le tiroir de la détente A (fig. 143) est composé de deux plans parallèles entre lesquels la vapeur circule librement. Le plan supérieur coulisse en dessous d'un disque en fonte B, qui s'emboîte exactement dans une cavité cylindrique ménagée dans la couverture de la boîte. Il est soumis à l'action d'un anneau en gutta-percha *c* et d'une vis de pression V, qui agit sur lui par l'intermédiaire d'un ressort en spirale. L'anneau *c* dont l'élasticité est suffisante pour entretenir le contact, se prête facilement aux exigences du parallélisme.

Fig. – 143.

Ce constructeur adapte aux boîtes de distribution de ces machines, des robinets qui ont pour but de chauffer le cylindre avant la mise en train et de mettre la machine en marche sans avoir besoin d'agir sur le volant, quelle que soit la position des tiroirs. Les deux bouts de boîte sont mis en communication avec les deux faces du piston par de petits tuyaux en cuivre rouge munis de robinets, de façon qu'en ouvrant l'un, on fait agir la vapeur sur l'une des faces du piston.

Chapitre XII

Mouvement de distribution pour moteurs à changement de marche

I. Avec un seul excentrique

1. Excentrique mobile.

Bien avant les machines marines et les locomotives, les moteurs destinés à élever les fardeaux et à les faire descendre, notamment les machines d'extraction, durent être munis d'appareils de communication de mouvement du distributeur disposés de façon à pouvoir faire marcher la machine dans les deux sens. Le tiroir simple, alors seul en usage, et dont l'excentrique se calait exactement à angle droit avec la manivelle, permettait de changer le mouvement avec un seul excentrique. Pour cela on disposait la poulie excentrique (fig. 68, p. 97) de manière qu'en l'obligeant à rester immobile pendant que l'arbre tournait un demi-tour, la cale incrustée dans cet arbre venait buter contre un arrêt diamétralement opposé à l'autre arrêt de la poulie.

À cet effet, celle-ci était évidée intérieurement et circulairement sur la moitié de la circonférence, de *a* en *b*, de manière que la cale *a* pût passer facilement en *b*, pour venir pousser l'excentrique en sens inverse. Pour renverser le mouvement, le machiniste désencochait la barre et agissant sur la poignée *m'*, forgée avec le levier, il poussait le tiroir dans la position inverse ; il replaçait ensuite l'encoche de la barre sur le pivot opposé *p'* aussitôt que la cale *a* axant rencontré la saillie *b*, imprimait le mouvement inverse à l'excentrique E.

Ce système d'une grande simplicité, fut généralement adopté dans le principe pour les premières locomotives, avec cette différence, que l'excentrique changeait de position pour être mis en rapport avec une seconde cale diamétralement opposée à la première et placée dans un plan voisin. Il a été longtemps sans emploi à cause des recouvrements annexés au tiroir qui nécessitèrent l'usage de deux barres, mais aujourd'hui, dans quelques machines marines que l'on veut alléger le plus possible, on l'a modifié pour s'organiser avec le recouvrement ou l'angle d'avance ; pour cela, on a augmenté le développement de l'évidement de *c* en *d* jusqu'à la rencontre des rayons 01 et 02.

Le spécimen de barre représenté par la fig. 68 a été ainsi organisé par Watt pour la rendre relativement très légère et inflexible ; elle est disposée pour pouvoir en modifier la longueur par les écrous qui la relient aux colliers, tout en maintenant ceux-ci rapprochés.

2. Leviers de renvoi

Un autre mode plus complexe, mais qui a l'avantage de laisser l'excentrique invariable, est sommairement représenté par la fig. 144 : sur l'axe A du levier droit à deux branches L, qui est articulé avec la bielle B de la tige du tiroir, on cale, à angle droit, un second levier M qui est mis en relation, parla tige articulée B', avec un troisième levier M' semblable ; celui-ci est lui-même calé à angle droit sur l'axe A' du levier à poignée L'. Le machiniste fait changer le mouvement en désencochant la barre F et en agissant sur la poignée *m'*, il repousse ou il attire le tiroir dans la position opposée. Aussitôt que l'encoche de la barre se présente au-dessus du pivot opposé, ou *a'*, il la réengage de nouveau, pour la distribution dans le sens opposé.

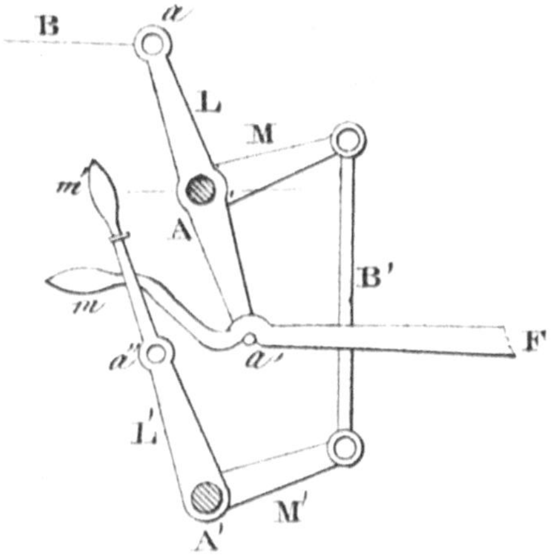

Fig. – 144.

3. Barres à encoches fourchues et levier

La fig. 145 fait voir une disposition plus simple dans laquelle l'extrémité de la barre F est soudée à deux encoches amplifiées de deux fourches, dont les branches sont ouvertes un peu plus que la grandeur de la course de l'excentrique, pour qu'en abaissant ou en soulevant la barre, qui est équilibrée par un contrepoids, elle puisse s'engager d'elle-même avec l'un ou l'autre des leviers *a* ou *a'* du levier L.

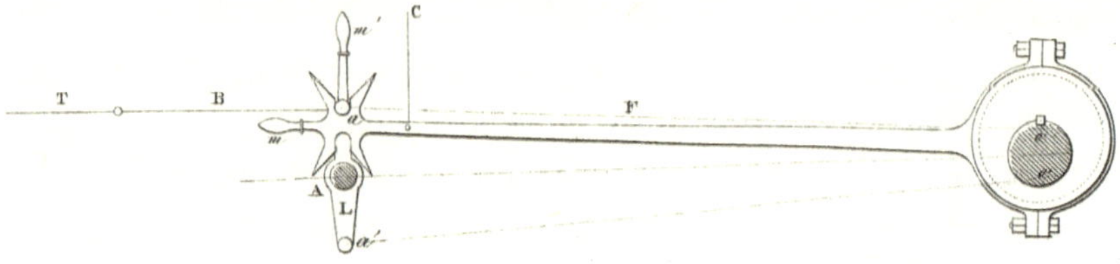

Fig. – 145.

Sur la figure le tiroir est directement agité par l'excentrique ; la bielle de sa tige s'articule directement sur un levier parallèle à la branche supérieure du levier L et calé sur l'axe commun A. En engageant l'encoche inférieure avec le pivot *a'*, fixé à l'extrémité de l'autre branche plongeante, le tiroir marchera en sens inverse. Pour que la distribution soit exactement régulière avec ces systèmes, il faudrait que le levier L fût légèrement courbé de manière que les pivots *a* et *a'* se trouvent sur l'arc de cercle décrit du centre de l'arbre.

La barre est équilibrée soit au moyen d'une chaîne C, qui va s'enrouler sur une poulie fixée au plafond, et dont l'extrémité maintient un contrepoids, soit par un levier horizontal placé en dessous du sol de la machine dont l'une des branches est munie d'un contrepoids et dont l'autre est reliée à la barre qu'elle supporte.

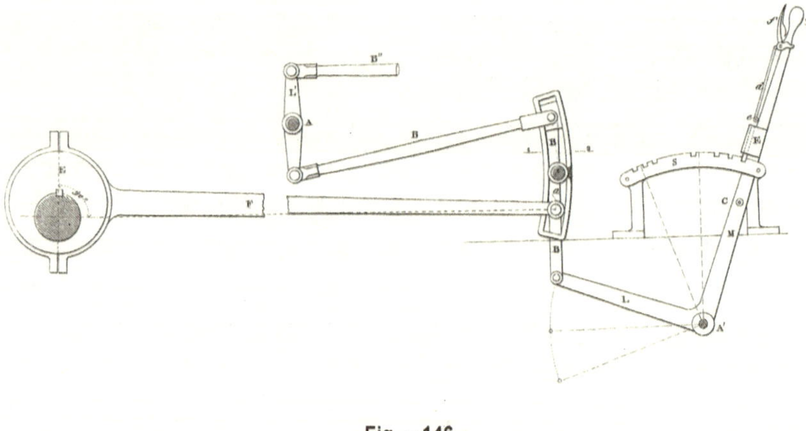

Fig. – 146.

4. Coulisse. Disposition Heusinger et Waldegg

Au chapitre 7, article III (p. 111), on a lu la description de l'appareil dessiné fig. 146 ; il a été ainsi modifié pour l'appliquer à une machine d'extraction du charbonnage Beaujonc.

La coulisse est soudée à un axe *b* (fig. 147, coupé par 1—2) sur lequel est calé un levier plongeant *a* dont l'extrémité s'articule avec une longue barre F ; de cette façon, la course de l'excentrique, ainsi que nous l'avons déjà vu (fig. 87, p. 120), est plus petite que la course maxima du coulisseau. Cette coulisse étant placée près du cylindre, le mouvement est renvoyé au tiroir par la bielle B[1], le tiroir L' et la bielle B". Le coulisseau est relié, par la bielle de suspension B, au levier de relevage L qui est soudé à angle droit au levier M de changement de marche. Celui-ci est muni d'un verrou, qui s'engage dans les crans du secteur S, lequel le maintient entre ses deux bandes arquées. Par cette disposition, on ne peut pas utiliser le recouvrement au tiroir, et l'excentrique doit être calé à angle droit avec la manivelle.

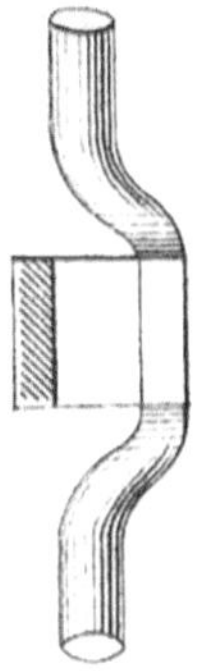

Fig. – 147.

Levier à crémaillière. — La machine d'un des bateaux à vapeur de la Meuse a sa distribution commandée par un appareil semblable

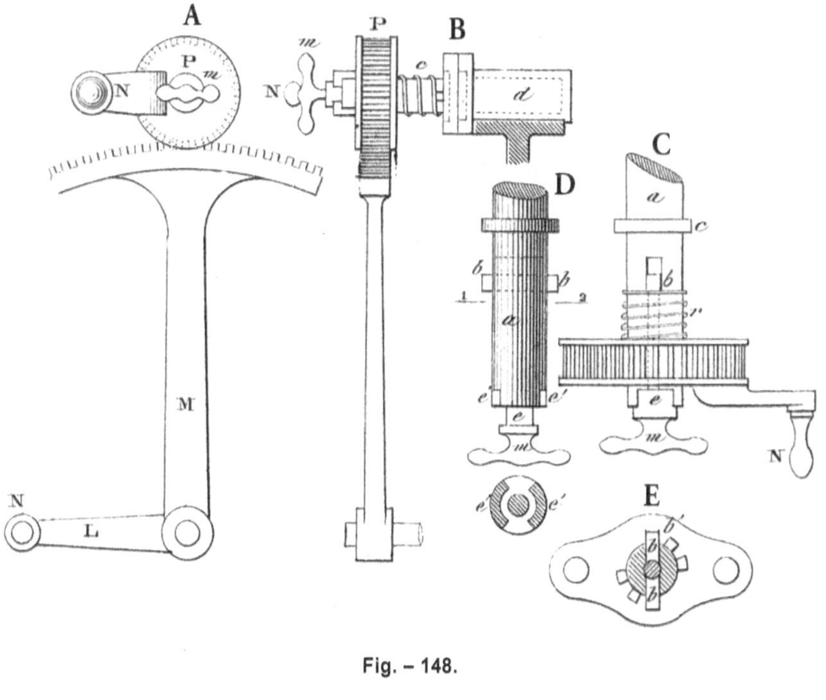

Fig. – 148.

auquel l'ingénieur des ateliers Marcellis a annexé un système de levier à crémaillère, représenté d'ensemble et en détail dans les figures 148, A, B, C, D et E. Le levier L' de relevage est soudé à un levier M terminé par un arc denté, qui engrène avec un pignon P muni de joues en saillies pour l'empêcher de se désengrener. Ce pignon est calé sur un axe *a* (fig. C et D) qui porte à son extrémité antérieure prolongée un volant, remplacé, sur la figure par un levier à poignée N, venu de fonte avec le pignon P.

Le verrou est formé par une crossette *m*, dans laquelle on a enlevé au burin deux parties de la base circulaire, de manière à former deux saillies rayonnantes *e*, qui peuvent s'engager exactement dans des encoches semblables *e'*, ménagées dans le bout antérieur de l'axe *a*. Cette poignée est en outre ajustée à une petite tige, qui s'engage dans le creux de l'axe et dont l'extrémité est disposée pour recevoir un petit verrou en saillie *b*. L'axe, étant pourvu d'une fente longitudinale, le verrou peut être ramené en retirant la crossette et repoussé le ressort *r* lorsqu'on abandonne la poignée *m*. L'ajustement de la crossette et de la tige est ainsi fait qu'en retirant la crossette et le verrou, et en leur imprimant un mouvement angulaire, on peut amener les saillies *e* en regard des intervalles qui séparent les deux encoches *e'* ; on met ainsi le verrou dans l'impossibilité de céder à la réaction du ressort ; la fig. D représente cette position du verrou.

L'arbre *a* est engagé dans un manchon de fonte *d* invariablement fixé au bâti ; il y est maintenu par une presse E, formée d'un collet oblong, qui appuie sur la saillie annulaire *c*. Cette presse est pourvue de crans *b'* dans lesquels s'engagent les saillies *b* du verrou, et ces crans sont disposés pour pouvoir être utilisés dans les deux directions du mouvement.

Indépendamment du tiroir actionné par la coulisse, la machine de ce bateau est pourvue d'un second excentrique calé à angle droit avec le premier, qui est lui-même ainsi disposé par rapport à la manivelle. Ce second excentrique commande le mouvement à un tiroir superposé au distributeur. Or nous avons vu, dans l'étude de ce système de distribution, que cet écart de 90° des deux excentriques correspond à une détente fixe du quart de la course, lorsque le tiroir est sans recouvrement.

Construction de la coulisse. — La fig. 149 fait voir comment on a disposé la coulisse de la machine de ce bateau : à l'extrémité de l'axe d'oscillation A, on a soudé un T, dont les extrémités, formées en douille, sont retournées d'équerre ; les deux bandes *a* et *b*, arquées en fer méplat ou en acier, sont maintenues parallèles par les douilles auxquelles elles sont fixées ensuite par deux boulons. La fig. 149 montre la coulisse de face avec la bande antérieure enlevée, et la fig. 150 est la projection horizontale. Cette disposition est plus commode pour la forge que la première et elle a l'avantage d'être facilement renouvelée.

Fig. – 150.

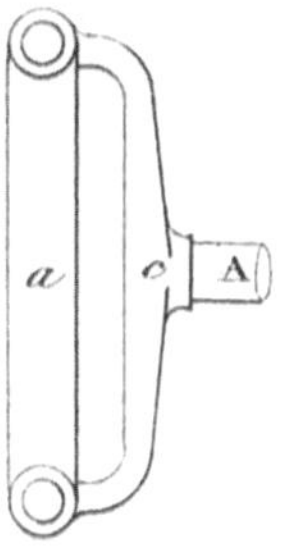

Fig. – 149.

II. Avec deux excentriques

1. Après les remarquables études de MM. Flachat et Petiet qui démontrent, comme nous l'avons vu dans le sommaire du chapitre 2, l'avantage de l'angle d'avance, on dut avoir recours à deux excentriques et deux barres pour pouvoir l'utiliser dans les machines locomotives.

La disposition la plus généralement adoptée est représentée par la fig. 69, p. 97. Les deux poulies excentriques E et E', dont l'une commande la distribution pour la marche en avant et l'autre la distribution pour la marche en arrière, sont calées en avance sur la manivelle M, l'une symétriquement à l'autre. Le tiroir était, généralement, mis en relation avec l'une ou l'autre des barres F et F' par l'intermédiaire d'un levier qui oscille en A. L'extrémité de chaque barre est soudée à une encoche fourchue et ces encoches sont ainsi disposées, qu'en faisant osciller le levier coudé de relevage L, une barre quitte le pivot *b* et l'autre vient s'y engager. Chaque barre est reliée au levier par une bielle, l'une B et l'autre B' plus longue que la première.

Le mode d'attache de la barre avec les colliers est analogue à celui de la barre à croisillons de Watt. Il était généralement employé avant que l'on eût disposé la tige pour pouvoir être de longueur variable. Il avait encore l'avantage de permettre de ramener les barres à une longueur uniforme sans recourir à la forge.

2. La figure 151 représente l'appareil imaginé par M. Cabry qui a déjà été mentionné. Le levier L, qui oseille sur son axe A, est soudé à une fourche dont les deux branches sont parallèles sur une partie de leur longueur et dont les extrémités s'écartent ensuite d'une quantité égale au maximum de la course. Chaque barre est pourvue d'un axe en

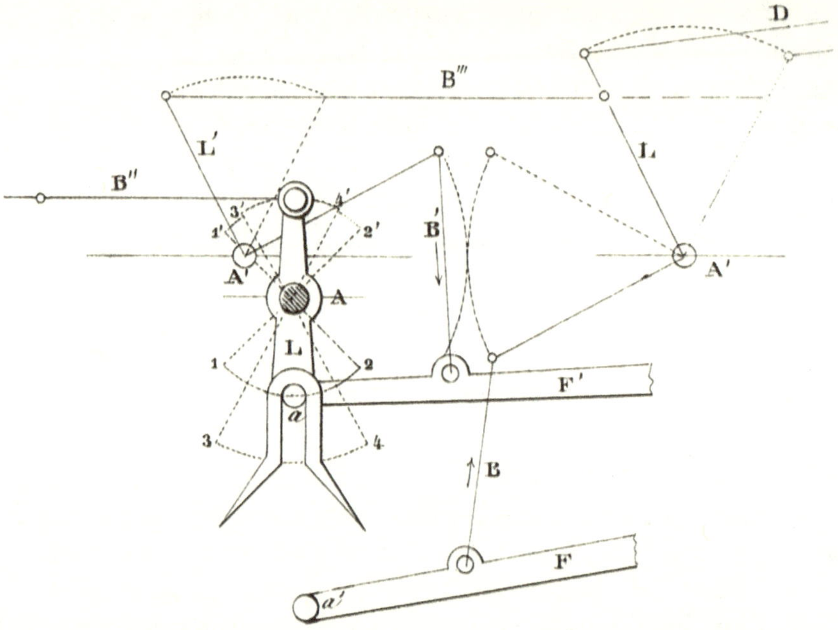

Fig. – 151.

saillie intérieurement, mais de manière à ne pouvoir jamais se rencontrer quand la barre encochée descend et que l'autre monte pour remplacer la première dans la fourche ; celle-ci est composée d'une bande de fer dont la largeur est égale, au minimum, à deux fois la longueur du pivot. La variation des positions des barres s'obtient par les leviers de relevage L et L'. Le levier L est directement articulé à la tringle D du levier de changement de marche et l'autre branche à l'une des barres F ; l'autre levier L' est placé vis-à-vis du premier et tourné en sens opposé ; il est mis en rapport avec le levier L par la bielle B''' et quand L s'abaisse, L' s'élève.

La figure fait voir que la longueur de la course variera avec la position de l'extrémité de la barre dans la fourche car la corde de l'arc 1 — 2 est plus grande que la corde de l'arc 3 — 4.

3. Bien que la disposition suivante ait plus de rapport avec le chapitre 12 nous le mentionnons ici pour faire suite aux appareils destinés aux machines d'extraction. M. Colson ex-ingénieur des ateliers de Haine-St-Pierre, est le premier qui ait appliqué la coulisse, agitée par deux excentriques, pour faire distribuer la vapeur dans les machines d'extraction. Les belles machines accouplées, dont l'une agit directement à l'une des extrémités de l'arbre des bobines et l'autre à l'extrémité opposée, qui fonctionnent depuis 14 ans au charbonnage de l'Espérance près de Charleroy, ont leur distribution commandée chacune par une coulisse renversée, qui sont commandées par un levier de relevage placé au milieu des deux machines.

Chaque coulisse commande deux systèmes de tiroirs, qui se meuvent dans des boîtes aux extrémités du cylindre ; les uns distribuent la vapeur motrice et les autres, qui sont placés en dessous, distribuent la vapeur d'échappement. Le coulisseau est relié à un levier droit, qui actionne les tiroirs supérieurs. Une bielle, fixée à la coulisse, s'articule à l'extrémité d'un levier coudé qui renvoie le mouvement à un second levier coudé, qui est en relation avec les tiroirs intérieurs.

Par cette disposition, analogue à celle des machines *Whitworth*, les lumières d'échappement s'ouvrent toujours à leur maximum quelle que soit la position du coulisseau dans la coulisse et les conduits de vapeur sont, pour ainsi dire, supprimés.

Ce système de moteur exige, pour être conduit, une adresse particulière et une sérieuse attention car lorsque la cage arrive au jour, la corde s'enroule alors sur le plus grand diamètre, et un quart de tour en trop peut être suffisant pour amener une irréparable catastrophe. Au point de vue d'une grande activité dans l'évacuation des produits de la mine, il serait préférable si l'on avait toujours à sa disposition un machiniste modèle, mais si parfait qu'il puisse être, il est sujet à distraction et l'une d'elles peut amener un chômage forcé, qui absorbe à lui seul tous les bénéfices des avantages. Cependant, ce système tend à prévaloir et il est rationnel lorsqu'on le combine avec une charpente à mollettes suffisamment élevée, lorsque les cages sont pourvues de bons arête-cuffat et que le crochet est disposé pour s'isoler brusquement de la cage lorsqu'il atteint une hauteur maxima.

Chapitre XIII

Mouvement des distributeurs à détente variable avec deux excentriques et la coulisse

Coulisse Stephenson

Par ce qui précède on a pu se rendre compte des phases diverses par lesquelles les appareils de commande de la distribution ont successivement passé jusqu'à la découverte de l'élégante coulisse de Stephenson, et pour peu qu'on y arête sa pensée, on remarquera que les perfectionnements successifs des moteurs marchent sur une ligne rigoureusement parallèle avec la succession des améliorations dont les organes distributeurs ont été dotés. Cela devait bien être ainsi, le perfectionnement de la machine ne pouvait être possible que précédé du perfectionnement de l'organe de la vitalité.

Construction de la coulisse.— En remarquant la disposition des encoches fourchues de l'appareil représenté par la fig. 69, p. 97, et en se reportant au système Cabry, on comprendra sans peine comment Stephenson fut probablement amené à concevoir sa coulisse. Il suffisait, en effet, de réunir les extrémités des fourches par deux bandes parallèles pour pouvoir supprimer une des bielles B' de suspension. Maintenant, que les fourches étaient rendues solidaires entre elles, il fallait nécessairement articuler chaque barre avec les extrémités des encoches réunies pour pouvoir utiliser l'appareil ainsi modifié.

Il dut penser ensuite que, en rapprochant les deux branches des fourches et en leur donnant une courbure qui se présentait naturellement d'elle-même, les deux excentriques seraient constamment en rapport avec l'axe *b* de l'extrémité de la tige du tiroir ou du levier intermédiaire ; de plus, en faisant osciller l'organe à encoches sur un axe central, maintenu par un support oscillant, non seulement le principe des courses différentes appliqué par M. Cabry s'y trouvait compris, mais encore l'emploi des tiroirs à recouvrements ne présentait aucune difficulté par l'oscillation du support.

La coulisse étant ainsi conçue, le forgeron la mit au jour, le tourneur la dégrossit et l'ajusteur acheva, en adoucissant les arêtes, à en faire un organe harmonieux, facile à la manœuvre et par conséquent d'utilité, que son emploi a largement confirmée.

I. Coulisse double

La coulisse telle que l'imagina le célèbre ingénieur anglais est composée de deux segments maintenus écartés et parallèles l'un à l'autre, dans l'intérieur desquels on creuse, au tour, un enfoncement égal à l'épaisseur du coulisseau qu'ils doivent maintenir, tout en lui laissant la liberté entière de s'y promener d'une extrémité à l'autre.

Primitivement le centre de courbure de ces coulisses se prenait à l'intersection des axes prolongés des barres d'excentriques, lorsqu'elles occupaient la position qui correspond au commencement de la course et le coulisseau étant exactement au milieu des coulisses ; ensuite on le ramena au centre de l'arbre moteur ; enfin, les démonstrations analytiques de MM. Reuleaux et Philipps, corroborées par l'expérience, ont fait limiter la longueur du rayon de courbure à la longueur de la barre. Le centre de figure se trouve ainsi sur l'horizontale qui passe par le centre de l'arbre et le centre de la coulisse, lorsque celui-ci est sur le prolongement de l'axe de la tige du tiroir.

Par cette disposition les irrégularités de la distribution, inhérentes à ce système de communication de mouvement, furent aussi bien corrigées que possible.

Chaque coulisse H et H' (fig. 152, 153, 154 et 155) est séparée de sa jumelle par deux prismes *d* et *d'*, fixés aux deux extrémités par boulons et écrous. Elles portent extérieurement :

1. - deux axes *a* et *a'* en saillie sur des joues circulaires en relief ;

2. - un axe central *b* sur lequel elles oscillent.

Les barres, terminées par des charnières fourchues, s'articulent aux deux extrémités de la coulisse aux axes *a* et *a'*, et deux bielles B,

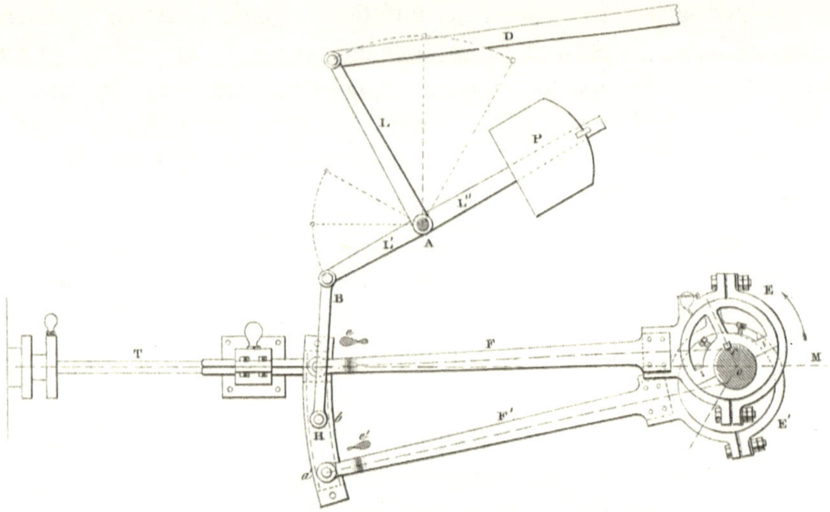

Fig. – 152.

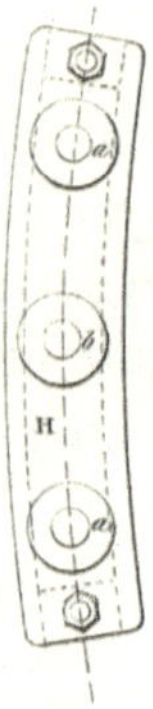

Fig. – 153.

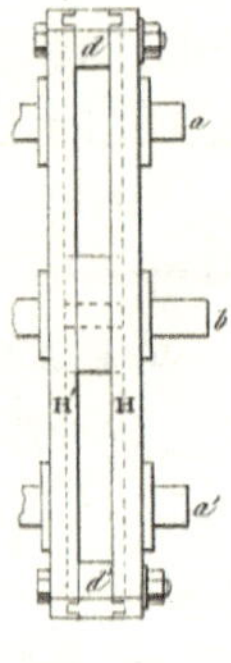

Fig. – 154.

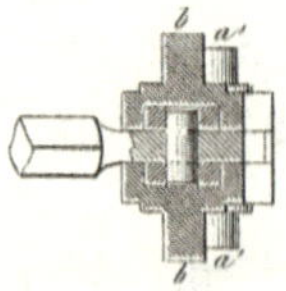

Fig. – 155.

suspendues à l'extrémité de la branche L' du levier de relevage, maintiennent les axes *b* d'oscillation. La distance qui sépare les deux axes *a* et *a'* est égale à l'amplitude maxima du mouvement du coulisseau dans la coulisse, et cette distance varie généralement de quatre à six fois la course des excentriques.

La hauteur totale comprise entre les deux prismes *d* et *d '* est égale à la moitié de la hauteur du coulisseau, plus un intervalle suffisant pour les petits mouvements verticaux de la coulisse, mouvements qui sont traduits par les courbes fermées, dites lemniscates, *e* et *e'*. La coulisse double, ainsi disposée, donne cet avantage que le rayon d'excentricité des poulies est exactement égal à la course maxima du tiroir, mais elle est plus lourde à manœuvrer que la coulisse simple, tant par son poids que par l'étendue des surfaces de contact qui augmente la résistance du frottement. Elle exige plus de matière. Sa construction demande plus de soins et d'exactitude, et son montage doit être tel, que tout gauchissement soit scrupuleusement évité. Ce gauchissement est d'autant plus difficile à combattre que l'écartement des fourches qui terminent les barres est plus grand. Il peut être occasionné :

1. - Par un écart des plans verticaux qui passent par l'axe de la tige et la jonction des deux excentriques : (ces deux plans doivent n'en faire qu'un) ;
2. - Par un défaut dans l'alésage des poulies qui compromettrait la verticalité de leur plan ;
3. - Par l'obliquité de l'un des coulisseaux ou de tous les deux.

Bien que ces vices de construction soient communs aux deux coulisses, double ou simple, les effets en sont moins sensibles avec la dernière ; c'est pourquoi on la préfère généralement aujourd'hui à la coulisse double, qui n'est plus employée qu'exceptionnellement.

La coupe transversale par les axes de suspension *b* fait voir (fig. 155) que l'axe qui maintient les deux coulisseaux en rapport avec l'extrémité de la tige du tiroir est plus court que l'épaisseur comprise entre les deux plans des coulisseaux.

La tige T du tiroir porte un renflement cylindrique ou rectangulaire, qui joue dans un guide muni de coussinets en bronze. Son extrémité extérieure se termine par un prisme méplat dont les plans verticaux doivent être rigoureusement parallèles ; quelquefois, elle est prolongée pour dépasser les coulisses. Tout l'appareil doit être soigneusement rodé au fin émeri, et les arêtes doivent être adoucies.

Comme les deux excentriques agissent dans le même sens d'une manière plus ou moins prononcée, suivant l'angle d'avance il en résulte que, suivant leur position, ils communiquent un mouvement d'ensemble horizontal, ou une tendance au mouvement vertical ; par suite l'axe central *b* est entraîné et il décrit, à cause de la bielle B, un arc de cercle d'autant plus courbé que cette bielle sera plus courte, et la hauteur verticale des courbes *e* et *e'* étant en raison directe de l'inflexion de l'arc décrit par *b*, il conviendra, par conséquent, de faire les bielles de suspension les plus longues possibles. Quant à la tendance au mouvement vertical, elle est nécessairement détruite par la bielle B, le levier à contrepoids L et par le verrou du grand levier de commande.

La fig. 161 fait voir un système de suspension dans lequel le mouvement vertical est entièrement détruit : ces axes *b* engagés dans des coulisseaux sont maintenus horizontaux par la coulisse des bielles B.

Barres. — Primitivement ces organes étaient de la forme représentée dans la fig. 69, p. 97. Elles sont aujourd'hui invariablement fixées au collier antérieur de l'excentrique par des boulons, soit par le mode d'attache représenté fig. 152, soit par celui de la barre de fig. 20, p. 39.

Les ingénieurs du chemin de fer de l'État-Belge ont adopté le système de barres à collier représenté fig. 156.

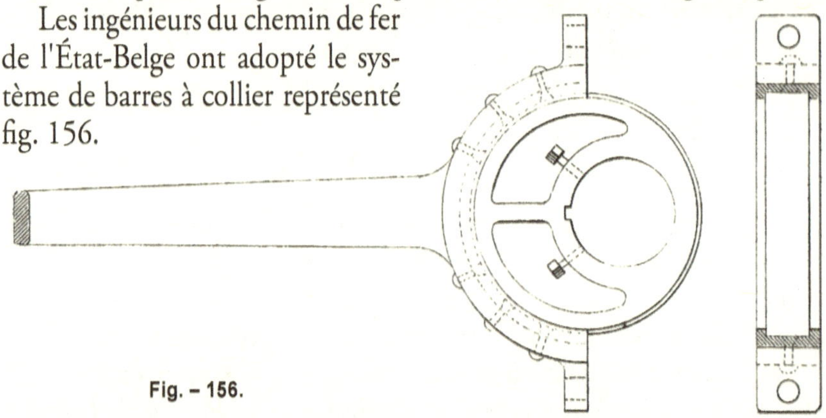

Fig. – 156.

La barre, en fer méplat, suffisamment robuste pour rester inflexible, est soudée en un demi-collier de fer dans lequel on encastre un coussinet de bronze, surabondamment fixé au collier des rivures en cuivre. Le coussinet est creusé intérieurement pour s'emboîter exactement dans la circonférence de la poulie, dont on a enlevé autour deux retraits destinés à loger les deux saillies circulaires du coussinet. Cet ajustement est ainsi fait que les joues des colliers ne dépassent pas les deux faces de la poulie. Il est avantageux parce qu'il permet la suppression des boulons d'attache, ce qui diminue les chances de dislocation, et parce que le remplacement d'un coussinet est beaucoup moins coûteux que le remplacement d'un demi-collier.

Cette membrure, comme toutes celles de même espèce, doit être massive pour que les vibrations soient insensibles et n'apportent aucune entrave, ni aucune hésitation dans le transport des impressions d'une extrémité à l'autre.

Les articulations des coulisses avec les barres et les bielles de suspension sont aciérées et trempées par cémentation. Elles sont maintenues avec des rondelles et des goupilles disposées pour qu'elles ne puissent jamais s'échapper. Elles doivent être d'une rigoureuse exactitude et l'on ne doit jamais hésiter de corriger, coûte que coûte, les jeux qui pourraient s'y produire : dans une locomotive, dont le mouvement est très rapide, toute rupture ou toute tendance à la rupture de l'homogénéité des organes entre eux doivent être corrigées pour que la machine puisse donner un maximum d'effet utile.

Toutes les articulations doivent être pourvues de récipients intelligemment choisis, pour contenir une certaine quantité de matière lubrifiante, et il conviendra, dans beaucoup de cas, de prendre dans la matière même de l'articulation ce qui est nécessaire pour les former.

Levier de relevage. — Le levier L est ordinairement fixé à l'extrémité extérieure d'un arbre qui traverse la machine d'un châssis à l'autre. Cet arbre porte deux autres branches L' dont les extrémités s'articulent avec les bielles de suspension des doubles coulisses, soit que l'axe auquel ils sont fixés passe au-dessus ou en dessous des barres. Une troisième branche L" est engagée dans une masse P qui est destinée à équilibrer le poids des coulisses et des quatre barres. L'extrémité de la branche verticale est reliée au levier de changement de marche par la tringle D. Toutes les articulations doivent être parfaitement exactes, et elles doivent être pourvues d'un petit entonnoir creusé dans la charnière lorsqu'on ne peut pas y fixer un godet à l'huile. Généralement toutes les membrures ont leurs arêtes adoucies pour ne pas blesser ceux qui doivent les manier.

Levier de changement de marche avec crans aux secteurs. — Cet organe représenté dans la fig. 146, p. 168, se compose d'un grand levier M qui oscille, par son extrémité inférieure, sur un axe A' fixé au châssis de la machine, car il faut éviter de se servir de la chaudière pour y fixer les points d'appui ou d'oscillation de n'importe quel organe du moteur, surtout pour les organes de la distribution, parce que les dilatations et les contractions nuiraient à l'harmonie de l'ensemble et seraient la cause de tiraillements désorganisateurs.

Le levier M doit être aussi long que possible pour que la manœuvre en soit facile et prompte. La tringle D, qui le relie au levier de relevage, s'articule en un point *c* tel, que le rapport des longueurs A' D et A' C, en rende la manœuvre facile et prompte, tout en combinant la longueur A' C avec les branches du levier de relevage et avec promptitude du mouvement vertical du coulisseau. Il est maintenu entre deux bandes arquées de fer méplat, dans lesquelles on entaille les crans des variations de la détente, c'est-à-dire, les positions que doit prendre le levier pour une position déterminée du coulisseau dans la coulisse. Son extrémité supérieure est terminée par une poignée D, que l'on retourne quelquefois d'équerre à son plan pour donner au levier une plus grande longueur. Le verrou est maintenu par un étrier E, dans lequel il coulisse ; il se relève lorsque le machiniste ramène le levier à ressort *f* en contact avec la poignée D. Ce levier est soudé à une petite branche d'équerre, dont l'extrémité se relie en *e* avec le verrou par une petite tige articulée *d*. Lorsque la poignée est horizontale, le verrou fait corps avec le levier *f* et le ressort, qui le repousse lorsque la main s'ouvre, est logé dans la pièce E.

Levier à vis de M. Belpaire. — Le levier de changement de marche précédent comporte les inconvénients suivants :

1. - On ne peut profiter de tous les avantages de la variation de la détente, puisque chaque entaille dans le secteur doit être séparée des voisines par une partie pleine suffisamment résistante ;
2. - La pression de la vapeur sur les tiroirs est telle, que pour faire manœuvrer le levier pendant la marche, le machiniste doit préalablement fermer le modérateur pour le rouvrir ensuite, après que la position du levier a été changée ;
3. - Quoique fermé, le modérateur laisse souvent passer assez de vapeur pour que la pression sur le tiroir nécessite un énergique effort pour déplacer la coulisse ;
4. - Ces tiraillements fatiguent les organes et ils occasionnent ainsi un accroissement de résistance et des réparations.

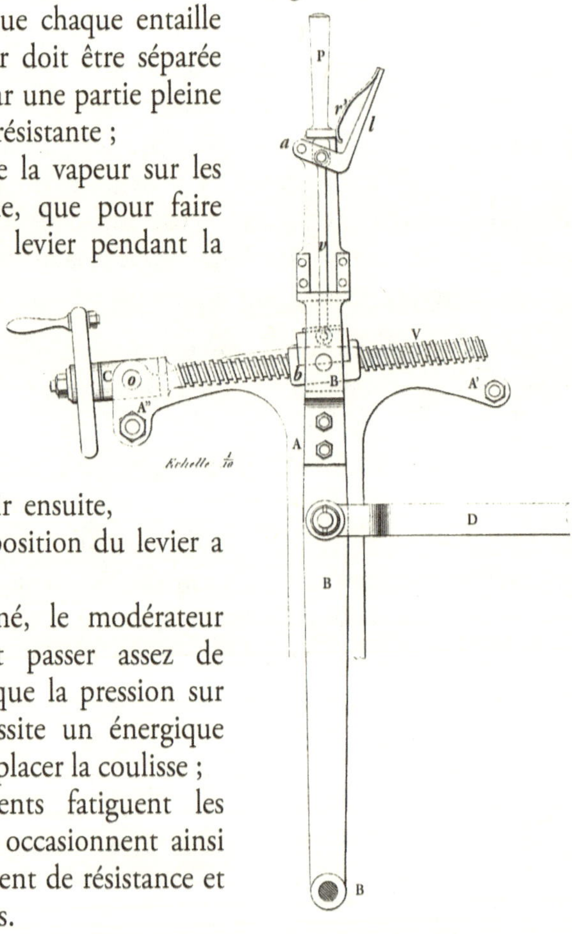

Fig. - 157.

En vue de corriger ces défauts, M. Belpaire, ingénieur des chemins de fer de l'État Belge, a fait adapter à toutes les locomotives son levier à vis représenté en projection verticale, fig. 157, et en coupes par les fig. 158 et 159. Ce levier se compose d'une bande de fer méplat B, qui oscille en E. Il porte un manchon *b*, un verrou V, un levier recourbé *l*. Il se termine par la poignée verticale P et il s'articule, comme le précédent, avec la tringle D. Le support A est formé d'une large bande de tôle épaisse fixée, par le bas, au châssis de la machine ; et il se termine, par un arc de cercle auquel se relie un second arc A' A". Les deux joues A" maintiennent un manchon C, muni de deux axes d'oscillation O, dans lequel s'engage l'extrémité de la tige filetée V. Celle-ci est maintenue d'une part, par une bague et de l'autre par le volant à poignée et par l'écrou de l'extrémité de la tige, de manière qu'en agissant sur le volant, on fait tourner la vis qui entraîne ainsi le levier.

Coupe par 1 – 2

Fig. – 159.

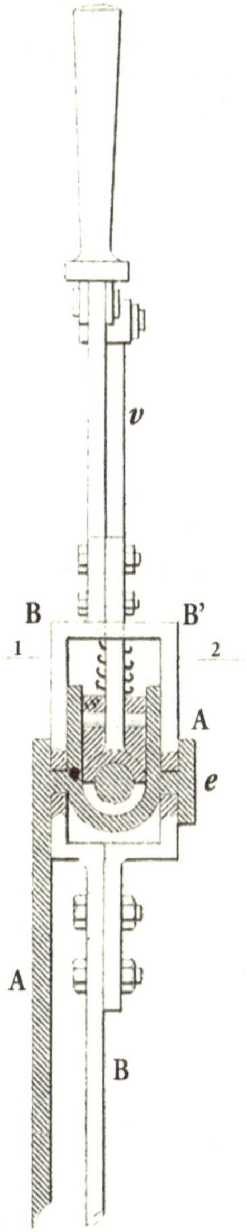

Fig. – 158.

Celui-ci peut prendre toutes les inclinaisons à cause des axes d'oscillation du manchon C et du demi-manchon *b*, lequel est maintenu entre les deux joues B et B' du levier. À cet effet, la vis V à filet carré traverse librement le manchon *b*, mais elle est rendue dépendante à volonté d'un demi-écrou S, solidaire du verrou V ; celui-ci est relié au levier coudé *l* de façon qu'en l'amenant en contact avec la poignée P, le demi-écrou se dégage de la vis et permet de faire jouer le levier d'une extrémité à l'autre de sa course ; un ressort *r'* fixé au levier *l* et un ressort à boudin *r* réengagent l'écrou avec la vis lorsque le machiniste ouvre la main. Il résulte de cette disposition que l'on peut faire prendre au levier toutes les positions possibles avec une grande facilité, sans brusquerie et sans avoir besoin de fermer préalablement le modérateur, et que l'on peut, en l'isolant de la vis qui sert de cran, s'en servir comme d'un levier ordinaire pour les changements de marche.

La fig. 159, coupe par 1 — 2 est la projection horizontale du demi-écrou, elle fait voir le mode de réunion avec le verrou.

La fig. 158 est la projection verticale de la face du levier avec coupe par le plan d'une des faces.

II. Coulisse simple

La coulisse simple, dont nous avons déjà vu plusieurs applications, se compose de deux bandes de fer ou d'acier arquées réunies par soudure (fig. 160). Leurs extrémités sont pourvues de deux œillets par lesquels la coulisse s'articule avec les extrémités des barres, et l'un d'eux, avec la bielle de suspension B. La figure fait voir la disposition qui est adoptée par l'État Belge pour les fortes machines à marchandises à cylindres intérieurs dont les pistons ont 0,45 de diamètre et 0,60 de course.

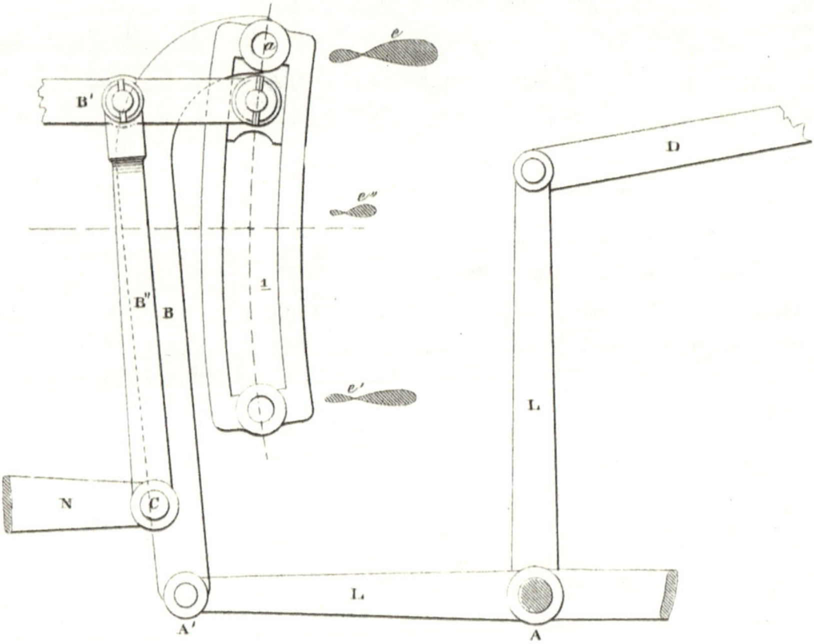

Fig. – 160.

La coulisse simple n'a d'autres avantages sur la coulisse double, que la plus grande facilité à la variation de position, la simplicité de sa construction, l'espace réduit qu'elle occupe et le moins de soins qu'elle exige au montage ; mais, au point de vue de la distribution, elle augmente les défauts inhérents à ces organes ainsi disposés car la suspension par l'une de ces extrémités augmente de ce côté, l'influence de la longueur de l'arc décrit par la bielle de suspension, ce qui est rendu visible par la double courbe *d*.

Le mode d'attache des barres des excentriques aux extrémités de la coulisse fait que la course de ceux-ci doit être plus grande que la course du tiroir et, comme la distribution devient de plus en plus défectueuse avec l'éloignement du coulisseau des points d'attache des barres, il en résulte que la coulisse simple amplifie ces défauts.

Les courbes *d*, *d* ' et d ' indiquent les mouvements complexes des extrémités et du centre de la coulisse. La hauteur verticale des courbures des axes *a* et *a*" fait voir qu'il faut laisser du jeu entre le bourrelet de la coulisse et le coulisseau, pour éviter les tiraillements obliques sur la tige du tiroir. C'est dans le but de réduire ce jeu et de supprimer ces tiraillements que l'on attache le coulisseau à une barre articulée B' suspendue à une autre barre B", maintenue par l'extrémité du support N (la barre B' s'articule à l'extrémité de la tige du tiroir, guidée simplement par les presse-étoupe intérieur et extérieur).

Par cette disposition, lorsque la suspension de la coulisse se fait par le bas, contrairement à ce que représente la fig. 160, les deux bielles B et B" ont des inflexions opposées ; l'une élève la coulisse et l'autre abaisse le coulisseau, de telle façon que, lorsque la coulisse est droite, le coulisseau est en contact avec le bourrelet de l'axe *a* ou *a'*. On obtiendra le même effet en donnant comme sur le dessin, des longueurs différentes aux barres de suspension.

La coulisse est ici suspendue à deux barres B en fer méplat et très large pour en diminuer l'épaisseur, en vue de rapprocher le plus possible les deux coulisses et de pouvoir ainsi loger les deux tiroirs dans la même boîte.

On a essayé de corriger la coulisse simple en y ajoutant des oreilles en saillie auxquelles s'articulent les barres des excentriques, et on incruste au milieu une pièce *h* (fig. 162) à deux joues forgées avec les axes de la suspension, qui est ainsi normale ; cette pièce est en outre fixée avec des vis. Il résulte de cette modification que la coulisse s'incline convulsivement, que les amplitudes verticales sont plus prononcées et que l'ajustement de l'appendice *h*, si parfait qu'il soit, ne tarde pas à être ébranlé, ce qui occasionne des arrêts dans le service de la machine là où l'on est soigneux de leur entretien.

Cette coulisse ainsi modifiée peut être d'un bon usage dans les locomotives lorsque la pièce *h* est soudée à la coulisse comme on l'a fait pour les machines à marchandises du chemin de fer du Nord Français.

Coulisse Nasmith

La fig. 161 est la projection verticale de cette coulisse avec coupe par le coulisseau. Elle se compose d'une barre arquée qui s'engage dans un cylindre, où elle coulisse. Ce petit cylindre, qui fait fonction de coulisseau, est maintenu et oscille dans le glissoir qui est fixé à l'extrémité de la tige du tiroir. Ce glissoir coulisse dans deux guides parallèles, horizontaux et boulonnés à un support en tôle rivé à la paroi verticale de la caisse antérieure. La suspension se fait aussi à l'une des extrémités de la barre arquée et une vis de pression corrige les effets de l'usure de l'axe d'oscillation du coulisseau.

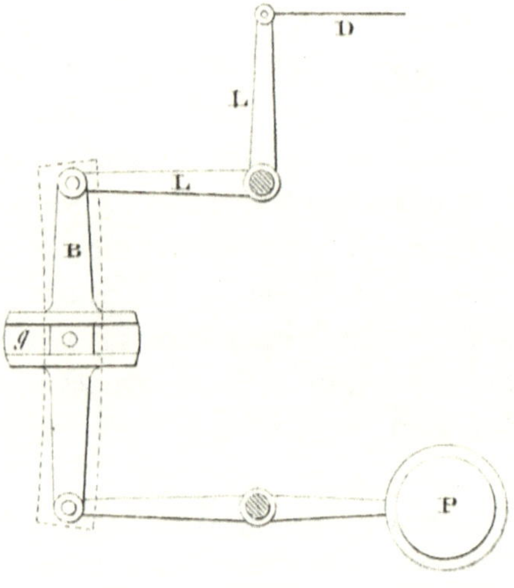

Fig. - 161.

Observations sur l'influence de la coulisse sur la distribution — À chaque cran de détente on observe :

1. - Que l'avance linéaire augmente et qu'elle est à son maximum lorsque le coulisseau est au milieu de la coulisse ;
2. - Que la compression augmente ;
3. - Que le moment de la sortie s'anticipe de plus en plus ;
4. - Qu'en croissant les barres, c'est-à-dire, en mettant l'excentrique E (fig. 152) en rapport avec l'extrémité supérieure de la coulisse et l'excentrique E en rapport avec l'autre extrémité, l'avance diminue avec le rapprochement du coulisseau au centre de

la coulisse, la compression augmente un peu moins que dans le premier cas et l'écart des moments de la sortie est moins prononcé ; malgré ces avantages ce mode n'est plus employé.

On corrige en partie le premier défaut en modifiant l'angle d'avance de l'excentrique de marche en arrière ; on peut ainsi ramener l'avance à l'introduction à peu près uniforme, mais en l'augmentant, c'est-à-dire, que cette avance linéaire est sensiblement égale à l'avance du tiroir lorsque le coulisseau est au milieu de la coulisse, avant le changement de l'angle de calage.

Mais aussi la distribution de la marche en arrière est altérée ; ainsi, l'avance est nulle lorsque le coulisseau est au plus bas dans la coulisse et elle est à son maximum lorsqu'il est au milieu de la coulisse. En règle générale on doit sacrifier un peu la distribution de la marche en arrière, lorsqu'elle n'est qu'accessoire, pour améliorer celle de la marche en avant.

III. Coulisse renversée

La coulisse double ou simple renversée, ou dont la concavité est tournée vers le tiroir, a apporté un grand changement dans l'harmonie de la distribution en faisant disparaître, en partie, les défauts des coulisses précédentes.

Avec ce système, l'avance à l'introduction est uniforme à toutes les courses, de marche en avant et de marche en arrière, quelle que soit la position du coulisseau dans la coulisse ou l'étranglement de la lumière, car dans toutes les coulisses, l'étranglement de la lumière, ou la largeur dont elle reste recouverte par le tiroir, est proportionnel au rapprochement du coulisseau du milieu de la coulisse. Et si la lumière se ferme plus tôt, la vapeur s'échappe aussi plus vite et la compression augmente proportionnellement.

Ainsi l'emploi de la détente n'est pas, dans tous les cas, d'un bon effet utile ou économique *car il peut y avoir une position du coulisseau où la pression de la vapeur d'échappement comprimée est supérieure à la vapeur qui s'introduit.* Cet effet peut-être produit par l'abaissement de la pression de la vapeur génératrice ; aussi avec une pression moyenne, et qui peut se déterminer par l'épure très approximativement, il doit être plus avantageux, de retrier l'orifice de la prise de vapeur, et de faire ainsi la grande détente en diminuant la vitesse de la vapeur. Du reste étranglement pour étranglement, l'un vaut l'autre.

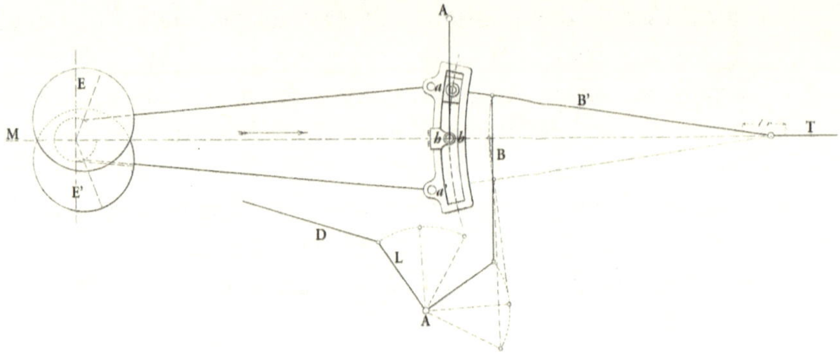

Fig. – 162.

Cette coulisse (fig. 162) dont le rayon de courbure est égal à la bielle de la tige du tiroir, n'est applicable, avec tous ses avantages, qu'aux longues machines, qui permettent l'emploi de barres et de bielles suffisamment longues. La manœuvre est beaucoup plus facile, puisque la coulisse étant suspendue à un point fixe A', l'effort se résume à soulever la bielle B', qui porte le coulisseau à son extrémité, et le levier de relevage L peut être débarrassé de son contrepoids.

Gooch, en imaginant cette disposition, s'est probablement inspiré de la coulisse Gozembach, qu'il suffisait d'enlever de son axe d'oscillation pour la substituer à la coulisse Stephenson.

Dans quelques machines belges munies de coulisses renversées, la bielle B' (fig. 163) est divisée en deux parties dont les bouts filetés s'engagent dans un manchon D ; ainsi on a appliqué à la bielle le moyen de régler la longueur utile à la distribution. La tige T et la bielle B1 viennent aboutir chacune à un axe, maintenu par un glissoir prismatique G en bronze, qui coulisse dans des guides disposés comme dans le système Nasmith ; une tige et une bielle en deçà, une tige et une bielle au-delà. Il résulte de cette disposition de

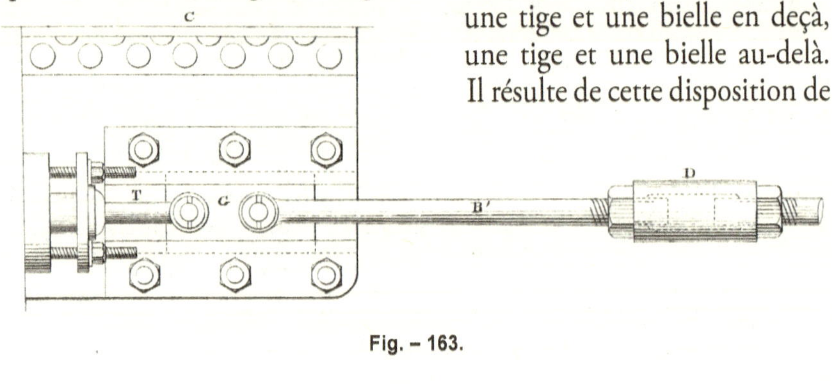

Fig. – 163.

la bielle B', qu'au bout d'un laps de temps assez court, qui varie suivant le perfectionnement de l'ajustage et la qualité du métal, les percussions incessantes des bouts de la bielle dans l'écrou finissent par produire un changement dans le groupement moléculaire, et le métal se transforme de fer fibreux en fer grenu ; enfin les percussions deviennent de plus en plus sensibles par le balancement des molécules qui, l'agrandissant jusqu'à ce que la force de cohésion n'ayant plus assez d'énergie, le métal soit devenu d'une fragilité remarquable. La rupture de cet organe a été et est souvent la cause qu'un train reste sur la voie, et l'on frémit à la pensée qu'une cause aussi minime en apparence puisse donner lieu à une collision.

Ce phénomène physique n'a pas lieu dans les organes de même nature d'une seule pièce. Il prouve que l'on doit éviter avec le plus grand soin les solutions de continuité et le jeu des articulations, et qu'il faut employer, dans les ajustages avec écrous, des doubles écrous, qui étreignent la pièce qu'ils ont pour mission de maintenir. C'est ce qui a été fait sur le dessin (fig. 163) où les deux écrous extrêmes corrigent, mal encore, le défaut de cet ajustement.

Coulisse renversée avec l'axe, d'oscillation fixe. — Pour obtenir le résultat des coulisses Delpech, Gonzenbach et Walschaerts, d'une avance à l'introduction rigoureusement exacte à tous les crans de détente, on emploie la coulisse double dont les deux axes du milieu *b* portent deux coulisseaux prismatiques *c* (fig. 164 et 165) qui s'agitent dans deux coulisses parallèles g, formées par des guides e et e' boulonnés sur les supports en tôle il. Parcelle disposition la distribution devient régulière pour l'admission et pour la sortie,

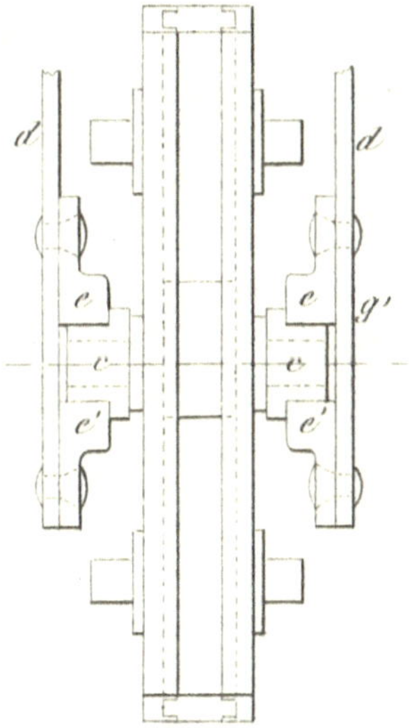

Fig. – 165.

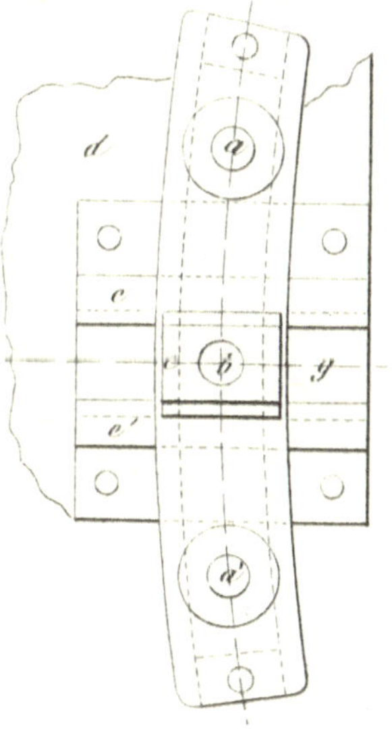

Fig. – 164.

comme la compression augmente proportionnellement à l'écart du coulisseau de ses positions extrêmes ; mais elle exige plus d'espace et, dans les machines à cylindres intérieurs, elle oblige ou à augmenter la capacité des boîtes des distributeurs, ou à les diviser.

IV. Quadruple coulisse renversée

L'innovation représentée par la fig. 167 est due à M. Ponceau, qui a combiné la coulisse Gooch, modifiée comme on vient de voir avec le principe de la coulisse Gonzenbach.

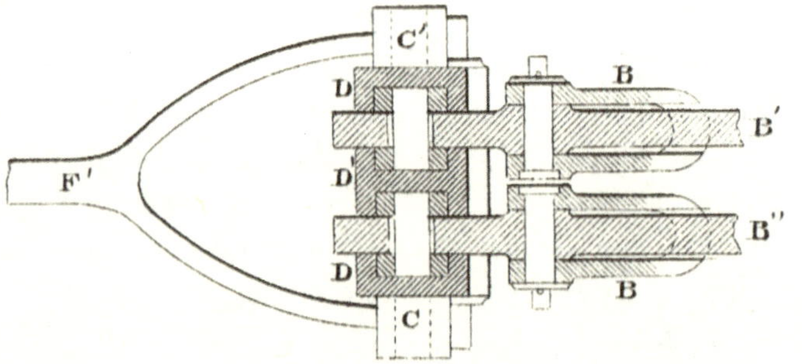

Fig. – 167.

L'appareil se compose de deux coulisses doubles D, solidaires ainsi l'une de l'autre, dont la moitié D' est creusée dans la même masse. Les barres F et F' se terminent par une large fourche, qui embrasse les coulisses en s'articulant aux extrémités. Des coulisseaux *c* et *c'* sont maintenus dans des coulisses horizontales comme la précédente. La bielle B conduit le tiroir T, à deux ouvertures, et la bielle B' le tiroir superposé T' (fig. 166).

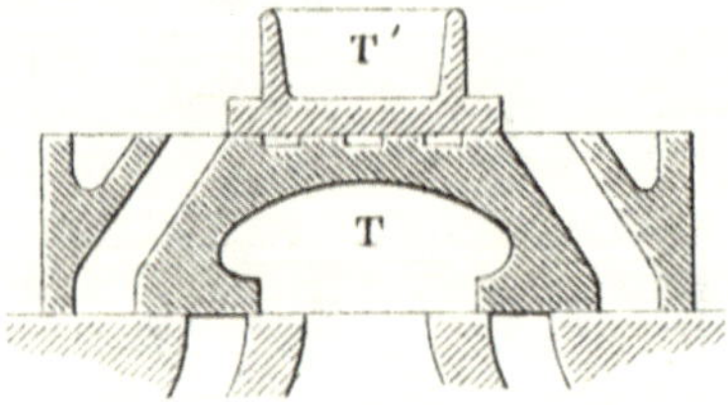

Fig. – 166.

Des leviers de relevage libres sur un axe commun, ou dont l'un est seul libre, sont mis en relation avec des leviers de changement de marche différents. De même que dans les coulisses combinées de Delpech et de Gonzenbach, la coulisse du tiroir T n'est utilisée que pour le changement de marche, d'où résulte l'égalité du moment de la sortie et de la durée de la compression, quelle que soit la détente ou l'étranglement. La coulisse du tiroir T' est seule utilisée pour modérer la force de la vapeur en prolongeant son pouvoir expansif. Ainsi disposé, cet appareil est supérieur, quant à l'harmonie dans la distribution, à l'appareil Walschaerts, mais il exige plus d'espace, et ce qui est plus grave, un second tiroir, qui n'est plus lubrifié quand la machine descend les rampes sans vapeur, finit également par s'incruster dans l'autre, et il compromet tous les autres organes de sa distribution et celle de son compagnon, pour peu que les positions des coulisseaux diffèrent entre elles quand cette fusion se fait.

Des machines ainsi distribuées devraient être toujours conduites par des mécaniciens de tout premier ordre.

Pour corriger les défauts de tous les appareils graisseurs des tiroirs et des pistons, on a conseillé de faire aboutir, dans les capacités où jouent ces organes, un petit tuyau qui serait en communication avec les pompes, de façon à y injecter un petit filet d'eau, pendant les marches sans vapeur, qui s'écoulera par les robinets purgeurs.

Les barres de suspension B sont à charnières et courbées, dans le but de les engager au plus près des coulisseaux sans rencontrer la coulisse. Elles se recourbent par le bas pour se présenter à leur levier de relevage respectif. La figure 167 est une coupe horizontale par l'axe des coulisseaux au milieu de la coulisse, avec projection des prismes *c*.

La figure 168 est une coupe horizontale par les coulisses jumelles D et D'. Cette disposition exige plus d'écartement encore, mais elle supprime les fourches des barres ou quatre articulations, et elle permet au besoin de se débarrasser sans grands frais des services du second tiroir, et de ramener ainsi la distribution à sa plus simple expression.

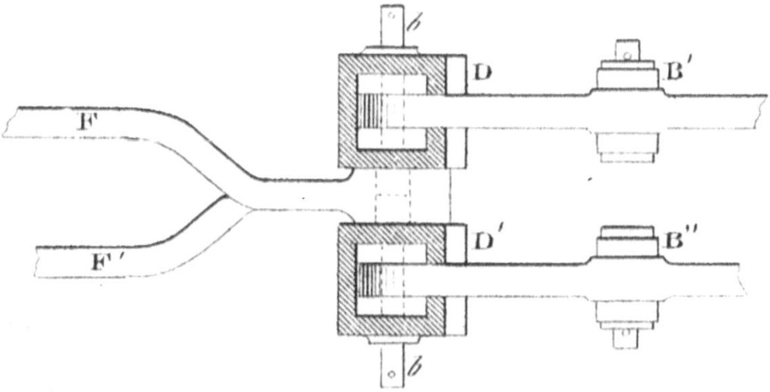

Fig. – 168.

V. Coulisse droite d'Allan

La construction de cette coulisse (fig. 169) ne diffère de celle de Stephenson que par sa forme rectiligne, ce qui permet de confier sa façon à une machine à raboter.

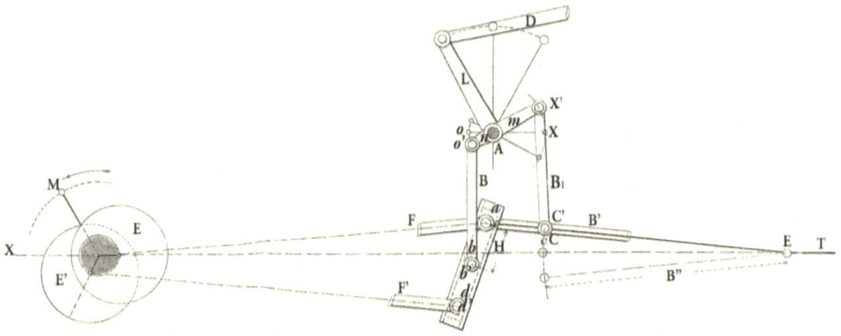

Fig. – 169.

Elle est agitée, comme la coulisse double, par les deux barres d'excentriques F et F'. Elle est suspendue à l'extrémité de la courte branche *n* du levier L. La bielle B de la tige du tiroir est maintenue par la bielle B^1, qui va s'articuler à l'extrémité de la grande branche *m* du levier. Il résulte de cette organisation que le mouvement de la coulisse et du coulisseau est dans le rapport des deux branches *m* et *n*, multipliés par le rapport des longueurs B' B" ou B^1 / B'.

La hauteur entre les axes *a* et *d* de la coulisse est sensiblement égale à quatre fois le rayon d'excentricité, et le rapport *m* / *n*. varie de 2.33 à 2.35, de sorte que si la barre B^1 agissait directement sur le coulisseau, le mouvement vertical de la coulisse étant 1, celui du coulisseau serait de 2.35.

Le levier L de relevage est à trois branches perpendiculaires entre elles. L'une s'articule à la tringle D, qui aboutit au levier de changement de marche, et la longueur de cette branche est égale à celle de ce dernier levier, depuis son axe fixe jusqu'au point d'attache avec la tringle D, moins une quantité déterminée pour que l'amplitude de l'arc décrit permette une plus ou moins grande variation de détente. Les deux autres branches ont leur longueur déterminée par la formule suivante :

$$m / n \;=\; AX / Ao \;=\; (B'' / F)\,(1 + \sqrt{1+(F/B^1)})$$

- F, Longueur de la barre ;
- B[1], longueur de la bielle depuis son articulation E avec la tige jusqu'au coulisseau ;
- B", longueur depuis l'articulation E jusqu'au point de suspension *c*.

On fait ordinairement $m + n$ égal à B' - B".

La position du coulisseau pour une position du levier L se trouve par les rapports suivants :

$$C\,C' = (B''/B')\, b'a', \quad (1) \qquad \text{et} \qquad b'a' = CC'\,(B'/B''), \quad (2)$$

Mais on a :

$$CC' : b\,b' = A\,X : AO$$

d'où,

$$b\,b' = CC'\, n/m \qquad (3)$$

Ce qui donne l'amplitude verticale $b\ b'$ de la coulisse pour une amplitude proportionnelle du point de suspension de la bielle B'.

En observant que la formule (3) peut se transformer, en y substituant la valeur de C C' de l'égalité (1) on aura :

$$b\,b' = (B''/B')\,(n\,/\,m)\ -\ b'a' \qquad (4)$$

De là :

$$b'a' = (B'/B'')\,(m\,/\,n)\ -\ b'b'$$

et :

$$b'a' + b\,b' = ((B'/B'')\,(m\,/\,n)+1)\ \ b\,b'$$

D'où l'on tire :

$$b'a' = (1 + (B'/B'')\,(m\,/\,n))\ \ b\,b'$$

$1 + (B'/B'')\,(m/n) = 3.82$, c'est-à-dire que le mouvement communiqué à la coulisse étant 1, celui du coulisseau sera 2.82.

Ainsi, soit H la moitié de la hauteur de la coulisse, et h la hauteur $o\,o'$, on devra avoir :

$$H = h + h \times 2.82 = 3.82\,h$$

Si H = 0,14, on aura pour l'amplitude du mouvement vertical de la coulisse,

$$0{,}14\ \text{m} / 3{,}82 = 0{,}0366\ \text{m}$$

et pour l'amplitude du mouvement du coulisseau, 0,14 - 0,0366 =

0,1034 m, ce qui fait voir que le mouvement de la coulisse est très peu de chose comparé au trajet du coulisseau.

Cette combinaison, de la coulisse Stephenson et de la coulisse Gooch, fait que l'avance linéaire à l'introduction diminue au lieu d'augmenter à chaque cran de détente à peu près comme dans le système à barres croisées combinées avec la coulisse Stephenson.

La sortie est avancée ainsi que la compression à chaque position qui rapproche le coulisseau du centre de la coulisse.

Chapitre XIV

Distribution par déclics, leviers et soupapes.

Soupape de Watt

Nous avons vu que la machine de Newcomen fut complètement transformée par le génie créateur de Watt, qui y substitua d'abord des soupapes aux robinets. La soupape qu'il employait est représentée en coupe verticale par la fig. 170. Elle se compose :

1. - d'une cuvette fixe renversée munie d'un collet qui lui sert de base ;
2. - d'une autre cuvette mobile, qui s'emboîte exactement dans la première.

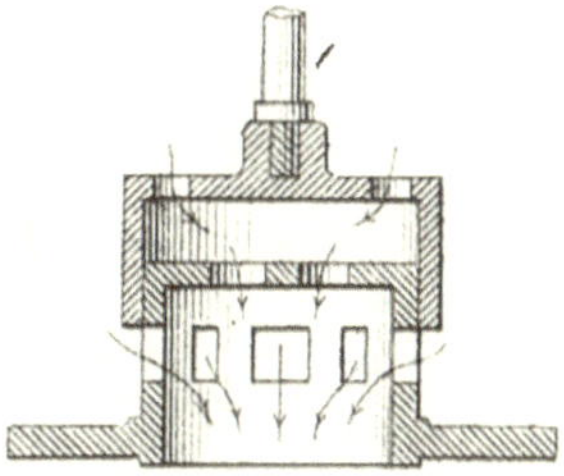

Fig. – 170.

La cuvette fixe est percée de deux séries d'ouvertures les unes dans la périphérie et les autres dans la cloison. Celles-ci ont leur centre, sur une circonférence plus petite que la circonférence sur laquelle sont percées les ouvertures du fond de la cuvette mobile, afin que les ouvertures de l'une ne puissent pas coïncider avec les ouvertures de l'autre, lorsque la soupape est fermée.

Ce modèle de soupape se retrouve dans toutes les machines rotatives construites sous la direction de feu M. Bonnehill, le John Cockeril du Hainaut. Depuis l'invention des soupapes équilibrées elle n'est plus employée.

I - Machine rotative.

La fig. 171 est une disposition arbitraire de la distribution de ces moteurs construite uniquement pour la démonstration. Dans les

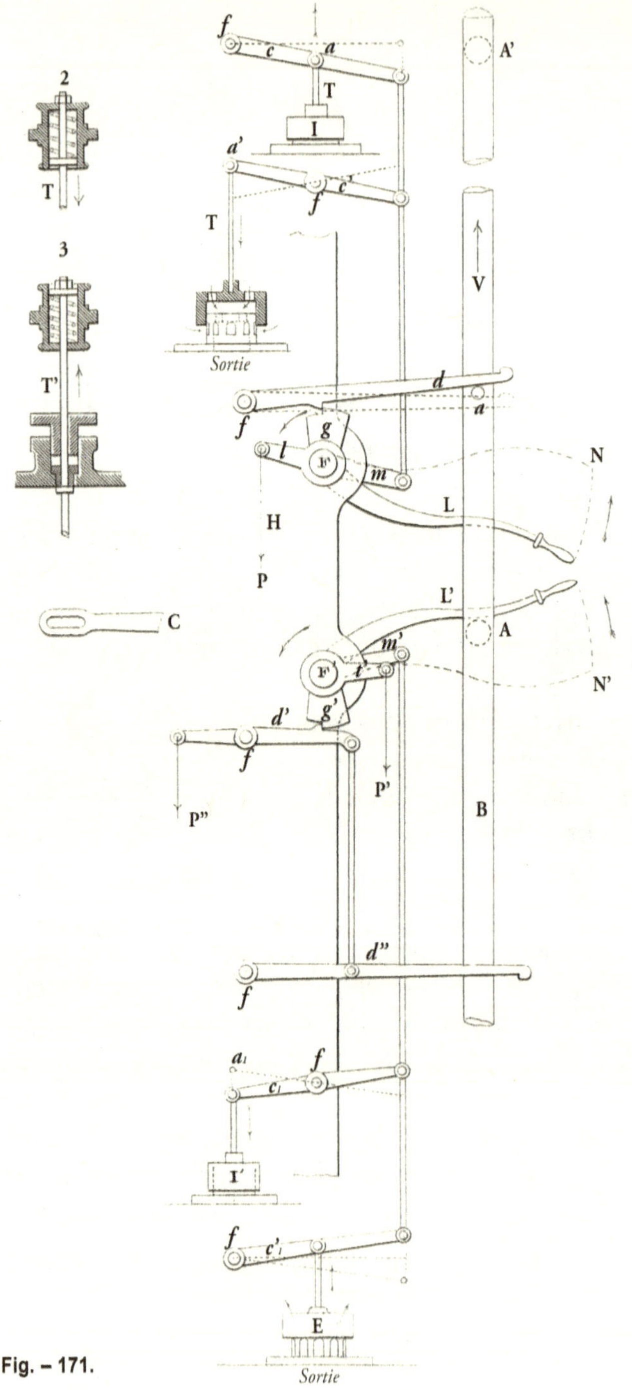
2
T
3
T'
C
f
c
a
T
I
a'
c'
f
T
Sortie
A'
V
d
a
f
g
l
F
m
H
P
L
N
L'
A
m'
F'
t'
g'
d'
f
P'
P"
N'
B
d"
f
a₁
f
c₁
I'
f
c'₁
E
Sortie

Fig. – 171.

machines où la distribution de la vapeur se fait par soupapes, celles-ci sont logées dans deux caisses rectangulaires de formes architecturales ; l'une placée au sommet, figure un chapiteau, soutenu par deux colonnes creuses, qui servent de conduite de vapeur ; l'autre repose sur le sol, et elle sert de socle et de piédestal à l'ensemble. L'une des colonnes conduit la vapeur motrice dans les deux caisses et l'autre la dirige dans le condenseur lorsqu'elle a produit son effet. Elles portent en outre des appendices destinés à maintenir les tourillons des axes F et F' des leviers distributeurs L et L'.

Distribution

1. Lorsque le piston s'élève, il entraîne avec lui la tige B de la pompe à air, qui porte des taquets A, A' et *a* convenablement disposés et qui sont garnis de gros cuir pour adoucir leurs chocs sur les leviers. Lorsque le piston est près d'avoir atteint l'extrémité de sa course, le taquet A soulève le levier à poignée L', fixé à l'axe F' conjointement avec le petit levier *m'*, la soupape de l'exhaustion E' s'ouvre, en même temps que se ferme la soupape d'introduction I'.

Pour cela, le levier *m'* se relie, par une tringle articulée, aux leviers *c* et *c'* des deux soupapes ; les axes *f* d'oscillation sont disposés pour que l'une des soupapes s'abaisse lorsque l'autre s'élève, et vice-versa.

En même temps que ce mouvement s'opère, le cameron g^1 est ramené en avant, et il est revenu s'engager dans l'arrêt ménagé sur le levier *d'*, qui porte à son autre extrémité un contrepoids P'' destiné à forcer le levier *d'* à rester en contact avec le cameron *g'*.

2. Lorsque cette première phase est près de se terminer, le petit taquet *a* soulève le levier *d* ; celui-ci désengage le cameron *g* calé à l'extrémité de l'axe F, lequel n'étant plus retenu cède à l'action du contrepoids P, suspendu au petit levier *l* calé aussi sur l'arc F ; celui-ci, en tournant dans le sens de la flèche, entraîne avec lui le levier *m*, qui fait fermer la soupape de l'exhaustion E et ouvrir la soupape d'introduction I, pour faire descendre le piston.

3. Lorsque le piston est près d'atteindre l'extrémité de sa course descendante, le taquet A^1 fera jouer le levier L, qui alors occupe la position N pour ouvrir la soupape E et fermer la soupape I, et pour réengager le cameron ; en même temps, le petit taquet *a* rencontrera le levier *d''* et en le forçant à s'abaisser, il dégagera le cameron *g''* ; l'axe F' sera contraint de tourner, en sens inverse de la flèche, par le contrepoids

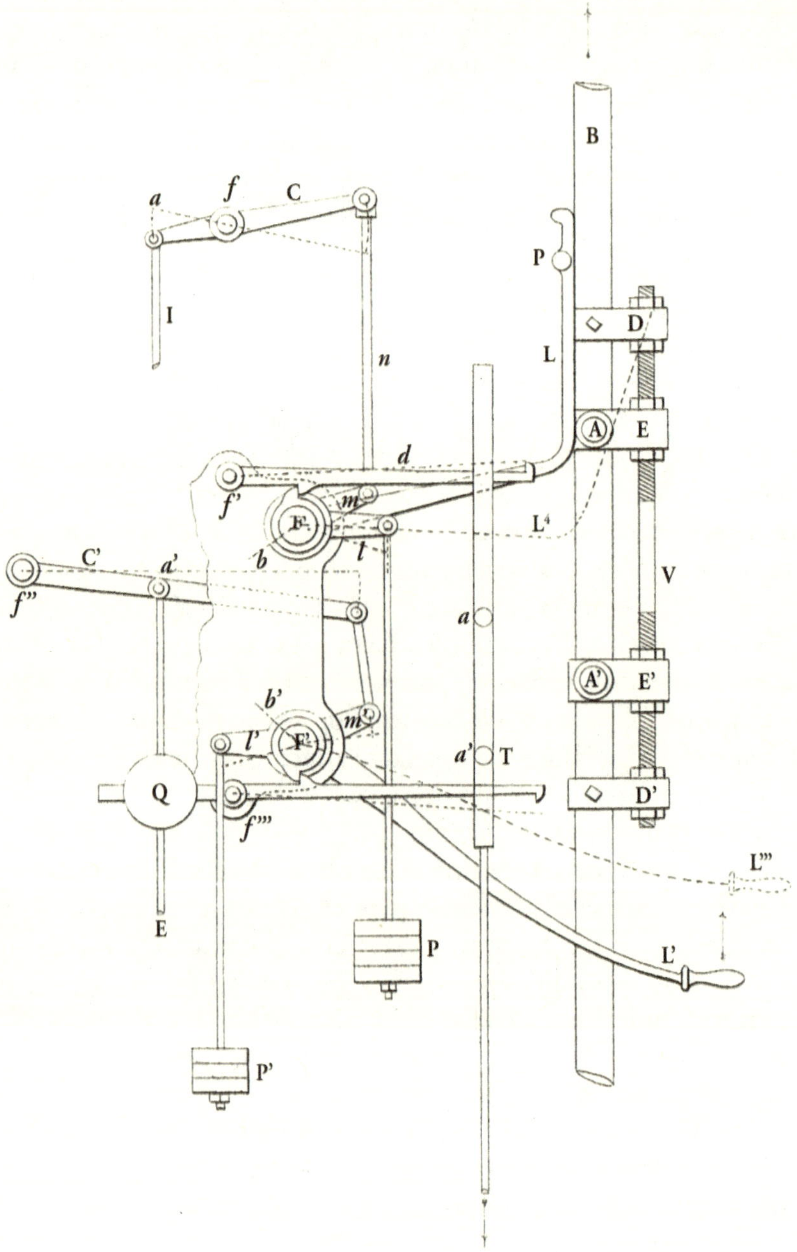

Fig. – 173.

P' et la soupape E' se fermera pendant que la soupape I' s'ouvrira pour préparer une nouvelle ascension du piston. Les poignées dont sont munis les leviers L et L' sont destinées à les manœuvrer, soit pour mettre la machine en marche, soit pour l'arrêter ou activer son mouvement.

Pour utiliser la détente avec un pareil système, on ajoute un troisième axe F'' (fig. 173) et des leviers courbés d'équerre. Les axes supérieurs et inférieurs sont alors en rapport chacun avec une soupape d'introduction, qui sont ainsi indépendantes des soupapes de l'exhaustion, et celles-ci sont en rapport avec l'axe central, solidaire d'un ou de deux leviers droits. Dans ce cas il faut, de toute nécessité, deux tiges parallèles B et B'.

Il est impossible de limiter exactement la course des leviers de façon à n'être qu'exactement suffisante pour ouvrir et pour fermer les soupapes, et comme l'amplitude des mouvements des leviers est souvent plus grande, il devient nécessaire de corriger l'excès par de petits appareils spéciaux, qui sont figurés en 2 et 3 de la fig. 171.

Les tiges T des soupapes, qui doivent s'ouvrir directement par les grands leviers, font corps avec une petite bague qui joue dans un petit cylindre en bronze, ouvert par le bas et fermé par le haut, que traverse la tige ; un ressort en spirale logé dans le cylindre permet à celui-ci de descendre après que la soupape repose sur un siège. Ce cylindre est maintenu par deux axes dans les œillets oblongs des leviers C. L'appareil des soupapes qui doivent être ouvertes par les mêmes leviers, a une disposition analogue, mais en sens inverse, et un arrêt quelconque limite la levée de la soupape.

D'autres constructeurs remplacent les petits leviers *m* par des cames que l'on dispose pour une amplitude de levée facultative. Le levier C (fig. 172) est terminé par une fourche qui s'engage entre les deux écrous de l'extrémité de la tige T des soupapes. Ces deux écrous permettent de régler exactement la hauteur de la levée.

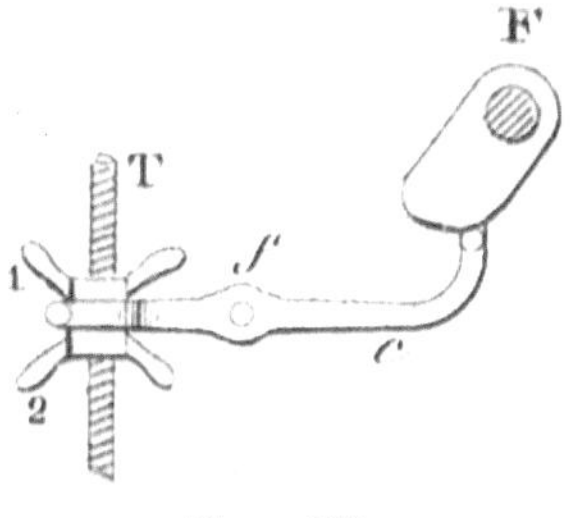

Fig. – 172.

II - Machine à simple effet et à traction directe

Le dessin de la fig. 173 représente la disposition des organes pour distribuer la vapeur dans le cylindre d'une machine d'épuisement à détente sans condensation, conjointement avec la cataracte (fig. 174).

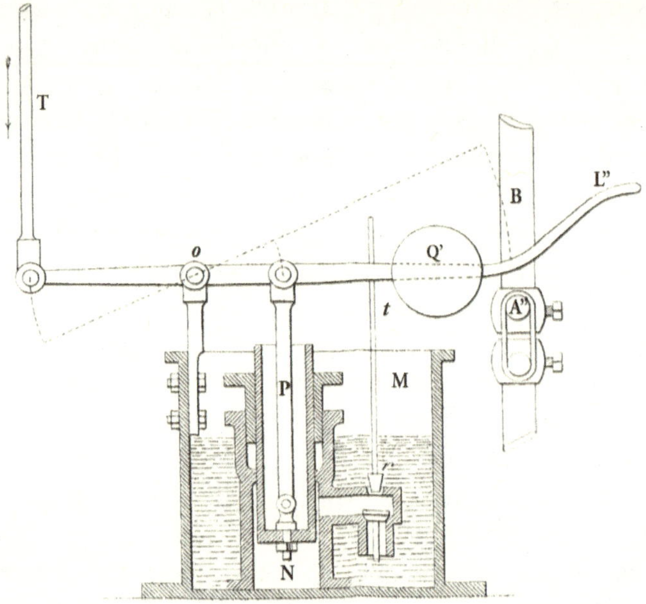

Fig. - 174.

Cataracte. — Cet appareil se compose d'une pompe foulante N, à piston plongeur P, qui est fixée au fond d'une bâche en fonte M que l'on emplit d'eau. Le jeu du piston est commandé, d'une part, par la tringle T, qui porte les taquets *a* et *a'*, (fig. 173) et d'autre part par le contrepoids Q'. Pour cela la tringle T, destinée à soulever le piston P, est articulée avec l'extrémité du levier à deux branches L'', et le contrepoids Q' qui doit faire descendre le piston, est maintenu dans la branche opposée. Un robinet *r*, sert à régler la section de l'ouverture par laquelle l'eau est refoulée, suivant la vitesse que l'on veut donner à la machine.

Jeu des appareils

1. La soupape d'introduction étant ouverte par le jeu de la cataracte, le piston s'élève. Arrivé à un point déterminé de sa course, le taquet E, variable par la vis V, soulève le levier coudé L qui se place dans une position telle que la tige puisse continuer son mouvement ascensionnel Par cette première opération, la soupape d'introduction se forme, et le cameron *b*, de l'axe F, se réengage avec le levier *d* pour préparer une nouvelle période d'ascension. Lorsque le piston est près d'atteindre l'extrémité de sa course, le butoir A'' soulève le levier L''

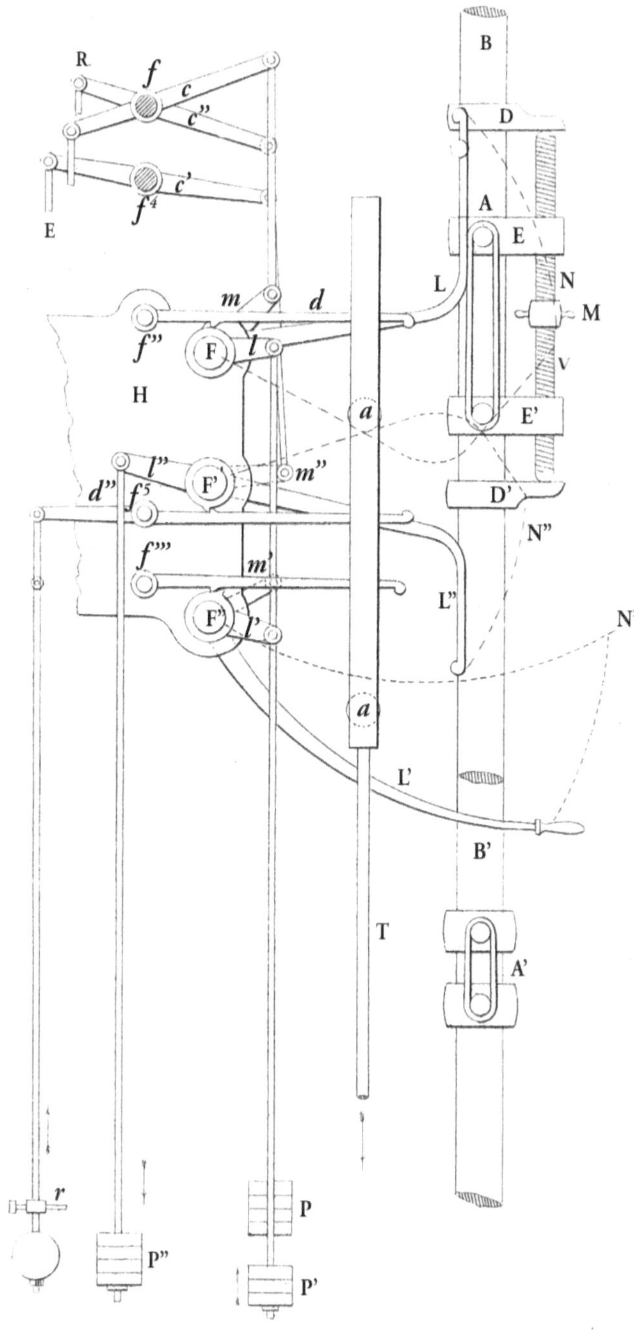

Fig. – 175.

de la cataracte et le piston P aspire l'eau de la bâche M ; la tige T, en descendant, amène le butoir *a'* en contact avec le levier *d'*, l'abaisse et dégage ainsi le cameron *b'* de l'axe F' ; le contrepoids P' soulève le petit levier *m'* et celui-ci par la tringle *n'* et le levier C' ouvre la soupape d'exhaustion E. La vapeur s'échappe et le piston descend.

2. Pendant la course descendante, le taquet A' abaisse le levier L' pour fermer la soupape de sortie et réembrayer le cameron *b'* avec le levier *d'*. Cette fermeture se fait avant la fin de la course descendante pour que la vapeur, renfermée en dessous du piston, détruise insensiblement la force vive des masses en mouvement.

3. Le piston étant au bas de sa course, il reste un certain temps immobile, qui dépend du temps nécessaire à l'anéantissement complet de la force vive que l'eau, élevée par la descente des pistons des pompes, a acquise, ou du nombre de coups de piston nécessaire pour l'épuisement de l'eau que fournit la mine.

4. Pendant ce repos, le piston refoule l'eau dans la bâche sous l'action du contrepoids Q', avec plus ou moins d'énergie, suivant le moment de ce poids et le plus ou moins d'ouverture que le machiniste donne au dégagement de l'eau, en agissant sur la tige *t* du robinet *r*. La tige T en remontant soulève, par son taquet *a*, le levier *d*, lequel désembraye le cameron *b* ; le contrepoids P entraîne les leviers *l* et *m*, et il soulève la soupape d'introduction I, suspendue en *a* au levier *c*.

Le levier L porte une poignée de manœuvre P et il est représenté dans son autre position par le pointillé L^4.

Les taquets A et A' sont variables de position par la vis V, qui est invariablement fixée aux deux supports D et D'. Dans la fig. 175, la vis est ainsi disposée, qu'en la tournant par le manchon M, les deux supports E et E' s'éloignent ou se rapprochent.

III - Machine à simple effet à détente et à condensation.

La fig. 175 représente les appareils de la distribution disposés pour ce système de machine. Elle diffère de la précédente :

1. - par le troisième axe F", qui porte aussi un levier coudé L";
2. - par une seconde tige B' qui porte les taquets des leviers inférieurs ;
3. - par deux autres taquets *r* et *r'* destinés à fermer et ouvrir le robinet de l'injection de l'eau froide dans le condenseur et par la soupape de l'équilibre.

Ascension.

1. Les deux tiges B et B' s'élèvent avec le piston : le taquet A soulève le levier L, ferme la soupape d'introduction I et réengage le cameron de l'axe F. L'expansion de la vapeur fait continuer le mouvement ascensionnel. 2°

2. Vers la fin de la course le taquet A", de la tige B, soulève le levier de la cataracte et abaisse la tige T des butoirs *a* et *a'*. Le butoir *a* abaisse le levier *d"*, dégage l'axe F" qui, cédant à l'action du poids P", fait ouvrir la soupape dite d'équilibre R, et la vapeur passe du bas du piston sur la face supérieure pour aller y préparer le vide. En même temps, le taquet *r* ferme le robinet de l'injection de l'eau dans les condenseurs.

3. Le taquet A' soulève le levier L', ferme la soupape de l'exhaustion E et réengage le cameron de l'axe F' ; le piston descend entraîné par les masses attelées à la maîtresse tige dont le poids refoule la colonne d'eau aspirée.

Descente.

Avant la fin de la course descendante, un taquet fixé à la tige B' rencontre le levier courbé qui est en N'', celui-ci s'abaisse ; la soupape d'équilibre R se ferme et le cameron de l'axe F" se réengage pour préparer une nouvelle période. La vapeur emprisonnée se comprimant de plus en plus réagit contre la force vive des masses jusqu'à son anéantissement complet .

Le piston s'arrête à la fin de la course ; et il reprendra son mouvement ascensionnel :

1. - lorsque la cataracte aura fait ouvrir le robinet de l'injection ;
2. - lorsque le taquet *a'*, en soulevant le levier *d'* aura délivré l'axe F' qui, obéissant à l'impulsion du poids P', fait ouvrir la soupape de l'exhaustion et replacer le levier L' en N' ;
3. - lorsque le taquet *a* soulèvera le levier *d* pour faire ouvrir la soupape d'introduction.

La distribution de ces machines est quelquefois enrichie d'une seconde cataracte, pour ménager un moment de repos après la course ascensionnelle des pistons des pompes. Ce second arrêt, moins prolongé que le premier, a pour but de donner le temps à la force vive de l'eau aspirée et de la masse élevée de s'anéantir avant la reprise du mouvement. On évite ainsi le coup de bélier sur les soupapes d'aspiration.

Disposition des soupapes.

La fig. 177 est la coupe verticale de la caisse rectangulaire dans laquelle sont logées les diverses soupapes d'une distribution pour une machine d'épuisement à traction directe, à détente et à condensation.

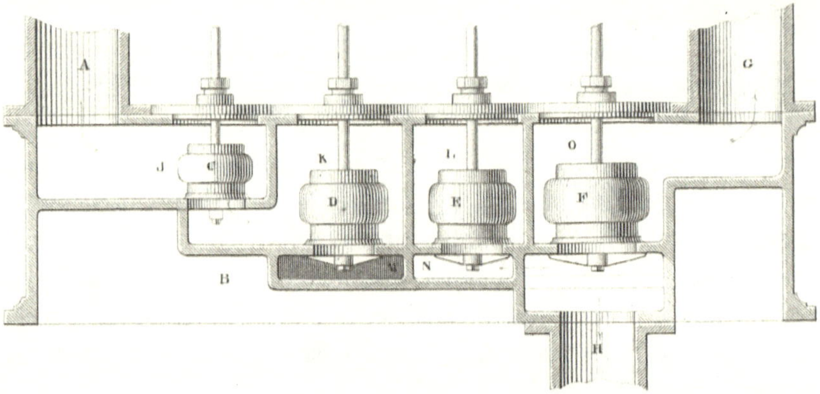

Fig. – 177.

Cette caisse sert de base aux colonnes creuses A et B, dans le système à traction et elle devient le chapiteau dans le système de Cornouaille à balancier, mais alors la soupape O, de l'exhaustion, se loge dans la caisse inférieure.

A peut être le conduit de la vapeur générée, qui aboutit dans la capacité J où est logée la soupape C, dite modératrice. D est la soupape d'introduction, elle se soulève pour laisser pénétrer dans le cylindre par la lumière M, la vapeur qui afflue en K par la soupape C, laquelle reste constamment soulevée. La soupape E, dite d'équilibre, est logée dans un compartiment L, dans lequel la vapeur pénètre lorsque la soupape D se soulève, et qui est en communication avec la lumière par un orifice percé dans le plancher du compartiment L, derrière le siège : lorsque la soupape E se soulève à la fin de la course, la vapeur qui a poussé le piston est conduite par N dans la capacité O de l'exhaustion F. La soupape E étant fermée, F est soulevée pour que la vapeur, qui remplit le haut du cylindre, puisse se rendre dans le condenseur par la tubulure H.

Chapitre XV

Soupapes et modérateurs.

I.

1. Soupape de Cornouaille ou de Hornblower, (fig. 178 et 179.)

Cette soupape généralement employée aujourd'hui comme organe distributeur est composée de deux parties, l'une fixe et l'autre mobile. La partie fixe, légèrement conique à sa base, est scellée sur l'orifice avec quelques brins de chanvre enduits de minium, et lorsque les dimensions l'exigent, on l'affermit par une traverse en fer F et le boulon E.

Elle se compose d'un siège annulaire A' et d'un plateau supérieur A sur lequel on ménage un second siège *a* ; ce plateau et le siège annulaire A' sont venus de fonte avec des croisillons C.

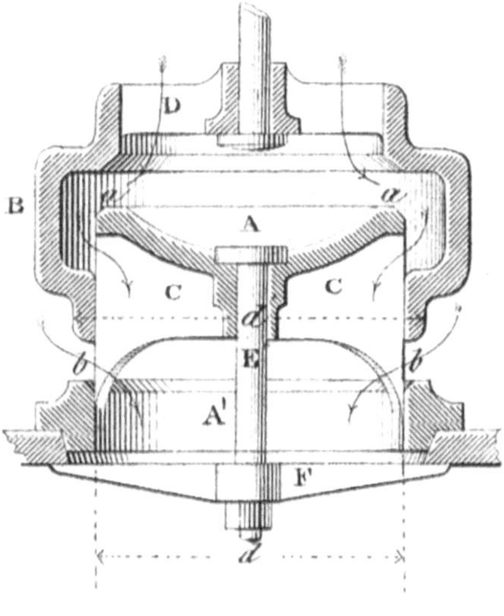

Fig. – 178.

La partie mobile B s'emboîte exactement dans la partie fixe et, quand elle est baissée, elle repose exactement sur les sièges *a* et *b*, sur lesquels elle est soigneusement rodée.

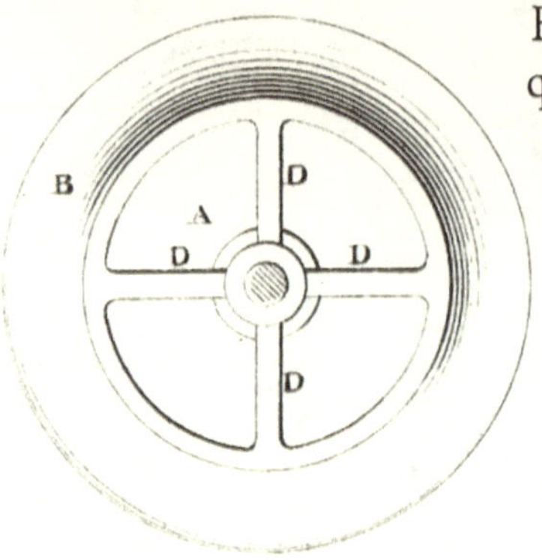

Fig. – 179.

Elle est ouverte par le haut de manière qu'en la soulevant, la vapeur ou le gaz pénètre dans la soupape par la périphérie et par la capacité annulaire ménagée entre les deux sièges.

Ces soupapes sont généralement en bronze et les plus légères possibles.

Elles doivent pouvoir résister à la pression extérieure qui tend à les aplatir.

La résistance à la levée est égale à la somme des surfaces annulaires des deux sièges, multipliée par la pression.

2. Soupape de Cornouaille à garniture.

Cette soupape représentée en coupe verticale fig. 180, s'emploie lorsque la vapeur est introduite par l'orifice A sur lequel elle est scellée. Employée comme soupape d'équilibre elle permettrait d'économiser le volume de vapeur qui remplit inutilement la capacité L (fig. 177) et elle pourrait être ainsi placée au-dessus de la lumière M prolongée en N. Elle est entièrement équilibrée mais elle exige un presse-étoupe, qui doit être entretenu et qui absorbe une fraction de la puissance pour vaincre le frottement. La partie fixe est composée d'un long cylindre, qui est maintenu en place par le couvercle de la boîte, et dans lequel on a ménagé des ouvertures rectangulaires par lesquelles la vapeur s'écoule lorsque la soupape mobile est soulevée par les deux tiges *t* et *t'*. Le cylindre est divisé en deux compartiments A et A' par une cloison, qui est ainsi soumise à la pression de la vapeur. Lorsque la vapeur est introduite par la tubulure *c* dans la capacité de la boîte, la résistance à la levée est égale au produit de la surface annulaire du siège par la pression, plus la résistance du frottement de la garniture et des deux tiges.

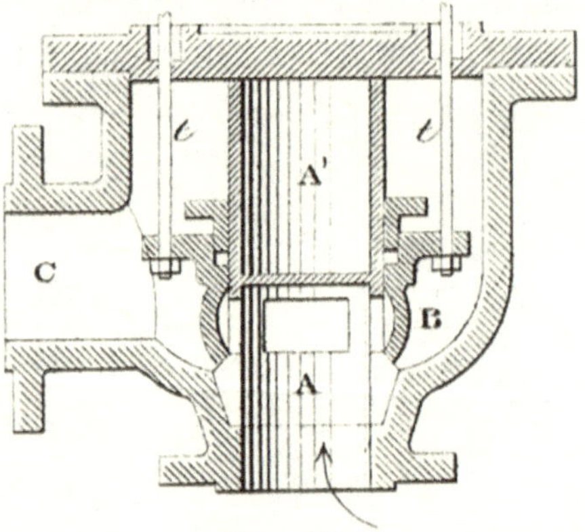

Fig. – 180.

3. Soupape d'équilibre

La fig. 181 est la coupe verticale de la boîte et de la soupape à doubles sièges coniques dite d'équilibre. La surface supérieure de la soupape S' est exactement égale à la surface inférieure de la soupape S. L'équilibre sera presque complet, en disposant la tubulure A par où la vapeur est introduite, pour qu'elle débouche entre les deux soupapes et en mettant la capacité C en communication avec la tubulure B ; sans cette dernière précaution, la vapeur renfermée en C réagirait contre le plan supérieur de la soupape S. Quelquefois on dispose l'appareil pour que la vapeur soit introduite à la fois par B et par C, mais alors la résistance à la levée est plus grande, elle devient égale au produit de la somme des deux surfaces annulaires des sièges par la pression.

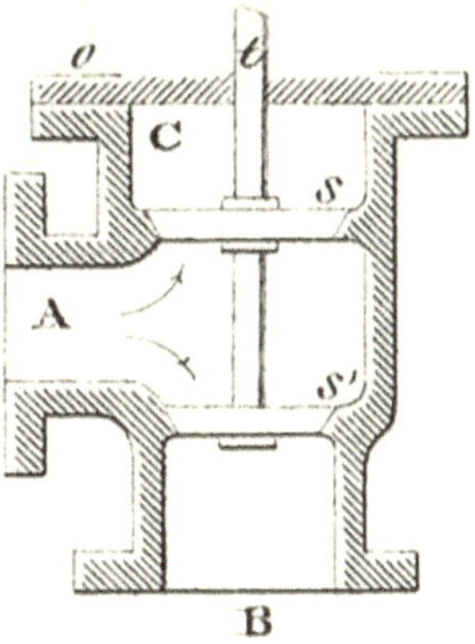

Fig. - 181.

Dimensions. — Généralement on donne aux sièges une inclinaison de 25° à 30° degrés. *d* étant le diamètre extérieur de la soupape mobile (fig. 178), le diamètre extérieur *d'* sera égal à 1,06 *d*. Le diamètre de la capacité annulaire de B est égal à 1,5 *d*. La hauteur entre les deux sièges égale 0,4 *d* + 20 mm, et la hauteur de la levée est de 0,15 *d* + 10 mm.

4. Machine à traction directe à double effet

La fig. 176 fait voir la disposition des organes de la distribution réduite à sa plus simple expression, et qui est appliquée à des machines destinées à l'épuisement des eaux des travaux hydrauliques. Ces machines grossières peuvent impunément braver les intempéries sans rien perdre de leur

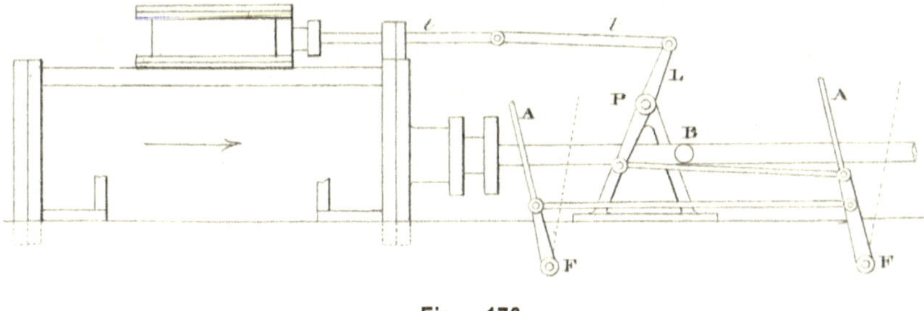

Fig. - 176.

utilité ; elles se transportent facilement ; elles sont d'une fabrication peu coûteuse et un maréchal-ferrant suffit pour les réparations ; aussi, avant les machines locomobiles, elles étaient généralement employées à cet usage.

Le cylindre porte une boîte de distribution qui contient un tiroir en coquille sans recouvrement. Sa tige *t* s'articule à une bielle *l* qui se relie au levier L, lequel est mis en rapport avec les leviers A. La tige du piston porte un taquet B, qui repousse alternativement l'un des leviers A, de façon que, quand l'un s'incline d'un côté, l'autre s'incline de même pour se présenter à l'action du taquet B à la fin de la course suivante. L'axe d'oscillation F du levier L se prend sur un support quelconque, et les axes des leviers A se prennent sur les poutres qui forment le châssis de la machine.

II.

Modérateurs

Ces appareils, destinés à modérer la vitesse de la vapeur génératrice, doivent être tels que le maximum de section d'ouverture soit un peu plus grand que la section de la lumière d'introduction du cylindre, pour corriger les effets de la contraction de la veine vaporeuse. Renwick donne pour la section des lumières 1,25 Q/V ; 1,25 coefficient de contraction, Q volume de vapeur à introduire et V la vitesse de cette vapeur.

La vitesse V est donnée par la formule générale appliquée aux gaz :

$$V = \sqrt{2g \times ((P - P') / d)}$$

P la tension absolue de la vapeur par mètre carré ;

P' id. id. du milieu dans lequel elle se rend, ou 10333k, lorsque cette tension est égale à la pression atmosphérique (P - P' sera la pression effective), *d* la densité ou le poids du mètre cube de la vapeur.

Lorsque la vitesse du piston est 1,20 m par seconde, on conseille de déterminer la surface S de la lumière par la formule suivante, où D est le diamètre du piston ;

$$S = \pi D^2 / 100 = l\,h$$

Si *l* égale *h* / 6, on aura :

$$6\,l = \pi D^2 / 100 \quad \text{ou} \quad l = \sqrt{\pi D^2 / 600}$$

Dans les locomotives où la vitesse est de 2 m à 2,50 m,

$$S = \pi D^2 / 60 \quad \text{et} \quad l = \sqrt{\pi D^2 / 360}$$

Lorsque la vitesse dépasse 2,50 m, $l = \sqrt{\pi D^2 / 300}$

Robinet

Cet engin n'est plus guère utilisé aujourd'hui que pour être placé sur des tuyaux de petites dimensions des conduits d'eau ou de vapeur. Il doit être rejeté comme modérateur, lorsqu'on peut le faire, parce que la vapeur se condense en passant contre ces arêtes vives lorsqu'il n'est qu'en partie ouvert et pour d'autres raisons bien connues.

d étant le diamètre intérieur du tuyau ; D le diamètre de la grande base ; D' le diamètre de la petite base de la clef ; H la hauteur ; *l* la largeur de l'orifice ménagé dans la clef et *h* sa hauteur on aura :

D = 1,5 *d*. D = 1,1 *d*. H = 2,5 *d*. *h* = 1,3 *d*. I = 0,7 *d* et le diamètre de la tige sera égal à 0,5 *d*.

L'épaisseur du boisseau se détermine par les mêmes formules que celles qui donnent les épaisseurs des tuyaux à vapeur, ou :

$e = 2{,}7\ D^m \times N^{atm} \times 8{,}5$ mm en millimètres et lorsqu'il y a choc

$e^{m/m} = 5{,}4\ D\ n \times 8{,}5$

Ces dimensions se rapportent aux robinets de fonte.

Pour le bronze, $e = 0{,}9\ D\ n + 2^{m/m}$ sans choc et $e = 1{,}8\ D\ n + 2^{m/m}$ avec choc, *n* égal à la pression effective en atmosphères.

La saillie des collets égale 2,5 *e* et l'épaisseur *e'* des collets égale 1,2 *e*, enfin, le diamètre du boulon de serrage du joint égal à 0,8 *e*.

Robinet équilibré

Ce robinet, imaginé par M. Pirotte, est représenté en section verticale par la fig. 182 et en section horizontale par la fig. 183.

La clef de ce robinet est en bronze et le boisseau en fonte dans les dimensions moyennes ; elle est formée d'un papillon C qui affecte la forme d'un double T ; le T de gauche est un peu plus développé que le T de droite pour que la pression soit suffisante pour maintenir le premier adhérent au boisseau ; l'autre ne sert qu'à l'équilibre. La vapeur vient par la tubulure A et s'introduit dans le robinet par le haut et par le bas

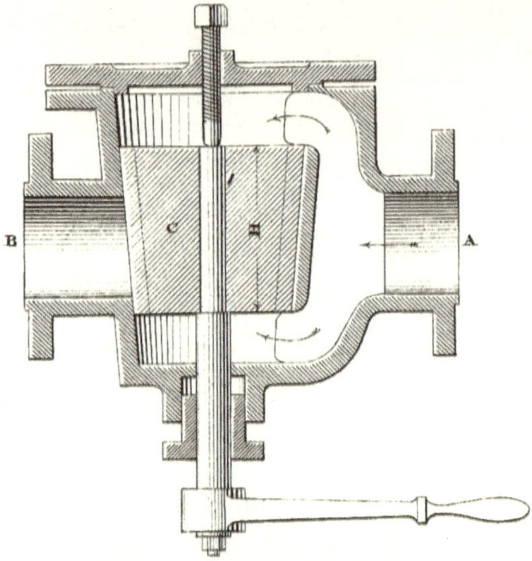

Fig. - 182.

en sorte que la pression P de la vapeur qui agit pour l'enfoncer dans le cône creux est égale au produit de P par la différence des surfaces des doubles T supérieurs et inférieurs et, celle qui le sollicite à l'adhérence est égale au produit P par la différence (*a b - c d*) H, une tige le traverse, d'un côté elle reçoit le levier et de l'autre elle est guidée et maintenue par une vis de pression.

Cet appareil est breveté.

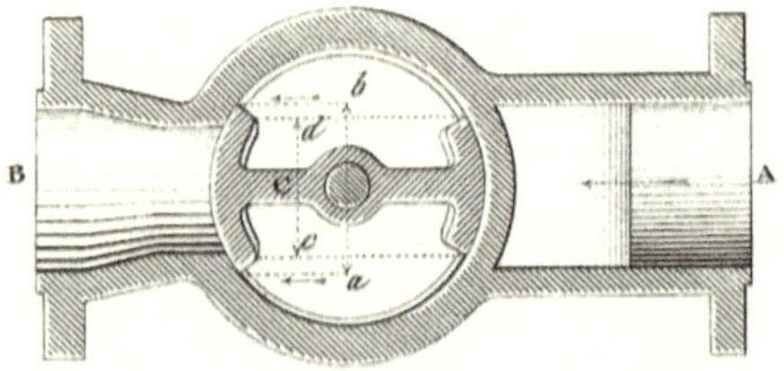

Fig. - 183.

Modérateur à tiroirs de M. Walschaerts

Cet appareil représenté en projections axonométriques fig. 184, et en section verticale par le plan 1,2, fig. 185 et 186, est venu très ingénieusement corriger deux grands vices inhérents à ces appareils.

Avec les modérateurs à tiroir ordinaire (fig. 187) il faut appuyer de toutes ses forces sur le levier pour mettre le tiroir en mouvement, dans les machines locomotives où la pression dépasse quelquefois 8^{at} m, et bien souvent même on doit procéder par secousses.

Or, il arrive que l'on désorganise les articulations, que l'on brise quelques fois le levier, ce qui devient dangereux pour les collisions et que le modérateur est enlevé au-delà de la lumière ; que cette vapeur afflue tout à coup par une très grande ouverture, se choque contre les pistons qui renvoient le choc aux autres organes, et font patiner les roues sur les rails, au grand dommage des bandages et du matériel de la voie.

Pour corriger ces pernicieux effets le tiroir T principal du modérateur

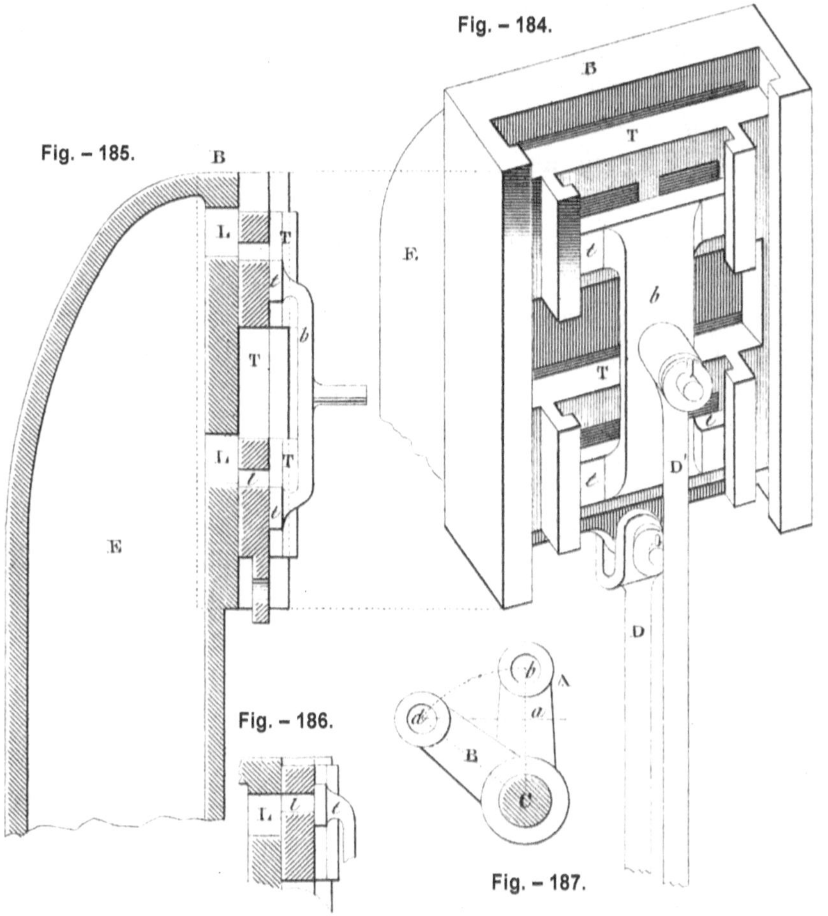

Fig. – 184.

Fig. – 185.

Fig. – 186.

Fig. – 187.

qui est divisé en deux parties égales, porte des coulisses qui retiennent un second tiroir *t* en fer dont chaque empâtement est plus petit que celui de T et qui se relient par la barre *b* qui est soudée à l'axe d'attache de la tige articulée D^1. Les empâtements du tiroir T sont venus de fonte avec les deux bandes parallèles qui les réunissent ; ils sont percés de deux petites ouvertures qui, lorsque le modérateur est au sommet (fig. 186), viennent se mettre en coïncidence avec les orifices percés dans la tablette, arête pour arête. Les petits leviers A et B (fig. 187) sont disposés pour que le petit tiroir découvre d'abord les petites lumières du tiroir T, alors que celui-ci ne fait qu'un mouvement à peine sensible ; aussitôt que la vapeur pénètre, la pression résistante diminue et le reste de la manœuvre se fait facilement : les lumières L de la tablette du tuyau ne se découvrent que lorsque les petites lumières du tiroir sont tout à fait découvertes ; enfin celles-ci se referment les dernières. À cet effet B qui conduit le petit *t* est incliné de telle manière que la flèche *a b* de l'arc *b d* est égale à l'amplitude du mouvement du petit tiroir pour découvrir les lumières *l* entièrement ; ainsi à l'instant de l'ouverture des lumières L, le levier A sera venu se placer en B : une barre transversale vient appuyer sur la bande *b* pour aider à maintenir les tiroirs adhérents et l'on corrige les effets de l'usure par les deux écrous des deux tiges fixées aux joues extérieures des guides latéraux.

Modérateur à un tiroir

La section verticale transversale A et la section longitudinale B (fig. 188 et 189), fait voir que ce vulgaire appareil se compose d'un plateau en métal muni en son milieu d'une saillie cylindrique dans laquelle s'engage l'œil de la tige, laquelle traverse un presse-étoupe du sommet de la boîte rectangulaire, venue de fonte avec la tubulure A, qui se réunit au tuyau, qui aboutit au générateur ; l'autre tubulure B porte la tablette et l'ouverture rectangulaire de l'introduction ; deux guides parallèles, au besoin, maintiennent le tiroir et le guide.

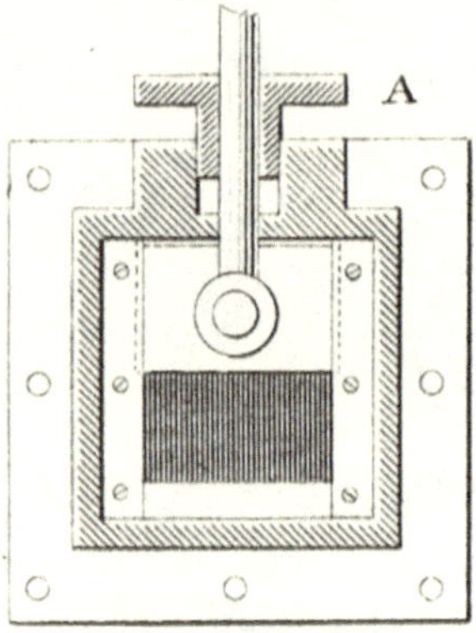

Fig. – 188.

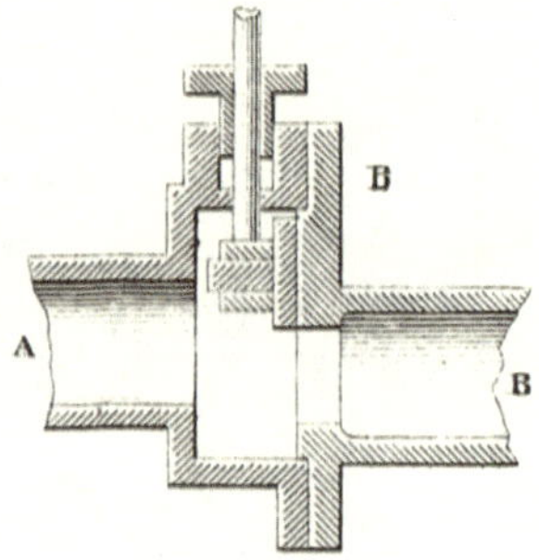

Fig. – 189.

Modérateur à disque tournant

Ce système représenté en coupe horizontale par 1, 2, (fig, 190) partie en projection et partie en coupe verticale (fig. 191), est assez répandu dans les machines locomotives mais disposé d'une autre façon ; il se compose d'une cuvette en fonte, qui s'applique sur la chapelle de la distribution ou sur le tuyau de conduite de la vapeur dans les locomotives ; sur cette cuvette cloisonnée et percée d'ouvertures rayonnantes, se pose un disque percé d'ouvertures équivalentes séparées par des pleins égaux, et disposés de telle manière qu'en agissant soit sur un levier soit sur un volant fixé à la tige, l'on ferme ou l'on ouvre les orifices, par lesquels la vapeur qui vient remplir la capacité de la cuvette peut passer en dessous par la tubulure B qui l'a conduite à la boîte de la distribution.

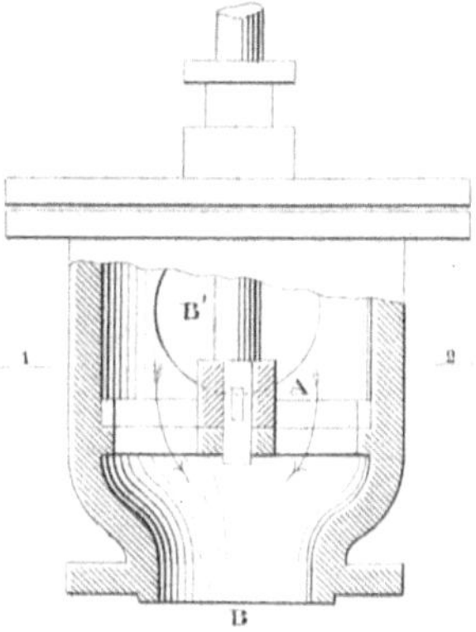

Fig. – 190.

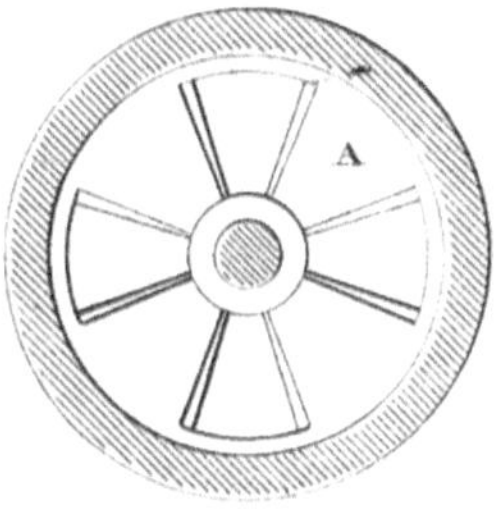

Fig. – 191.

Modérateur à soupape

Souvent utilisé sur les générateurs et quelquefois sur la boîte de distribution, à cause de sa simplicité, son unique avantage, ce système représenté en partie coupé, fig. 192, et en demi-projection horizontale, fig. 193, se compose d'une soupape conique fixée à une tige filetée, qui s'engage dans un écrou, qui l'ail corps avec un support en fonte arqué; l'extrémité de la tige est armée d'un petit volant F à l'aide duquel on fait tourner la vis tige pour soulever ou fermer la soupape; il en résulte que la jonction de celle-ci avec la soupape doit être faite de façon qu'elle puisse jouer facilement et circulairement tout en restant attachée à la soupape.

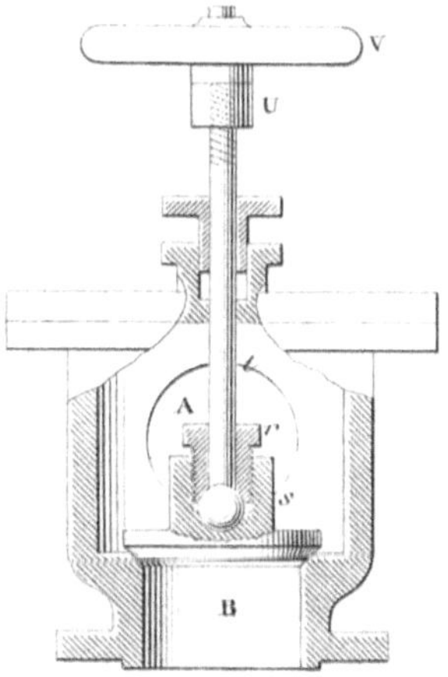

Fig. – 192.

Ce but est bien rempli en terminant la tige par un bout sphérique qui est maintenu dans l'alvéole par un écrou évidé sphériquement qui maintient la tige en relation avec la soupape.

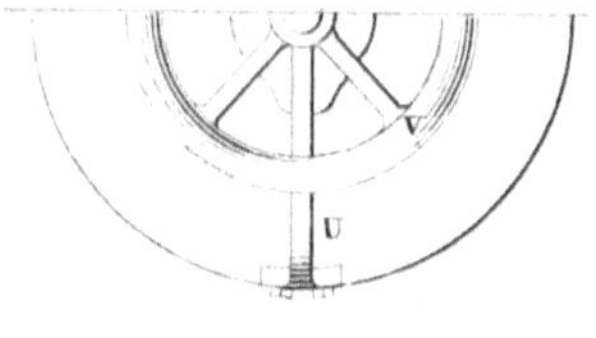

Fig. – 193.

Lorsque cette boîte modérateur est appliquée sur ce générateur, il convient de faire le support arqué U en fer forgé pour résister sans se rompre (cela arrive) à la pression de la vapeur ; on l'encastre par les deux bouts dans le collet préparé à cet effet, et on le fixe avec des vis qui viennent en aide à la queue-d'aronde.

d étant le diamètre du tuyau B, le diamètre supérieur du siège sera $1{,}04\,d + 3$ mm et h la hauteur du siège égal $0{,}37\,d + 1{,}5$ mm.

Chapitre XVI

Distribution pour marteaux-pilons

L'apparition de cet énergique outil de forge date de 1806, époque à laquelle M. William Deverell obtint sa patente pour un marteau soulevé directement par la vapeur, et repoussé ensuite par l'air comprimé. MM. Nasmyth et Gaskell, constructeurs à Patricroft près de Manchester, construisirent en 1843, époque à laquelle ils obtinrent leur patente, un marteau-pilon automoteur qui fonctionnait avec une précision tellement remarquable qu'on parvenait à le diriger de manière que la masse de 5000 k. cassait une noisette sans blesser le noyau. L'apparition de cet engin de forge à la fois si énergique et si docile malgré une vitesse de 60 à 70 coups par minute, émut à tel point le monde industriel qu'à partir de cette époque, les marteaux-pilons se vulgarisèrent et remplacèrent les forts marteaux fronteaux universellement employés en Belgique et en Allemagne.

Le marteau Nasmyth, qui a servi de modèle pour la construction de tous les marteaux de l'espèce, est disposé pour qu'il fasse lui-même marcher le tiroir distributeur conjointement avec un petit cylindre dans lequel joue un piston fixé à la tige du tiroir. Dans son mouvement ascensionnel le marteau soulève le distributeur pour laisser échapper la vapeur et quand il retombe, il entraîne un petit levier qui a pour fonction de donner accès à la vapeur sur le petit piston fixé à la tige du tiroir pour repousser celui-ci vers le bas.

Par un mécanisme, que nous ne décrirons pas, le levier peut être rencontré par le marteau à n'importe quel point de sa course descendante.

La complication inhérente à ce mode de distribution automatique, les dérangements très fréquents et le prix élevé de ces appareils ont engagé les industriels à ne se servir aujourd'hui que de l'appareil primitif de M. Deverell, en y introduisant les perfectionnements apportés dans les distributeurs équilibrés qui se laissent manœuvrer avec la plus grande facilité.

Dans le marteau automoteur Kamp et Cie la distribution est faite par des soupapes dont l'une, la soupape d'exhaustion, est ouverte par l'action d'un mécanisme fixé au marteau et dont l'autre, la soupape d'introduction, est manœuvrée par un levier à main.

Dans le marteau Daelen et Condies un plan incliné fixé au marteau fait ouvrir la lumière par laquelle la vapeur s'échappe et un piston, fixé à la tige du distributeur, est soumis à la pression de la vapeur qui l'oblige à descendre pour préparer une nouvelle ascension.

M. Révollier, dont l'appareil est décrit dans la livraison de janvier 1867 du *Génie industriel*, utilise un secteur avec crans et un ressort pour produire sa distribution automatique ; la barre, qui actionne le secteur variable de position, est articulée au marteau, elle agit sur le distributeur pour lui faire dégager l'une des lumières et un ressort, étendu par cette action, réagit pour ramener le tiroir dans la position opposée.

Tous ces appareils, ainsi que le marteau Schneider, ont déjà été décrits dans d'autres publications, nous nous bornerons à décrire le remarquable appareil imaginé par M. Condies, qui est à la fois automoteur et manœuvrable à la main, et le distributeur équilibré de M. Detombay, constructeur à Marcinelle, près de Charleroy. Cette étude se trouvera complétée par les descriptions que nous avons données des robinets Wilson et Vaessen et des soupapes équilibrées.

Avant d'aborder ces descriptions, rappelons brièvement les principes fondamentaux qui doivent guider les constructeurs des moteurs percutants à simple ou à double effet.

La masse, fixée à la tige du piston, développe dans son mouvement ascensionnel comme dans la descente une puissance vive proportionnelle, comme on sait, au carré de la vitesse de la translation et au poids de la masse en mouvement ; il en résulte que, lorsque le piston est abandonné par la vapeur qui l'a soulevé, la force vive, réagissant sur l'inertie, continuera le mouvement et donnera ainsi le temps à la vapeur de s'échapper. Il est indispensable, surtout lorsque la distribution se manœuvre à la main, de munir le haut du cylindre d'une capacité contenant de l'air qui y est renfermé entre le couvercle supérieur et un piston mobile destiné à recevoir le choc du piston fixé à la tige du marteau ; l'air en se comprimant en amortit l'effet et réagit ensuite pour augmenter l'énergie de la chute.

Sur le couvercle on dispose deux soupapes : l'une qui s'ouvre de haut en bas pour laisser pénétrer l'air à l'intérieur et l'autre qui s'ouvre de bas en haut pour laisser échapper l'air comprimé, lorsque la pression dépasse la limite qui est déterminée par le poids suspendu à l'extrémité d'un levier.

Le réservoir d'air a encore pour but de réagir contre la force vive développée pendant l'ascension en comprimant le piston de manière à détruire la vibration du retour qui tend à détériorer le clavetage. Il sera toujours convenable de disposer le marteau pour qu'il agisse sur le levier, soit pour faire échapper la vapeur, soit pour avertir le mécanicien qu'il est arrivé à son extrême limite en imprimant au levier un mouvement plus ou moins prononcé dans la direction voulue.

Le choc du marteau sur la pièce à forger amortit instantanément la vitesse et il se produit une réaction vers le haut, dans la direction de la tige, d'autant plus énergique que la masse et la chute sont plus grandes. Cette puissance réactionnaire aura une influence nuisible d'autant plus marquée sur l'assemblage du piston avec la tige et de celle-ci avec le culot du marteau que le piston sera plus lourd. Donc le poids de cet organe favorable au maintien de la solidarité à l'instant du retour de haut en bas devient défavorable au moment du choc.

Pour corriger ce défaut inhérent au marteau-pilon, M. Nasmyth ne composait primitivement le piston que d'une tôle épaisse courbée en parachute sphérique, et M. Cavé le construisait avec deux plateaux en tôle entre lesquels on bourrait du chanvre ou des étoupes ; de plus, il interposait entre la tige et le fond de la cavité ménagée dans le marteau, des cordelles de cuir ou de feutre tout en laissant un certain jeu entre la clavette et la mortaise.

M. Detombay construit le piston en fer forgé d'une seule pièce avec la tige et celle-ci est calée et retenue, par son extrémité inférieure, dans le marteau, alésé à cet effet par une bague en fer en deux pièces et par deux clavettes ; il remplace les rondelles en feutre par un disque en cuivre rouge qui produit meilleur effet.

M. Condies a donné à son marteau une disposition particulière, qui supprime toutes ces précautions, en faisant mouvoir le cylindre et en fixant le piston.

Les marteaux destinés aux grandes forges où l'on emploie de la vapeur générée par les flammes perdues des fours doivent être construits pour une pression de deux atmosphères car, bien que la pression puisse être plus élevée lorsque tous les fours sont en activité, plusieurs circonstances peuvent intervenir pour diminuer la production de la vapeur.

On doit éviter les organes compliqués, délicats et susceptibles de détériorations, car les poussières, les vapeurs et les brutalités auxquelles ils sont exposés exigeraient des réparations fréquentes et par suite des interruptions de travail ruineuses.

Marteau Condies

Les figures 194, 195 et 196 sont des croquis à vue pris sur un marteau qui fonctionne depuis 5 ans dans les forges de MM. Gilain et Poncelet à Liège. Le cadre de nos planches ne nous a pas permis de donner aux figures le développement en hauteur proportionné à la largeur. Le fonctionnement de l'outil et les explications incomplètes que nous avons pu obtenir nous ont fait imaginer un appareil distributeur qui, s'il n'est pas conforme à ce qui existe résout, pensons-nous, le problème de M. Condies, à l'indulgence duquel nous faisons appel si ceci lui parvient.

L'inventeur s'est imposé la condition de faire intervenir la masse du cylindre pour la faire concourir à la gravité et par suite de diminuer le poids de l'ensemble de l'outil. Le problème ainsi posé était très difficile à résoudre puisqu'il fallait chercher un procédé simple et pratique de distribution fixe qui peut se prêter à la mobilité du cylindre transformé en masse percutante ; nous verrons que toutes les difficultés ont été vaincues avec une incontestable supériorité et l'appareil se recommande de lui-même, tant sa manœuvre est prompte, intelligente et facile.

Les bâtis sont reliés à la fondation chacun par quatre boulons 1, 2, 3, etc. ; ils maintiennent, par des boulons, deux guides Z et Z' sur lesquels coulisse le cylindre marteau A et ils sont reliés au chapiteau par deux fortes clavettes (fig. 203).

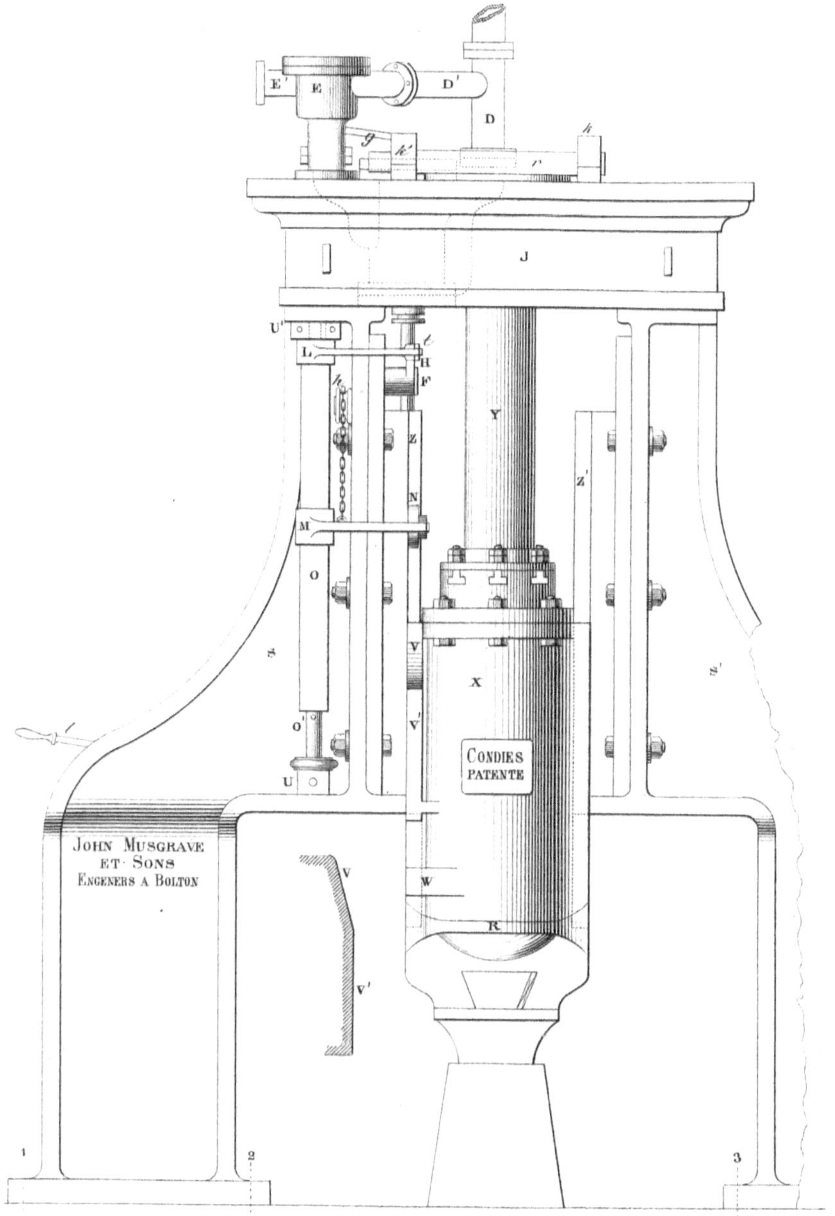
E'
E
D'
D
g
k'
k
r
J
U'
L
l
H
F
h
Y
Z
Z'
N
M
O
V
X
V'
O'
CONDIES
PATENTE
U
JOHN MUSGRAVE
ET SONS
ENGENERS A BOLTON
W
R
1
2
3

Fig. – 194.

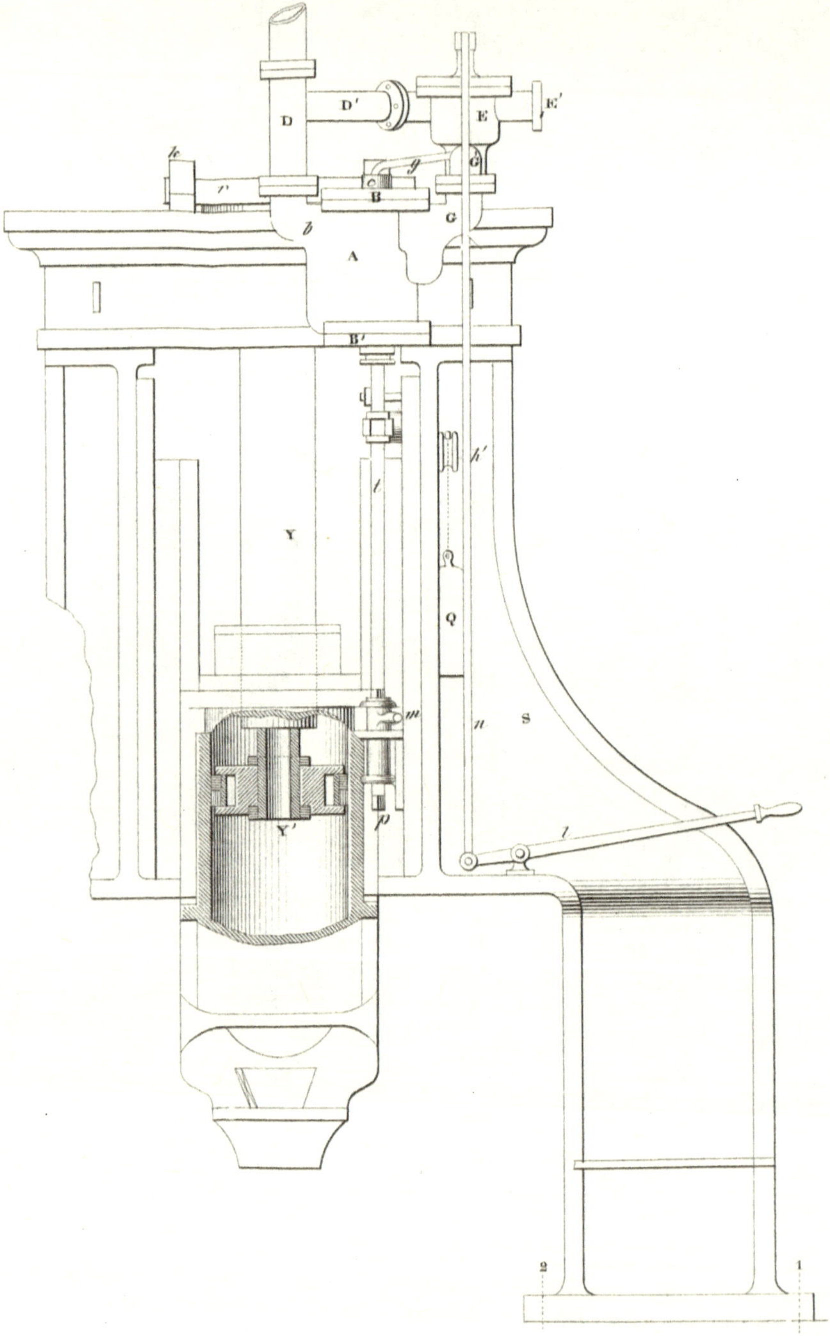

Fig. – 195.

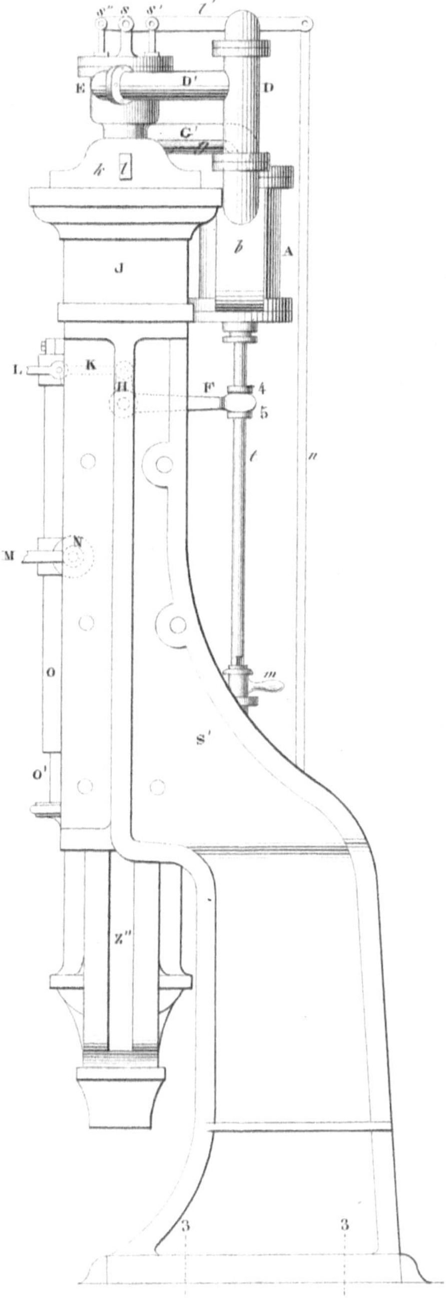

Fig. – 196.

Au bâti de gauche S sont fixés :

1. - une crapaudine U qui supporte le pivot de l'extrémité inférieure de l'arbre O vertical et carré ;
2. - un petit palier U' dans lequel oscille le tourillon de l'extrémité supérieure dudit arbre ;
3. - l'axe du levier F H ;
4. - deux petites poulies à gorge *h* et *h'* sur lesquelles s'enroule la chaîne qui relie le levier M au contrepoids Q ;
5. - un petit support dans lequel s'engage l'extrémité carrée de la tige *t* et qui maintient la poignée *m* ;
6. - le support de l'axe d'oscillation du levier *l*.

Le chapiteau creux, dans lequel on a ménagé les deux conduits de la distribution, supporte les tiges creuses Y et Y' (fig. 203), la boîte A du distributeur V et la cuvette E qui renferme deux soupapes de Hornblower.

Marche de l'appareil. — En appuyant sur le levier *l*, l'ouvrier soulève la soupape d'introduction *s'*, qui est en communication, par le haut, avec la chaudière par la tubulure E' et par le bas, avec la tubulure G de la boîte A ; par le tuyau G', la vapeur s'introduit dans la boîte A, passe par la lumière *d* (fig. 203), par la capacité sphérique G et de là dans la surface annulaire ménagée entre les tiges Y et Y' pour déboucher ensuite au-dessus du piston où elle réagit sur le fond supérieur du cylindre pour le soulever.

Le marteau cylindre se soulève ; dans sa course ascendante, la came qui lui est solidaire rencontre le galet N, maintenu à l'extrémité du levier crochu M, le repousse en arrière et imprime ainsi à l'arbre vertical O un mouvement angulaire qui est utilisé par le levier L pour faire osciller le levier coudé F par lequel la tige *t* du distributeur est soulevée. Par ce mouvement la lumière *d* se recouvre d'abord et se découvre ensuite pour permettre à la vapeur de s'échapper par la tubulure *b* et de là par le tuyau D.

Le cylindre retombe, mais pendant que ce mouvement s'exécute, la vapeur, profitant de ce que le galet N n'est plus retenu, exerce une pression sur l'extrémité de la tige *t* du distributeur pour le contraindre à descendre et à préparer une nouvelle course ascendante. Pour cela, la tige *t* prolongée s'engage dans un petit cylindre fixé au couvercle supérieur de la boîte A dans lequel débouche un petit tuyau *g* qui amène la vapeur de la boîte E.

Cet aperçu de la combinaison des mouvements fait voir que la hauteur de la levée du marteau dépend de la position du levier porte galet M ou du contrepoids Q et que plus haut sera le levier M, plus grande sera l'amplitude de la course ; d'où, s'il y a une position extrême où le plan incliné V ne puisse jamais rencontrer le galet N, le marteau resterait levé jusqu'à ce que l'ouvrier ait fait ouvrir l'échappement : on voit donc qu'en plaçant le levier M dans cette position surélevée, on isolera le cylindre de la distribution automatique et que si la disposition le permet, on pourra manœuvrer l'appareil à la main.

Manœuvre à la main. — Cette condition a été prévue par l'inventeur qui a disposé à cet effet dans la boîte E deux soupapes logées dans des compartiments séparés, de manière que, lorsque l'une se soulève, l'autre se ferme. Les deux soupapes reçoivent le mouvement par le levier *l'* qui oscille en *s* ; l'une, la soupape *s'* modératrice ou distributrice, est en communication avec la chaudière et l'autre avec le tuyau d'échappement D par le tuyau D'. Ces deux soupapes ont leur siège posé sur un conduit commun de manière qu'il faut que, quand l'une va se soulever, l'autre soit prête à se fermer car sans cela, il y aurait une position moyenne où elles seraient ouvertes d'une quantité égale.

Cette condition est remplie par une disposition particulière du levier *l'* combinée avec des ressorts, mais que nous avons dû négliger d'examiner pour ne pas entraver le travail. On conçoit qu'en agissant alternativement sur le levier *l*, on soulèvera tantôt la soupape d'introduction et tantôt la soupape d'échappement. Une bague en fer fixée à la boîte à bourrage du cylindre s'élève au-dessus des boulons pour protéger ceux-ci du choc contre le plan inférieur du chapiteau J.

Distributeur. — Les fig. 197 à 203 à 10 représentent l'appareil distributeur que nous avons déduit des conséquences du mouvement et des explications incomplètes que nous avons pu recueillir.

1. Première période. — Dans la boîte A jouent deux pistons venus de fonte avec une tige T, que nous supposerons creuse

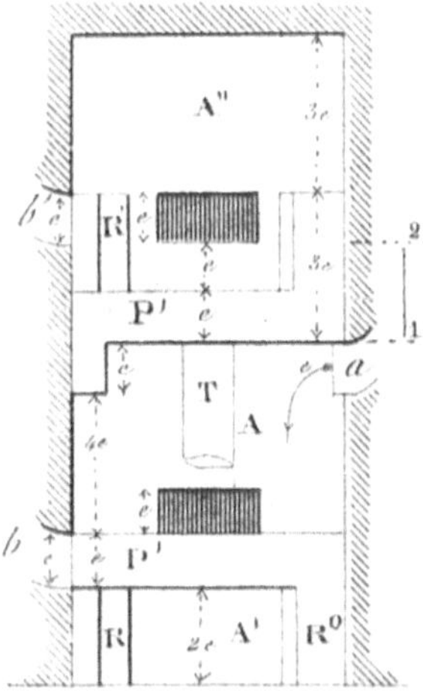

Fig. – 197.

et traversée par la tige *t* dont l'extrémité s'engage dans le petit cylindre *c* muni de l'ouverture *f* où aboutit le tuyau *g*. Cette boîte est pourvue de cinq ouvertures : par *a* afflue la vapeur génératrice qui s'introduit par la lumière *d* (fig. 197) pour aller faire monter le cylindre en passant par la capacité sphérique *a* et par la capacité annulaire ménagée entre les tiges creuses Y et Y' (fig. 203).

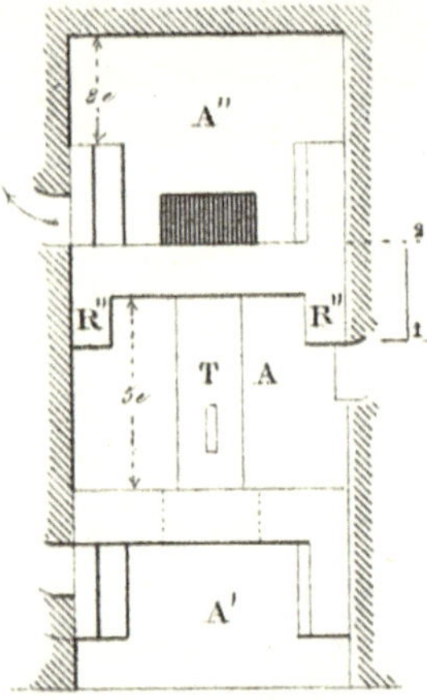

Fig. – 198.

2. Deuxième période, (fig. 198). — Lorsque la came V rencontre le galet N, celui-ci est d'abord repoussé d'une quantité telle, que le distributeur s'élève de la hauteur *e* de la lumière qu'il recouvre ; la vapeur agira donc, pendant un instant très court, par détente pour continuer à pousser le cylindre.

3. Troisième période, (fig. 199). Le galet N en montant sur le plan incliné V soulève encore le distributeur et lui fait découvrir la lumière *d*, de manière à la mettre en communication avec l'orifice de sortie *b'* par lequel la vapeur s'échappe : pendant les deux premières périodes, le dessous du cylindre est resté en communication avec l'air extérieur par le creux de la tige Y' et par les lumières *b'* et *d'*.

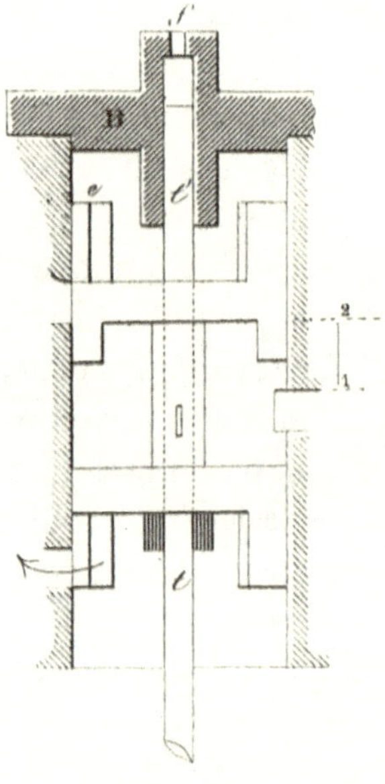

Fig. – 199.

4. Quatrième période (fig. 200). Lorsque l'on veut augmenter l'énergie du choc, en faisant agir la vapeur sur le dessous du cylindre, on soulève le tiroir de manière à lui faire découvrir la lumière *d'* et la mettre en communication avec l'orifice *a* ; la vapeur s'introduit, par des orifices ménagés dans la presse hémisphérique *q*, dans le creux de la tige Y d'où elle débouche en dessous du piston.

Recouvrements. Cet appareil équilibré est pourvu de recouvrements R et R' (fig. 201) disposés pour pouvoir faire varier la section des orifices d'échappement en agissant sur la poignée *m* (fig. 197 et 198) dans laquelle joue l'extrémité carrée de la tige *t*. En repoussant cette poignée de droite à gauche, on imprime aux pistons P et P' un mouvement de rotation dans le sens de la flèche et par suite ils découvrent de plus en plus les orifices d'échappement *b* et *b'* ce qui augmente la rapidité et ainsi l'énergie de la chute.

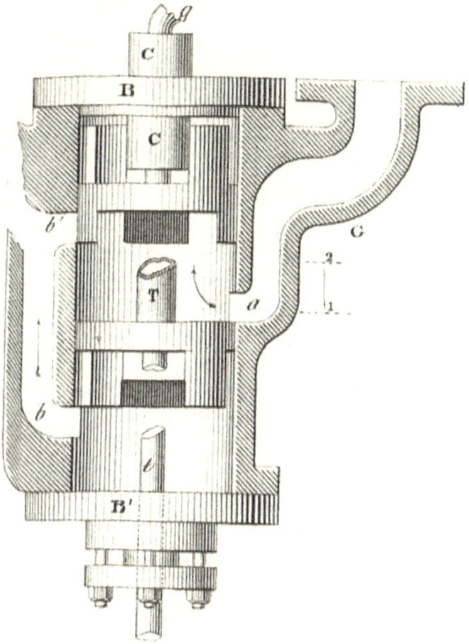

Fig. – 200.

Les recouvrements opposés R° aux premiers n'ont d'autre but que de faire équilibre à la pression, et les recouvrements inférieurs du piston P' doivent l'un, empêcher la vapeur de s'introduire dans l'orifice *b'* lorsque le distributeur est dans sa position la plus élevée et l'autre, faire équilibre au premier.

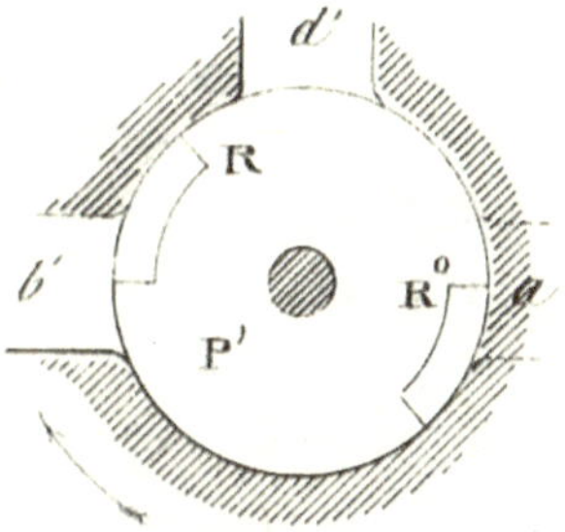

Fig. – 201.

Levier F. Le levier coudé F H est composé de deux branches placées à angle droit et dont l'une H est très petite par rapport à l'autre ; elle est articulée à une petite bielle K, qui la relie au levier crochu L et l'autre branche F est terminée par une fourche qui s'engage entre deux rondelles maintenues librement dans la tige *t* et retenues l'une en haut et l'autre en bas par des saillies ménagées dans la tige.

Tiges creuses. — Il résulte des renseignements obtenus que les tiges creuses sont terminées par une calotte sphérique. Très probablement l'inventeur a eu pour but de rendre ces tiges obéissantes aux

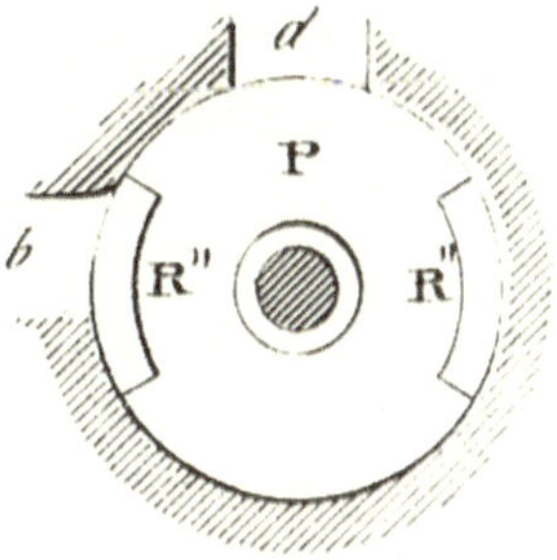

Fig. – 202.

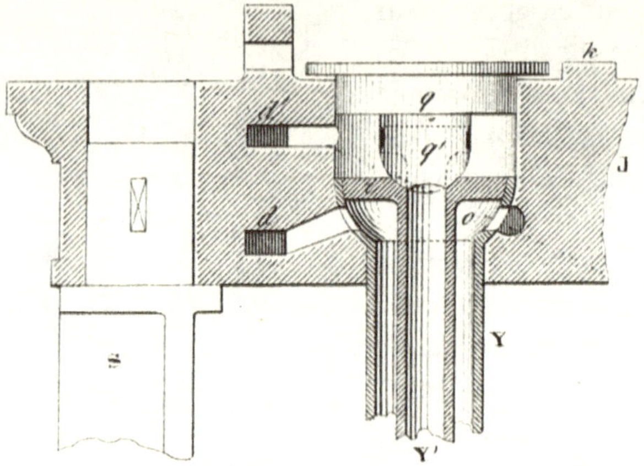

Fig. – 203.

mouvements latéraux et nous avons supposé que la tige T était soudée à un hémisphère parfaitement rodée et dans laquelle venait ensuite s'engager le collet *i* de la tige Y'. Sur ce collet cylindré et rodé on peut ménager, dans son milieu, une cavité hémisphérique dans laquelle se logera la presse *q'* venue de fonte avec le cylindre *q*, lequel est fortement comprimé par la clef *r* et par les appendices *k* et *k'*.

Cylindre. — Indépendamment de la caisse V V' et des deux rainures Z", le cylindre porte une saillie W destinée à supporter une petite masse qui se soulevait par la réaction du choc ; cette percussion était utilisée pour activer la descente du distributeur par l'intermédiaire d'un mécanisme qui actionnait un troisième levier fixé en O' ; de cette manière on pouvait précipiter les recouvrements du marteau. Mais la complication, les dérangements et la nécessité d'avoir à manœuvrer un troisième levier en ont décidé la suppression.

On a dit que dans ce logique système de marteau, le cylindre était exposé à se fendre ; oui, si le constructeur ne prend pas la précaution d'employer une fonte de choix, ou s'il ne construit pas le marteau de manière à ne faire intervenir le cylindre que comme moyen d'augmenter la masse et de relier les deux montants dans lesquels sont ménagées les coulisses *z"*. Avec de la fonte grise ordinaire de toute première qualité, la largeur du marteau devra être plus grande pour que la réaction due au choc soit amortie par les deux masses parallèles entre lesquelles on ménagera la cavité cylindrique.

Les constructeurs Musgrave et Sons ont fait usage d'une fonte exceptionnelle, car on nous a montré des meurtrissures, sur la saillie inférieure R faites par un maladroit frappeur, qui prouvent la très grande malléabilité de la matière et son énergique cohésion. Lorsque le montage a été achevé, le constructeur a soumis son marteau aux plus rudes épreuves en le faisant frapper avec sa plus grande énergie à nu sur l'enclume.

Le poids de ce marteau est de 300 kilog. environ mais, en le faisant agir à double effet, on triple son énergie : sans fondation et sans la plaque d'assise, il a coûté 5 000 francs.

Distributeur Detombay

Ce constructeur a exposé à Paris, l'an dernier, un marteau-pilon à tiroir équilibré et non automoteur, dont il justifie ainsi le système de la distribution. Dans toutes les forges belges et dans la plupart des forges françaises on a renoncé, avec raison suivant nous, au système de manœuvre automatique par suite des considérations suivantes :

1. - Le système coûte cher d'installation, d'entretien et de réparations ;
2. - Il n'économise aucune main-d'œuvre ;
3. - Il entraîne à une dépense de vapeur plus considérable ;
4. - Il ne permet pas dans les 9/10 des cas de tirer parti de tout l'effet utile dont l'appareil est susceptible ;
5. - Il exige une connaissance parfaite de ses ressorts pour pouvoir bien le diriger.

Le distributeur est représenté en coupe verticale fig. 204 et en projection horizontale avec coupe de la boîte par le milieu de la lumière centrale fig. 205. Il se compose d'un piston creux P dans le pourtour duquel on a ménagé le creux *h* par lequel la vapeur s'échappe à l'extérieur ; il est garni, en haut et en bas, de cercles élastiques en bronze *o*, qui sont maintenus par des plateaux en fer serrés entre la bague supérieure et l'écrou de l'extrémité de la tige *i*. Les deux plans du piston P sont percés d'orifices circulaires *m* par lesquels la vapeur va faire équilibre sur le plan opposé à l'introduction. Il joue dans un cylindre *a* percé de trois séries d'ouvertures rayonnantes sur tout le pourtour et en regard des lumières d'introduction *d* et *d'* et de la lumière de sortie *r* ; par ces ouvertures, la vapeur s'introduit dans les capacités annulaires

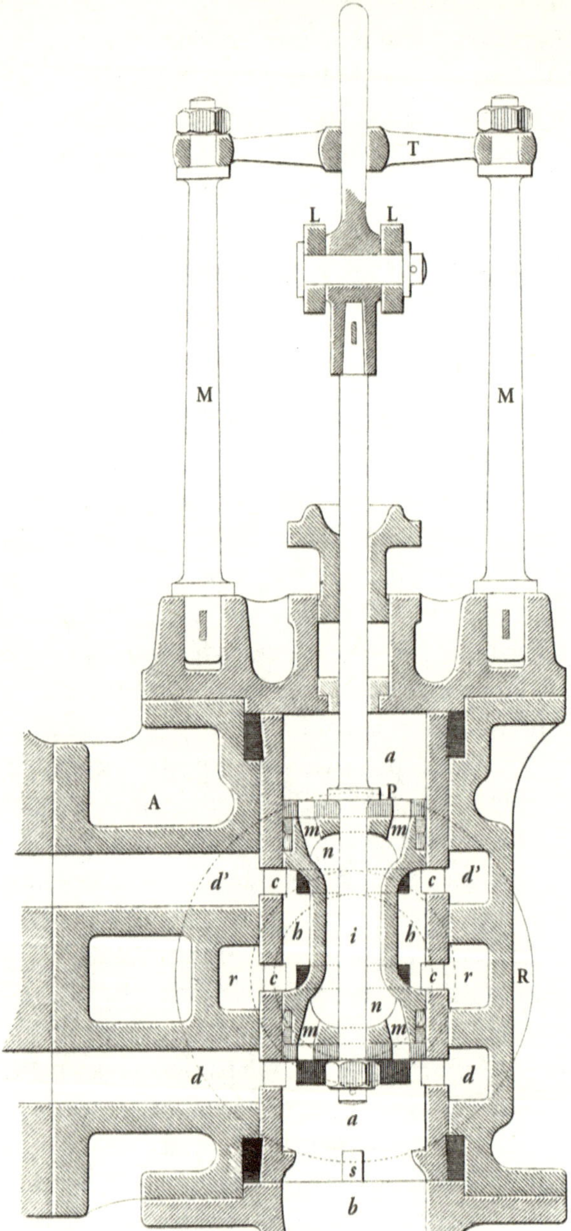

Fig. – 204.

correspondantes aux orifices *d, d'* et *r* tant pour répartir avec égalité la pression sur la circonférence extérieure que pour lui donner accès sur les deux faces du piston et avec l'atmosphère. Ce cylindre, parfaitement alésé, cylindré et rodé, s'emboîte exactement dans la cavité cylindrique de la boîte ; il repose sur la saillie que lui présente la tubulure *b*, qui mène la vapeur du générateur, et il porte à sa base des saillies destinées à limiter la course du distributeur ; il est maintenu par le couvercle de la boîte et il est rendu étanche par deux anneaux *e* en caoutchouc vulcanisé comprimé par la couverture supérieure et par le collet de la tubulure *b*.

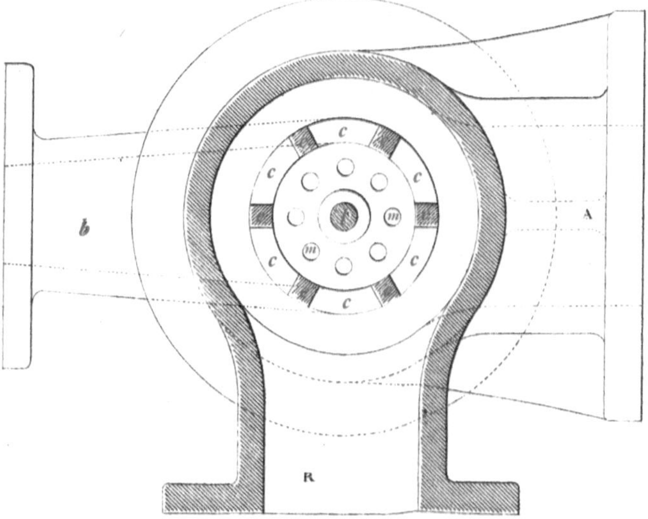

Fig. – 205.

Le dessin représente l'appareil dans la position qui correspond à la course ascensionnelle ; la vapeur s'introduit, par la lumière *d*, en dessous du piston, pendant que celle qui a produit l'effet inverse s'échappe par *d'*, par *h*, par *r* et par la tubulure R. Lorsque le piston a atteint l'extrémité de sa course ascensionnelle, l'ouvrier soulève le levier L pour abaisser le distributeur ; la vapeur passe par la lumière *d'* pour activer l'énergie de la chute, pendant que le volume qui vient de soulever le piston s'échappe par le conduit *r*.

Par cette disposition, le distributeur est à double effet et il exige un nouveau volume de vapeur générée pour produire cette seconde action sur la face supérieure du piston ; or c'est là une dépense que n'exige pas le robinet Wilson, dont la disposition est telle que la vapeur qui a servi à soulever le piston est ensuite utilisée pour activer l'accélération de sa chute. Cependant, la disposition première présente l'avantage de débarrasser instantanément le dessous du piston, tandis qu'avec la disposition Wilson, la vapeur ne peut s'échapper qu'au fur et à mesure que la descente lui prépare l'espace nécessaire dans la capacité supérieure du cylindre.

Le double effet produit par de la vapeur nouvelle a donc pour résultat de rendre très énergique l'accélération de la chute et de permettre de diminuer considérablement le poids de la masse percutante pour produire le même effet relatif. Mais pour que cette disposition soit réellement avantageuse, il faudrait que l'appareil fût organisé pour pouvoir rendre le double effet facultatif, on aurait ainsi deux outils au lieu d'un seul, l'un pour une catégorie de pièces à forger et l'autre pour les pièces plus fortes ; on a vu que le marteau Condies est organisé suivant ce principe.

Chapitre XVII

Distributeurs de l'air pour les machines soufflantes

Clapets

Dans les machines soufflantes, la distribution de l'air dans le cylindre pneumatique se fait généralement avec des clapets équilibrés par des contrepoids fixés, pour le refoulement à de petits leviers, qui se relient aux clapets par une petite bielle, et pour l'aspiration, à des verges en fer fixées aux clapets, et de façon que le contrepoids soit en deçà de la charnière, si celle-ci est dirigée vers la circonférence. Ces clapets sont garnis de peau avec poil en dehors.

D'autres fois le fond et le couvercle du cylindre, souvent le couvercle seul, sont percés d'une multitude d'ouvertures circulaires ou quadrangulaires sur lesquelles on place, par l'intérieur, un cuir d'une seule pièce ou sectionné, de sorte que ce cuir s'élève ou s'abaisse à chaque pulsation du piston ; il forme en quelque sorte ainsi, la plèvre de ce grand poumon. D'autres fois encore, les ouvertures sont disposées en plans inclinés, par rangées successives sur lesquelles on fixe de longues bandes de cuir ou de caoutchouc.

Les clapets et les cuirs horizontaux ont l'avantage de diminuer l'espace nuisible entre les fonds du cylindre et le piston et, quel que soit le système automoteur employé, l'air n'entre ou ne sort que lorsque l'équilibre, entre la pression intérieure et la pression du milieu, est parfait.

Tiroir

Thomas et Laurens, en vue de diminuer le volume de ces appareils pneumatiques à vapeur et d'obtenir une plus grande uniformité dans la pression de l'air envoyé au réservoir, tout en permettant de réduire le volume de celui-ci, imaginèrent de faire faire la distribution de l'air par un tiroir : cette modification permet d'augmenter la vitesse de la machine, d'en réduire le volume, sans en diminuer l'énergie, et de placer les cylindres horizontaux.

Quelques-unes de ces machines fonctionnent dans le canton de Charleroi, aux hauts-fourneaux de Montigny et de la Providence à Marchiennes.

Les inconvénients de ces moteurs sont une résistance plus grande occasionnée par le volumineux tiroir et des pertes d'air ou d'effet utile, lorsque le tiroir n'est pas exactement réglé, ce qui occasionne des percussions qui se transmettent à l'organisme et le fatigue.

Lorsque le piston est à fond de course, il a refoulé l'air devant lui à la pression du réservoir et il a aspiré derrière lui l'air extérieur à la pression de l'atmosphère. Entre le fond du cylindre et le piston, dans l'espace nuisible, il y a un volume d'air à la pression P^1 qui, s'il était mis en communication avec l'air extérieur exactement au commencement de la course, repousserait celui-ci pour se dilater ; de la une première perte d'air et une première perte de travail utile, puisque le piston aura parcouru, sans utilité, un espace proportionnel nécessaire pour produire la compression de cet air introduit à la pression P.

D'un autre côté, si l'air aspiré à la pression P est immédiatement mis en rapport avec l'air du réservoir à la pression P^1, celui-ci s'introduira avec violence dans le cylindre en s'y dilatant, ce qui produira encore une perte de travail utile, tout en augmentant, sans sujet, la résistance du moteur, qui, sans cet incident, aurait parcouru un espace déterminé sans une pression successive, jusqu'à ce que l'air soit comprimé à la pression P', tandis qu'il devra parcourir le même espace sans la pression uniforme P^1. Aussi ces appareils donnent-ils des coups de bélier qui se remarquent facilement.

Pour obvier à ces inconvénients, il faudrait donner un recouvrement extérieur et un recouvrement intérieur, différents tous deux, et proportionnels à l'espace que parcourt le piston pour ramener les deux milieux communiquant à l'équilibre des premiers. Le tiroir se meut horizontalement sur la tablette du cylindre, et ses dimensions doivent être suffisantes pour que l'air s'introduise avec la plus grande facilité ; la surface des lumières doit être d'autant plus étendue que la vitesse est plus grande. À cause des recouvrements différents, les largeurs de ces orifices doivent être plus grandes qu'ils ne seraient avec un tiroir simple. L'air extérieur s'introduit par le creux du tiroir et la pression de l'air du réservoir le maintient en contact avec la tablette.

Lorsque le piston est à fond de course, l'air contenu devant lui à la pression P' doit être détendu à la pression P, avant l'ouverture de la lumière d'introduction : soit, 0,02, la distance entre le fond du cylindre et le piston ; $1^{at},2$, la pression P' ; *x* l'espace à parcourir par le piston pour ramener l'air intérieur à la pression P ; Y le parcours pour ramener l'air à la pression P' ; soit 1 mètre la longueur du cylindre, Z le recouvrement intérieur et enfin *r* le recouvrement extérieur pour le refoulement, on aura :

$$1^{at},2 \times 0{,}02 = 1^{at} \times x$$

$$x = (1^{at},2 \times 0{,}02) / 1^{at} = 0{,}024 \qquad 1^{er} \text{ cas}$$

$$1^{at} \times 100 = 1^{at},2 \times L$$

d'où :

$$L = (1 \times 1{,}00) / 1{,}2 = 0{,}833$$

et

$$y = 1{,}00 - 0{,}833 = 0{,}167 \text{ m}$$

Ainsi le piston doit parcourir, d'une part, 24 mil. avant l'ouverture de la lumière d'aspiration, et d'autre part, 0,167 avant l'ouverture de la lumière de refoulement. Pour obtenir ce résultat il faudra caler l'excentrique à angle droit avec la direction de la manivelle, ainsi le tiroir sera au milieu de sa course lorsque le piston sera à l'extrémité de la sienne.

On construira l'épure, ou un appareil en bois, qui déterminera les recouvrements ; on réduira ensuite ceux qui correspondent avec la demi-circonférence antérieure, d'une quantité qui se déterminera par l'épure ou par l'appareil, suffisante pour corriger l'irrégularité, dans l'introduction et le refoulement due à l'obliquité de la bielle motrice et de la bielle de la manivelle qui actionne le tiroir.

Théorie des
RÉGULATEURS

Le régulateur à boules ou le pendule est encore un des produits de l'intelligence créatrice de l'illustre Watt, qui l'imagina pour remplacer la main de l'ouvrier en le mettant en rapport avec une valve équilibrée, à l'effet de corriger les irrégularités de la vitesse de la machine en modifiant la section du tuyau qui amène la vapeur de la chaudière dans la boîte du tiroir distributeur. Quant aux irrégularités de mouvement dites aux variations du travail, nous venons de voir qu'il y remédia par l'application d'une grande masse sur l'arbre moteur, qu'il désigna sous le nom de volant.

Le pendule conique, tel que Watt l'imagina, ne répond pas entièrement à une régularisation parfaite, tant à cause de l'inertie des boules qui s'opposent à l'élévation, lorsqu'il y a accélération de vitesse, et qui fait descendre l'appareil presque instantanément, lorsque la vitesse diminue, que par la variation du moment du poids des boules, qui augmente avec la hauteur et qui diminue lorsque les boules s'abaissent.

On voit qu'il y a hésitation dans le pendule pour une accélération de vitesse, tandis que le contraire a lieu lorsqu'elle diminue. Ce défaut se complique par l'accélération due à la gravité, qui fait que les boules dépassent la position correspondante à la vitesse et qu'elles ouvrent l'orifice plus qu'il n'est nécessaire ; aussi lorsque la vitesse diminue brusquement, on remarque que les boules s'affaissent pour se relever ensuite.

Il résulte de ces pernicieux effets, que l'écart entre la vitesse de régime et l'accroissement de mouvement est plus grand que l'écart entre la vitesse normale et un ralentissement. Si la cause qui a produit l'altération de la vitesse persiste quelque temps, le pendule, qui ne peut occuper, quelle que soit la vitesse, la même hauteur correspondante à une banne position de la valve changera cette position, qu'il devrait maintenir, à chaque correction du mouvement ; d'où, il en résultera des oscillations et des variations de vitesse qui se prolongeront tant que les travaux ne seront pas revenus à leur équilibre normal.

On dit qu'un régulateur est sensible lorsque ses oscillations sont rapides, renfermées dans des limites étroites et que, par suite, les écarts de la variation de la vitesse, pendant une même période de diminution ou d'accroissement, sont moins sensibles.

Pour corriger les effets dus à l'inertie des boules et à la variation du moment de leur action, M. Meyer, de Mulhouse, a imaginé d'équilibrer leur poids an moyen d'un levier courbé à l'extrémité duquel une masse est suspendue. Le levier est combiné de façon à diminuer l'énergie du contrepoids lorsque les boules s'abaissent et à l'augmenter au fur et à mesure qu'elles s'élèvent. Nous verrons, en décrivant cet appareil, que ce but est rempli en faisant varier la longueur de l'une des branches du levier tandis que l'autre reste invariable.

M. Grégoire, à Liège, vient de trouver un moyen très simple de remplir toutes les conditions d'équilibre, en substituant au contrepoids et au levier courbé, un tube en fer contenant du mercure fixé sur un levier rigide. La quantité de mercure étant déterminée, la capacité du tube doit être telle que le liquide ne la remplisse pas entièrement. La mobilité de la masse combinée avec la longueur du levier et le poids du mercure, permet de résoudre le problème de l'équilibre exact du poids des boules quelle que soit la position que peut occuper l'appareil régulateur.

Le réservoir qui contient le mercure est cylindrique, mais en lui donnant la forme conoïde, comme il est indiqué sur la fig. 206, le résultat serait encore plus complet, puisqu'une plus grande masse pourrait se porter vers les extrémités ; cette forme permettrait de diminuer la longueur du tube et du levier au besoin.

L'adjonction d'un contrepoids d'équilibre, permet au pendule de changer de position sans que la vitesse soit modifiée sensiblement, lorsque la résistance appliquée au manchon augmente ou diminue d'intensité ; ce qui ne peut avoir lieu que lorsque la pression de la vapeur s'élève ou s'abaisse et que l'appareil obturateur n'est pas exactement équilibré.

Le pendule conique ainsi modifié ne peut pas encore maintenir constante la vitesse de régime ; il ne peut qu'empêcher cette vitesse de dépasser certaines limites d'autant plus étroites que l'appareil est mieux équilibré.

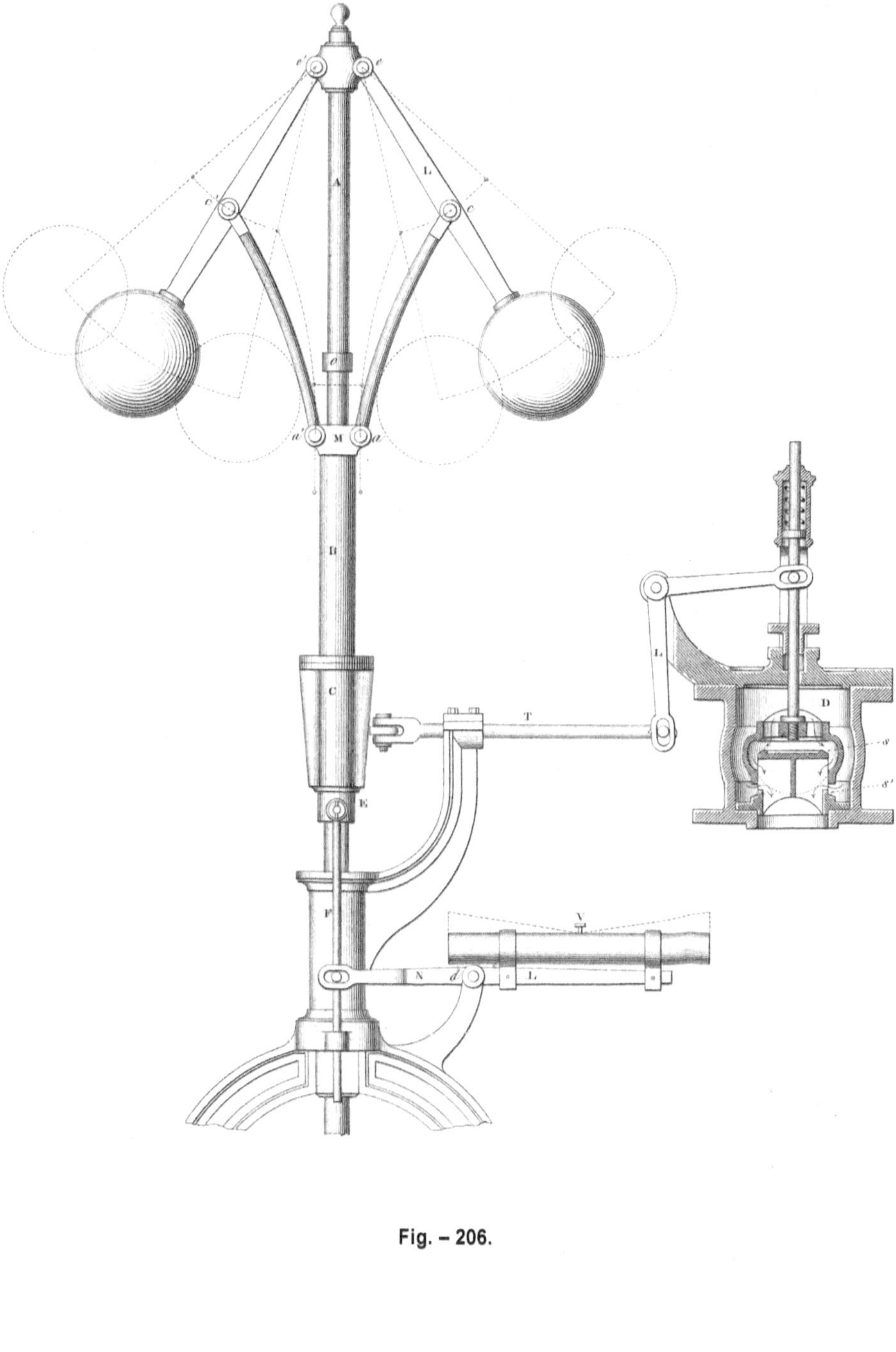

Fig. – 206.

Ce levier d'équilibre combiné avec un régulateur parabolique ou à tiges croisées convenablement constitue un appareil complet, simple, d'un entretien facile et peu coûteux qui convient le mieux pour des vitesses moyennes. Nous verrons comment M. Foucault est parvenu à résoudre le même problème en renversant l'appareil et en le combinant avec un hélicoïde et un ressort.

Les régulateurs Jacobi et paraboliques, et le soufflet Moulinié remplissent également toutes les conditions exigibles, mais la construction du premier est trop compliquée, le frottement des galets des seconds et la nécessité d'employer le cuir dans le troisième, présentent de tels inconvénients, que le soufflet Moulinié surtout est peu employé.

Les Anglais et les Américains ont simplifié le régulateur et ils lui ont donné une grande vitesse, ce qui est favorable à la sensibilité de l'appareil. Dans le régulateur de Porter, les boules disparaissent presque complètement, tant la vitesse de rotation est considérable et, comme dans ce cas c'est contre la force vive qu'il faut réagir, l'équilibre est établi au moyen d'une bouteille creuse, pour lui donner plus de volume, qui s'élève ou qui s'abaisse sur l'axe du régulateur en culminant avec lui le manchon auquel il peut être fixé.

Avant d'entrer dans les détails relatifs à ces divers appareils, nous reproduirons ici la théorie du pendule pour avoir à notre disposition tous les éléments nécessaires pour déterminer la longueur des tiges de suspension proportionnée à la vitesse normale et le poids des boules nécessaire pour vaincre la résistance appliquée au manchon.

Théorie du pendule conique

Hauteur à laquelle se tiendront les boules et la longueur des tiges de suspension pour une vitesse angulaire donnée.

Désignons par P le poids d'une boule (fig. A) ω la vitesse angulaire. H la hauteur comprise entre le point de suspension des tiges jusqu'à la projection verticale du centre des boules. R la distance du centre des boules à l'axe A B ; $g = 9{,}8088$.

1. La force centrifuge qui sollicite l'une des boules sera exprimée par :

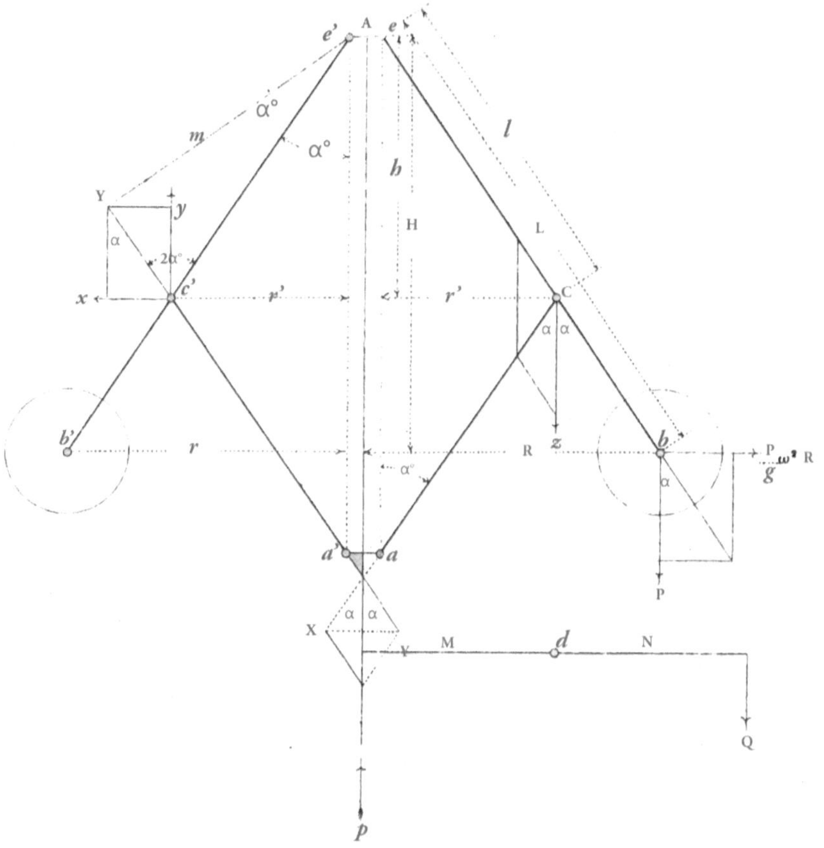

Fig. – A.

$$F = \frac{P\omega^2 R^2}{g R} = \frac{P\omega^2 R.}{g} \quad (1)$$

La circonférence décrite par les boules étant 2 π R et *t* le temps qu'exige une révolution on aura :

$$\omega = \frac{2 \pi R}{t R} = \frac{2 \pi}{t}.$$

En substituant cette valeur dans la relation (1) elle devient :

$$F = \frac{P\,4\,\pi^2 R}{g\,t^2} \quad . \ (2)$$

C'est cette force F qui doit être capable de faire monter ou descendre la boule ou de lui faire équilibre.

Pour que cette dernière circonstance ait lieu, il faut que la résultante de F et de P soit dirigée dans le sens de la tige de suspension de la boule ; par suite, si α° est l'angle que fait la tige de suspension avec l'axe A B, il faudra que l'on ait :

$$F : P :: R : H = \text{tang. } \alpha^{\circ} : 1$$

d'où

$$F = P \text{ tang. } \alpha^{\circ}.$$

En substituant cette valeur de F d'ans (1), il vient

$$P \text{ tang. } \alpha^{\circ} = P/g\, \omega^2 R \qquad (3)$$

Mais R = H tang. α° donc en éliminant les valeurs de P et de tang. α° communes aux deux membres de l'équation (3) nous aurons :

$$1 = H\omega^2 / g$$

d'où l'on tire :

$$H = g/\omega^2 \quad (4) \qquad \text{ce } q.f.d.$$

2. Le temps nécessaire pour une révolution du pendule en fonction de la hauteur H, se trouvera en transformant d'abord l'équation (2) en fonction de F = P tang. α° . Elle deviendra :

$$1 = \frac{4\pi^2 H}{g t^2};$$

d'où

$$t = 2\pi \sqrt{\frac{H}{g}}. \quad (5)$$

Le temps nécessaire pour une oscillation du pendule en seconde étant $t = \sqrt{H/g}$, une révolution du pendule conique de même hauteur exigera un temps double ; ce qui revient à dire que la hauteur H du pendule conique sera égale à la longueur du pendule à secondes si la durée d'une oscillation est de deux secondes. Ainsi, dans ce cas,

$$H = 0{,}99384$$

Soit N le nombre des révolutions que doit faire le pendule en une minute. On aura en vertu du principe que H varie comme le carré de la vitesse, ce qui est visible dans l'équation (4),

$$H : 0{,}99384 = \overline{30''}|^2 : N^2,$$

ce qui donnera H en fonction du nombre de tours, ou

$$H = (0,99384 \times 900'') / N^2 \qquad (4)$$

On a remarqué que lorsque l'angle $\alpha°$, qui correspond à la vitesse normale, était de 30°, les oscillations du pendule étaient sensiblement uniformes.

3. Poids des boules pour qu'elles soient capables de vaincre la résistance appliquée au manchon et pour que la vitesse ne dépasse pas la vitesse normale de $1/n$.

Lorsque le mouvement de rotation du moteur s'accélérera, les boules seront sollicitées à s'élever, mais il faudra un certain temps avant que les boules obéissent à l'impulsion de l'accroissement de vitesse ω', parce qu'il se développera sur le levier L une résistance qui interviendra dans la combinaison des forces P et F, résistance qui dépend de la longueur du levier et de l'effort nécessaire pour faire mouvoir le papillon ou la soupape modératrice.

Soit p cette résistance appliquée au manchon du pendule.

Si les organes sont disposés en parallélogramme, ainsi qu'il convient de le faire, et si α est égal à 30° et que l'on décompose p qui agit directement sur l'axe de rotation AB, l'une des décomposantes X prendra la direction de $a\ c$ et l'autre la direction $a'\ c'$, et l'on aura, en se rappelant que dans tout triangle les sinus sont comme les côtés opposés,

$$p : X :: \sin 2\alpha : \sin \alpha$$

d'où

$$X = p\,\frac{\sin \alpha}{\sin 2\alpha} \text{ et } p = X\,\frac{\sin 2\alpha}{\sin \alpha}$$

Mais X se décomposera aussi en c, l'une suivant la verticale et l'autre suivant la direction de la tige L qui sera sans effet ; et l'on aura encore, à cause de la similitude des triangles isocèles,

$$Z : X :: \sin 2\alpha \ ; \ \sin \alpha$$

d'où,

$$Z = X \sin 2\alpha / \sin \alpha$$

sin 60° = 0,86603
sin 30° = 0,50000

Donc $Z = p$. Ainsi cette résistance se répétera deux fois, l'une en c et l'autre en c'.

Enfin si l'on transporte le point d'application de p au centre de la boule, il vient :

$$p\,l = Z\,L\,;$$

d'où,

$$Z = p\,\frac{l}{L}$$

et l'on devra avoir

$$F = \frac{P + p\frac{l}{L} \times 4\,\pi^2\,R}{g\,t}$$

Mais comme $4\frac{\pi^2 R}{g\,t^2} = \omega^2$ on aura

$$F = P + p\,\frac{l}{L}\omega^2$$

et comme $F = \text{tang}\,\alpha^0$, il faudra que l'on ait

$$\frac{E}{P + p\,\frac{l}{L}} = \text{tang}\,\alpha^0\,;$$

mais F égal aussi $\frac{P}{g}\omega^2\,H\,\text{tang}\,\alpha^0$; d'ou en substituant il vient

$$\frac{\frac{P}{g}\,\omega^2\,H\,\text{tang}\,\alpha^0}{P + p\,\frac{l}{L}} = \text{tang}\,\alpha^0$$

et

$$\frac{P}{g}\omega\quad H = P + p\frac{l}{L}. \quad (6)$$

Cette relation donnerait le poids P d'une boule, mais le régulateur n'obéirait pas instantanément à l'impulsion, comme nous l'avons déjà remarqué, et il y aura un intervalle entre la vitesse de régime et la nouvelle vitesse, qui ne peut s'écarter de la première que de la fraction $1/n$; il en résulte que la nouvelle vitesse est $\omega' = (\omega + \omega/n)$; en substituant dans l'équation (6), en réduisant et en se rappelant que $g/\omega = \text{H}$, il vient,

$$\text{P}\,((n^2+2n+1)/n^2) - \text{P} = p\,(l\,/\,\text{L})$$

d'où,

$$\text{P} = p\,l\,n\,2\;/\;\text{L}(2\,n+1)\quad \text{pour le poids de la boule}$$

n varie de 10 à 20 et même à 60.

Suivant Claudel, P se déterminera par

$$\text{P} = p\,l\,(n-1)\;/\;\text{L}\,(2\,n-1)$$

D'autres font, $\text{P} = p\,l\,n^2\,/\,\text{L}^2$

La première est la solution donnée par M. Poncelet ; elle fournit un poids P plus fort que la seconde. Ainsi, si on fait n = 10, elle donnera

$$P = p\,l\,4{,}7\ /\ L$$

tandis que la seconde ne donne que

$$P = p\,l\,4{,}15\ /\ L$$

4. Lorsque les bielles qui relient le manchon à la tige sont articulées au centre des boules comme dans le régulateur de M. Porter, (fig. 217), la formule devient alors,

$$P' = P\,n^2 / 2\,n + 1$$

ce qui donne un poids relativement plus fort dans le rapport l / L .

Si L = 2 l le poids P' = 2 P.

La résistance p appliquée an manchon se détermine pratiquement au moyen d'une balance, et l'on corrige en introduisant de la mitraille de plomb dans les boules que l'on rougit ensuite pour la faire fondre.

5. Résistance de la tige et de l'axe de suspension. Nous avons vu que les boules sont sollicitées d'un côté par la force centrifuge, dont la direction est horizontale, et de l'autre par le poids P dont l'action est verticale ; il en résulte que la force, qui agit dans le sens de la tige, est la résultante de ces deux composantes. Le triangle étant rectangle, on aura :

$$\frac{P}{g}\,\overline{\omega^2 R}^2 + P^2 = F'^2 \text{ (}\omega\text{ la plus grande vitesse,)}$$

$$P^2 \ \text{tang}^2\,\alpha^\circ + P^2 = F'^2$$

tang 30° = 0,57735 dont le carré = 0,3333.

6. Résistance de l'axe de rotation. Cet axe doit résister à l'effort de torsion, et cet effort est égal à la force centrifuge des boules, qui réagit contre la puissance qui imprime le mouvement.

La force centrifuge étant exprimée par

$$(2\,P / g)\,\omega^2\,R = F$$

son moment sera

$$(2\,P / g)\,\omega^2\,R^2 = FR\,; \quad \text{(F R étant un maximum)}$$

d'où en faisant le coefficient de résistance du fer égal à 600 0000, on obtiendra le diamètre en centimètres par

$$D = \sqrt[3]{\frac{F\ R}{140}}$$

Le diamètre que l'on obtiendra par cette formule sera plus fort que celui que l'on déduirait de la formule de M. Morin qui est, dans le cas des pièces allégées,

$$D = \sqrt[3]{\frac{F\ R}{262}}$$

Mais comme cet arbre est généralement long et qu'il n'est pas exposé à des chocs, il convient de choisir un coefficient qui se rapproche du cas des pièces soumises à de brusques changements de résistance.

Le diamètre de l'axe de suspension sera donné par

$$d = \frac{\sqrt[2]{F}}{260}$$

F' étant aussi un maximum et égal à $\sqrt{2\ P^2}$

7. Calcul du contrepoids nécessaire pour équilibrer le poids des boules. Désignons par Q le contrepoids, (fig. 213).

h, la distance entre le point de suspension *e* jusqu'à la projection de l'articulation *c* sur l'axe A B, égale H/2 si l'appareil est disposé en parallélogramme et si 2 *l* = L.

r la distance entre le centre des boules et l'articulation de la bielle *a' c'* avec le manchon.

Les autres lettres conservent les mêmes significations que précédemment.

Les forces qui agissent sur le système sont :

- La force centrifuge $2P/g\,\omega^2$ R ou 2 M ω^2 R ;
- Le poids Q, qui agit sur le manchon dans la direction de l'axe A B et qui concourt avec M ω^2 R à soulever les boules ;
- Le poids des boules 2 P ;
- Le poids du manchon *q* ;
- La résistance appliquée au manchon *p* ;

Ces trois dernières réagissent contre les deux premières.

La 5e se trouvera comprise dans 2 P.

Le contrepoids Q se décomposera en deux parties, l'une verticale suivant *a' e'* et l'autre horizontale suivant *a' b'* ; la résultante de ces deux composantes prendra la direction de la bielle $a'\ c'$, (on ne considère qu'un côté de la figure). Cette résultante Y, dont le moment est m, se décompose en c' en composantes y verticale et x horizontale.

Le moment de la première est $y\ r'$.

Le moment de la seconde est $x\ h$.

Mais $r' = l \sin \alpha$ et $h = l \sin 2\alpha$.

Le moment du poids 2 P est $2\ P\ r$ ou $2\ P\ L \sin \alpha$.

Le moment de q se trouvera en décomposant cette force comme nous avons décomposé le contrepoids Q, et comme elle agit en sens contraire et que les bras du levier de ses composantes sont aussi r' et h, il suffira, pour que son action entre dans l'équation, de la soustraire de Q avant de décomposer celui-ci. Ainsi :

$$Y = (Q - q) / \cos \alpha^\circ = Q' / \cos \alpha^\circ \quad \text{et} \quad Y \cos \alpha^\circ = Q'$$

$$x = Y \cos \alpha^\circ = Q' \quad ; \quad \text{et pour le moment, } Q'\ l \sin 2\ \alpha^\circ$$

$$Y = Q' \sin \alpha^\circ / \cos \alpha^\circ = Q' \operatorname{tang} \alpha^\circ \quad ; \quad \text{id. } Q' \operatorname{tang} \alpha^\circ\ l \sin \alpha^\circ$$

Le moment de la force centrifuge $2\ M\ \omega^2\ R$ est

$$2\ P/g\ \omega^2\ R \times H$$

Mais la formule (4), page 240, donne $H = g/\omega^2$; donc en substituant et réduisant il vient, pour l'expression du moment,

$$2\ P\ R$$

L'équation d'équilibre s'exprimera par

$$2\ P\ R + Q'\ (l \sin 2\ a + l \operatorname{tang.} \alpha \sin \alpha) - 2\ P\ L \sin \alpha = 0;$$

d'où l'on tire la valeur du contre-poids,

$$Q' = \frac{2\ P\ (L \sin \alpha - R)}{l\ (\sin 2\ \alpha + \operatorname{tang.} \sin \alpha)}\ (A)$$

Ou sous une autre forme, nous avons vu, page 239, que la force centrifuge peut s'exprimer par,

$$\frac{2\ P\ 4\ \pi^2\ R}{g\ t^2}$$

et comme son moment est H, nous aurons

$$\frac{8\ P\ \pi^2\ R\ H}{g\ t^2}.\ (a)$$

Nous avons trouvé, 1° pour le moment du poids des boules

$$2\ P\ r.\ (b)$$

2° Pour le moment de x ou de Q'

$$Q'\ r'$$

enfin 3° pour le moment de Y ou de Q' tang. $\alpha°$

$$Q' \text{ tang. } \alpha° \ h.$$

Mais tang. $\alpha° = \frac{r}{H}$, car on a $H : r = 1 :$ tang. α ; donc on aura

$$Q'\ h \frac{r}{H}.$$

Substituant ces valeurs dans l'équation d'équilibre elle devient

$$\frac{8 P \pi^2 RH}{g\ t^2} + Q'\ (r' + \frac{h\ r)}{H}\ 2 P\ r = o$$

et

$$Q' = 2 P \frac{\left(r - \frac{4 \pi^2 R H}{g\ t^2}\right);}{r' + \frac{h\ r}{H}}$$

d'où,

$$Q' = 2 P \frac{(g\ t^2 r - 4 \pi^2 R H) H}{(H r' + h\ r)\ g\ t^2} \quad (B).$$

Cette équation fait voir que lorsque H augmente ou que la vitesse se ralentit, le poids Q' diminue, puisque le terme soustractif du numérateur augmente en même temps que r et r'.

En fonction de la vitesse angulaire on aura

$$Q' = \frac{2\ P\ H (g\ r - \omega^2\ R\ H)}{(H r' + h\ r)\ g} \quad (C)$$

Lorsque le centre des boules sera lié directement avec le manchon, comme dans l'appareil de Porter, on aura

$$Q' = \frac{2\ P\ (g\ r - \omega^2\ R\ H)}{2\ g\ r} \quad (D)$$

Ce qui donnera un poids moindre que précédemment pour une même valeur de P ; ce qui doit être, puisque le bras de levier de la réaction de Q' devient égal à L cos α°, tandis que dans l'autre système, il n'est que *m* ou *l* cos α°.

On voit que Q' sera positif, tant que le terme ω^2 R H sera plus petit que *g r* et qu'il sera négatif dans le cas contraire ; c'est-à-dire que, dans le premier cas, l'action de Q' sera dirigée de bas en haut, et de haut en bas dans le second cas.

Il peut donc arriver que, pour une vitesse donnée ω, le poids Q' devienne nul, négatif pour une vitesse $\omega + \omega/n$ et positif pour une vitesse $\omega - \omega/n$; on pourra dans ce cas faire en sorte que Q soit toujours positif en augmentant le poids q du manchon.

8. Dans les systèmes de régulateurs où la valeur de ω^2 R H' est toujours moindre que $g\ r$, le contrepoids est fixé à l'extrémité d'un levier qui oscille sur un axe fixe, en d (fig. 210). La branche L est droite et son extrémité est terminée par un crochet contre lequel vient s'arrêter l'axe auquel est suspendu le contrepoids Q'. L'autre branche N fait un angle $\beta°$ avec la première et elle est terminée par une courbe en développante dont le point de départ est à l'intersection de la verticale qui passe par l'axe du galet G, lorsque la branche N est horizontale, position qu'elle prend lorsque le régulateur occupe la position la plus basse. Le poids Q' étant invariable, il devient nécessaire de diminuer la longueur du levier L au fur et à mesure que la vitesse maxima se rapproche de la vitesse minima, et l'on sait que l'écart entre ces vitesses est dépendant du coefficient n de régularité.

On se donnera donc la hauteur H' - H" ou I k, limites que l'on veut que le régulateur ne puisse franchir tant que la vitesse ne dépasse pas $\omega + \omega/n$ ou $\omega - \omega/n$.

On divisera ensuite H' - H" en parties égales et on introduira dans l'équation d'équilibre ces nouvelles valeurs de H en ayant soin de chercher les valeurs de r, de r' et de R, relatives à chacune d'elles par la proportion :

$$R : H = H_1 : x$$

$r = R - (a\,a' / 2)$ et $r' = r / 2$ quand $2\ l = L$; ou $r' = L / l$ lorsque la figure est un parallélogramme.

L'angle $\beta°$ doit être tel que la branche L soit horizontale lorsque le galet sera au sommet de sa course.

L'équation ainsi modifiée donnera successivement une valeur de Q' qui sera combinée avec les longueurs $d\ h$, $d\ g$, $d\ f$... et $d\ a$ dont les projections e, c, b,.. et a donneront les points de suspension de

$$Q_n(da/dk),\ Q_3(df/dk),\ Q_1(dg/dk),\ \ldots\ \text{et}\ Q_2(dh/dk)$$

Les points *a, b, c... e* étant réunis par une courbe, on cherchera un point A fixe qui en sera, autant que possible, le centre de courbure ; on réunira ce point avec l'axe de suspension du contrepoids par une petite barre articulée, variable de longueur si l'on veut, et en plaçant un petit galet sur l'axe de suspension, le contrepoids roulera sur l'extrémité du levier pour venir successivement se placer en *a b c*.. et *e*. La courbe qui termine le levier N se tracera en cherchant la développante d'un point *n* du galet *g*, sur la droite *d k* ou simplement par un arc de cercle.

Si la vitesse du régulateur est telle que le poids Q' soit constamment négatif, on opérera de la même manière pour chercher les diverses valeurs de cette réaction ; et si l'on se sert encore d'un levier, celui-ci aurait son point fixe en *k* et le point *d* serait relié avec le manchon (fig. 210).

Généralement on se contente de placer sur le manchon une masse plus ou moins architecturale ou mieux, on remplace cette masse invariable par un ressort en acier, combinaison imaginée par M. Jenkin.

La dimension du tube à mercure de M. Grégoire, le poids du liquide, et les longueurs des leviers se trouveront par les mêmes procédés dont on corrigera les imperfections soit en ajoutant ou en diminuant la quantité du métal liquide.

Le bulletin de la Société de Mulhouse, tome XVII, contient un remarquable rapport de M. Charbonnier non seulement sur le régulateur Meyer, mais encore sur la théorie des volants pour machine à détente.

M. Tresca a publié également dans les annales du conservatoire impérial, une théorie du régulateur de M. Porter par laquelle il démontre que sans faire participer le poids de la bouteille au développement de la force centrifuge, il satisfait aux conditions d'une bonne régularisation.

Cependant, il conviendra de chercher le moment d'inertie de la bouteille pour en déduire la force centrifuge dont elle est capable et de combiner cette force, qui concourt au soulèvement, de telle sorte, que les conditions d'équilibre, quelle que soit la vitesse, ne s'écartent que d'une quantité $1/n$ que l'on s'imposera.

9. Si nous reprenons la formule qui détermine la hauteur H en fonction de la vitesse, ou

$$H = g / \omega^2$$

On voit que H varie comme le carré de la vitesse, puisque *g* est une quantité invariable. Si nous comparons un régulateur dont le mouvement de rotation est de 20 tours avec un autre d'une vitesse plus grande, par exemple de 100 tours, et si nous cherchons la hauteur H pour (n - 1) tours, nous verrons que la différence entre $\overline{20}^2$ et $\overline{19}^2$ est plus petite qu'entre $\overline{100}^2$ et $\overline{99}^2$

En effet, 400 - 361 = 39 et 10000 - 9801 =1199 ; d'où l'on conclura, que le second sera plus sensible que le premier et qu'il y a toujours avantage de donner au régulateur une vitesse plus grande que celle du moteur car, indépendamment d'une plus grande sensibilité, on réduira les frais de fabrication de l'appareil.

Description des appareils régulateurs

1 – Régulateur de Watt utilisé par Mauslay pour faire agir la vapeur par détente tout en faisant varier la section de l'orifice qui amène la vapeur au cylindre suivant les besoins de la régularisation.

Le régulateur de Watt, se compose (fig. 206, p. 237), d'un axe vertical A animé d'un mouvement de rotation que lui transmet l'arbre moteur, soit par pignons dentés angulaires, soit par courroie. Au sommet de cet axe on fixe, par une clavette, un manchon de fer ou de bronze qui est muni de deux charnières en saillie dont chacune d'elles reçoit l'articulation de l'extrémité de la tige, qui porte la boule. Ces tiges sont ordinairement en fer méplat et bien polies ; elles sont terminées par une partie cylindrique qui s'introduit dans l'axe de la boule et, à l'aide d'un écrou, celle-ci est serrée contre une douille en saillie forgée avec la tige. Quelquefois on se contente de prolonger la tige par une partie méplate et, par une clavette, on y maintient la boule, ou l'écrou est en saillie sur la boule ou il est encastré.

En un point quelconque des tiges, point qui dépend de la vitesse ou de la résistance du manchon, on ménage un œillet avec joues en relief, pour recevoir l'articulation fourchue des bielles qui relient les tiges au manchon B ; celui-ci est muni, comme le manchon fixe supérieur, de deux charnières, qui s'articulent à l'autre extrémité des bielles.

Le manchon, lorsque l'appareil est destiné à agir sur une valve ou papillon, est creusé circulairement pour recevoir les extrémités arrondies d'une fourchette (fig. 214) soudées à un levier *m* qui, par un système de tringle, va transmettre à l'obturateur les impressions reçues par le régulateur : ces leviers et ses tiges doivent être aussi inflexibles qu'il est possible pour qu'il n'y ait pas d'hésitations dans la transmission.

Le régulateur, ainsi conçu, n'a pour mission que de diminuer ou d'augmenter la vitesse de la vapeur motrice en diminuant ou en augmentant la section du passage par lequel elle se rend dans la boîte de la distribution (en terme d'atelier la chapelle).

Les articulations *c* et *c'*, *a* et *a'* des tiges de suspension L et des bielles avec les manchons fixes et mobiles doivent être aussi larges que possible pour leur donner la stabilité nécessaire.

Lorsque l'on n'emploie pas des leviers rigides, fixés à l'axe de rotation tant pour aider à l'entraînement des boules que pour limiter leur écart ; on fixe, en un point déterminé de l'axe A, une bague O serrée par une vis de pression.

M. Mauslay, ingénieur anglais, imagina de faire servir le régulateur de Watt pour interrompre la communication de la chaudière au cylindre à un point déterminé de la course du piston, tout en l'utilisant pour faire varier la section de l'orifice.

Pour remplir ce double but, le manchon M est rendu solidaire d'une came C à doubles saillies, construites en tronc de cône, et disposées pour que l'arc de la saillie ne soit qu'une fraction plus ou moins grande de la demi-circonférence qu'elle décrit, suivant le degré de la détente que l'on veut obtenir. Un galet, fixé à l'extrémité d'une tige T, est repoussé par la came au moment où le piston recommence une nouvelle course et la tige agit sur l'extrémité d'un levier coudé L, lequel à son tour, par l'extrémité de l'autre branche, transmet à la tige d'une soupape quelconque le mouvement qui la soulève.

Pour faire retomber la soupape sur son siège, la tige, prolongée, porte un, deux ou trois disques en fer suivant les exigences, ou elle est soumise à la réaction d'un ressort à boudin logé dans une cavité cylindrique fixée à un support solidaire de la boîte qui renferme la soupape : cette boîte est boulonnée sur la chapelle du distributeur. La forme conique de la came fait que, quand la vitesse augmente, la partie la moins saillante vient se présenter en regard du galet qui transmet ainsi à la soupape une amplitude moins grande sans que la limite de la détente soit altérée ; le contraire a lieu lorsque la vitesse diminue, c'est alors la partie supérieure du tronc de cône qui se met en contact avec le galet.

La disposition représentée par l'épure est arbitraire, elle n'est pas la représentation exacte de l'appareil Mauslay ou du régulateur de M. Meyer, mais elle représente assez bien la disposition la plus généralement admise.

La soupape qui figure en D est, comme on le voit, la cuvette à double siège dite *soupape de Cornouailles* ou de Hornblower ; elle est déjà décrite dans la partie de l'ouvrage concernant les distributeurs.

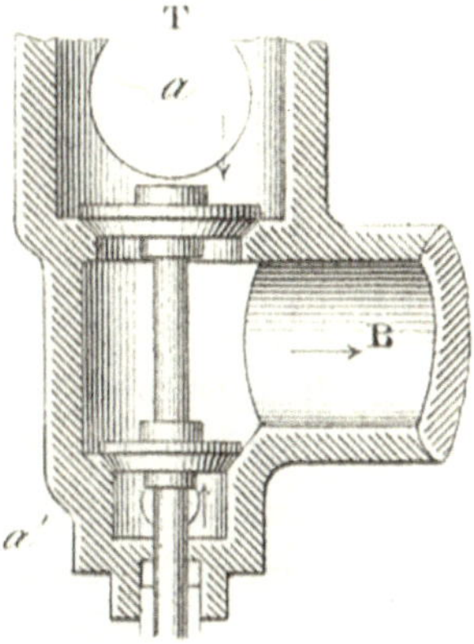

Fig. – 208.

Les fig. 208 et 209 représentent la soupape dite d'équilibre. La première se compose de deux soupapes coniques fixées à une même tige, qui se prolonge par le haut ou par le bas, suivant la disposition du système. La vapeur est introduite dans la partie supérieure de la cuvette par la tubulure *a* et dans la partie inférieure par le conduit *a'*, ménagé à cet effet dans la paroi de la cuvette. La soupape inférieure devant être introduite par le haut, il s'ensuit que son diamètre peut être exactement égal au diamètre de l'orifice autour duquel est ménagé le siège de la soupape supérieure, ce qui fait que la pression de la vapeur ne s'exerce que sur une surface annulaire égale à la différence des surfaces des deux soupapes : la vapeur s'introduit dans la boîte de la distribution par la tubulure B.

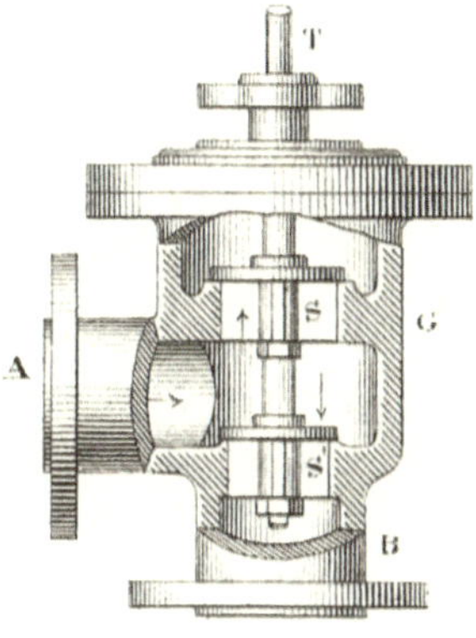

Fig. – 209.

La seconde se compose, comme la première, de deux soupapes à sièges coniques ou annulaires, ce qui est plus convenable lorsqu'elle est employée en remplacement des valves ou papillons. Comme précédemment les soupapes sont introduites par le haut et la soupape inférieure S' est exactement égale en surface à la section de l'orifice dans lequel s'emboîte la soupape supérieure S ; mais, comme la vapeur est introduite entre les soupapes, il en résulte que la pression est égale sur l'une et sur l'autre. Ainsi, la résistance à la levée se résume dans le frottement des ailes des soupapes contre les parois, dans l'adhérence et dans la résistance de la tige dans le bourrage du stuffing-box. La vapeur se rend dans la boîte du distributeur par la tubulure B, qui communique par un endroit extérieur avec le haut de la soupape supérieure : les soupapes sont guidées par quatre saillies en ailes.

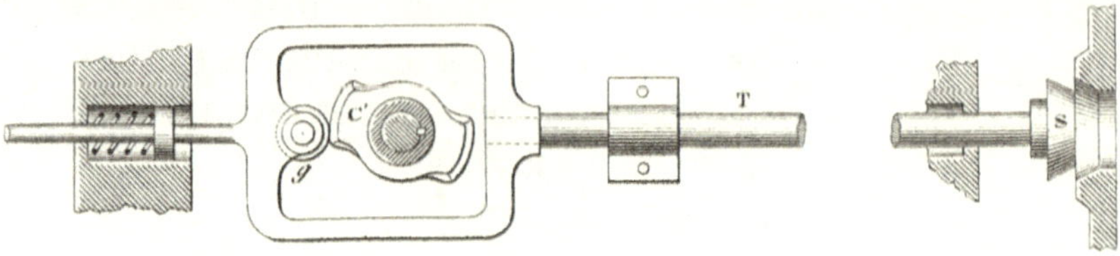

Fig. – 207.

M. Meyer emploie un obturateur conique S (fig. 207) qui se rode dans un orifice ménagé directement dans la paroi de la boîte du distributeur. Ce cône tronqué est fixé à une tige T qui, après avoir, comme précédemment traversé un guide, se divise en deux branches pour former un cadre dans l'intérieur duquel se meut la came *c* (hélicoïdale dans ce système). Le cadre maintient un galet *g* disposé aussi pour faire ouvrir l'orifice, mais en agissant directement, l'extrémité de la tige s'engage dans une cavité cylindrique, fixée ou venue de fonte avec le bâti, où elle est repoussée par l'action d'un ressort à boudin, qui réagit sur une saillie circulaire qui sert en même temps de guide.

Le régulateur (fig. 206) est représenté équilibré par le tube à mercure lequel est fixé par des anneaux sur la branche L du levier ; une petite vis *v* sert à fermer l'orifice par lequel on introduit le liquide. La branche N se termine par une fourche disposée pour recevoir, par les œillets oblongs de ces extrémités, deux petits axes fixés chacun à une tige parallèle dont l'extrémité supérieure est réunie en E au manchon came et dont l'extrémité inférieure est maintenue dans un guide ménagé dans la tubulure F du bâti. Le collier E est rendu solidaire du manchon pour ce qui concerne le mouvement vertical, mais il en est indépendant quant au mouvement circulaire.

Pour que la came soit entraînée dans le mouvement de rotation de l'axe A, tout en obéissant au mouvement de translation que lui communiquent les boules, on ménage dans son intérieur une rainure, qui reste engagée avec une cale incrustée dans l'axe A.

On limite l'amplitude verticale des boules, soit par une bague O, que l'on fixe par une ou deux vis de pression, soit par deux bras arqués dans lesquels les tiges sont assujetties à se mouvoir.

2 – Régulateur Meyer à cames hélicoïdales.

La fig. 210 diffère de la fig. 206 que par le mode d'équilibrage et par le manchon à cames qui est hélicoïdal. Par cette disposition des cames, le régulateur ne peut pas changer la section d'ouverture, mais il fait varier le degré de la détente suivant la vitesse. Il en résulte un avantage manifeste, puisque l'on utilise toute la vapeur qui peut s'introduire sans qu'elle soit exposée à se liquéfier, par suite du rétrécissement du

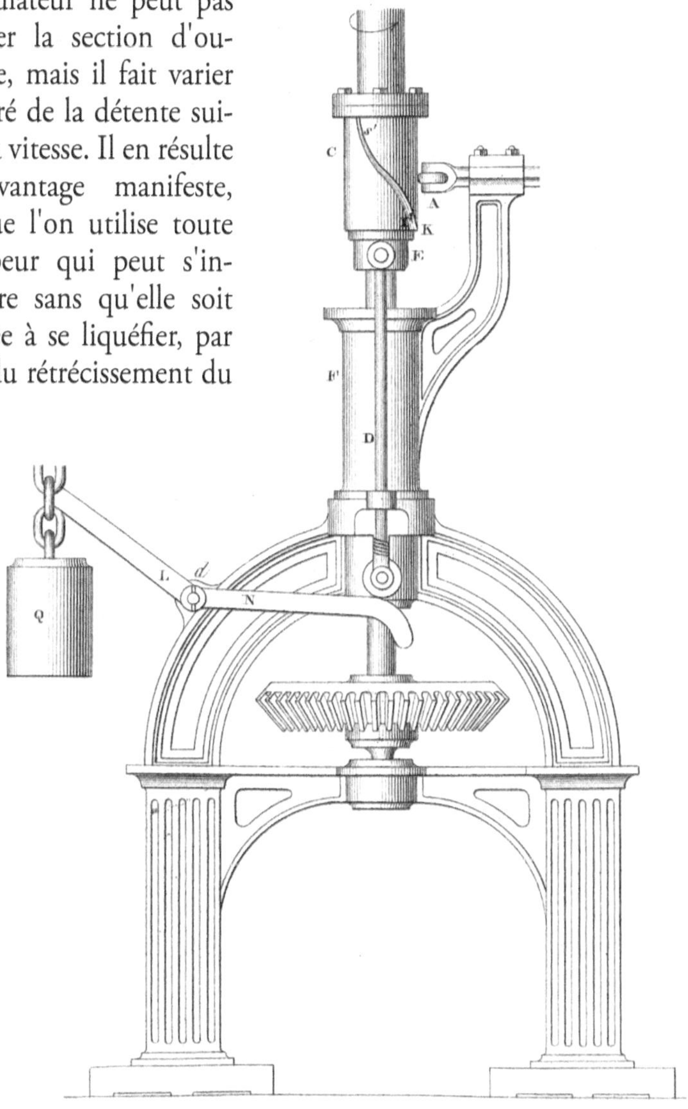

Fig. – 210.

passage, comme cela doit avoir lieu avec les systèmes précédents. M. Meyer est le premier qui a eu la pensée d'utiliser le régulateur en lui faisant faire varier la détente.

Depuis, M. Farcot est parvenu, comme nous le verrons plus loin, à faire varier la position de la came de ses tiroirs suivant les variations de la vitesse et nous avons vu, dans la partie concernant les distributeurs, que M. Spineux aîné, Corliss et Allen, avaient résolu ce problème avec le plus grand succès.

Le système à détente fixe ou à détente variable par cames fixées au régulateur, présente les mêmes inconvénients, qui ont été signalés à propos des tiroirs superposés dans deux boîtes séparées des distributeurs à détente de MM. Saulnier et Gonzenbach ; c'est que toute la vapeur, qui est introduite n'est pas utilisée directement et le volume qui reste dans la boîte du distributeur devra emprunter à la vapeur nouvelle, la chaleur nécessaire pour reprendre son énergie primitive.

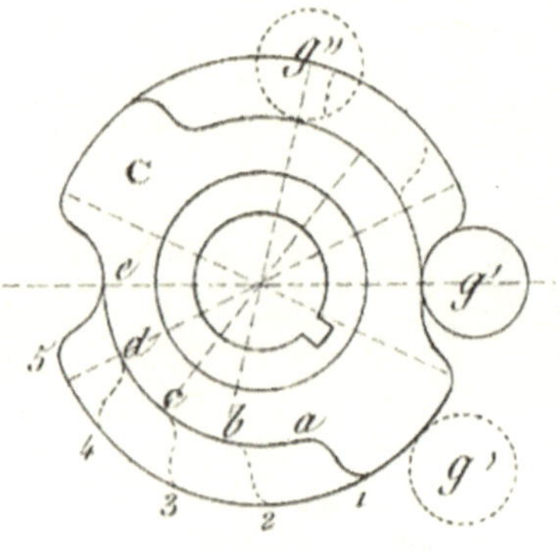

Fig. – 211.

La fig. 211 est la projection horizontale de la came renversée : au commencement d'une course du piston, le galet occupe la position *g* ; en *g'* la lumière est ouverte et elle se fermera en 1, 2... 5 suivant la position que le régulateur fera prendre au manchon à cames.

Par la disposition représentée fig. 210, les deux tiges D, parallèles, sont pourvues chacune d'un galet qui s'appuie, l'un sur une branche N du levier de contrepoids et l'autre sur une branche N' fixées toutes deux à l'axe *d* qui fait corps avec la branche L. Le contrepoids est simplement suspendu à un anneau, qui est maintenu dans l'encoche de l'extrémité du levier. Lorsque le mouvement est communiqué par le haut du régulateur, on peut disposer l'appareil de manière que le levier se simplifie d'une branche N et d'un galet.

Le manchon est en fer fondu ou en acier, ce qui vaut mieux, et il est réuni au régulateur soit par un tube B en bronze ou en fonte malléable ou par deux tiges parallèles dont les extrémités se fixent d'une part au manchon N et d'autre part à la came.

3 – Régulateur à pignons dentés

Il se présente quelquefois des circonstances où le régulateur doit pouvoir transmettre un mouvement de rotation à l'appareil modérateur, soit pour faire varier la position d'une vaine hydraulique, soit pour faire passer une courroie d'une poulie à une autre, soit pour faire changer la détente dans certains appareils de distribution comme dans les tiroirs Meyer. La fig. 212 est la coupe verticale de la disposition que l'on peut adopter dans les cas susmentionnés.

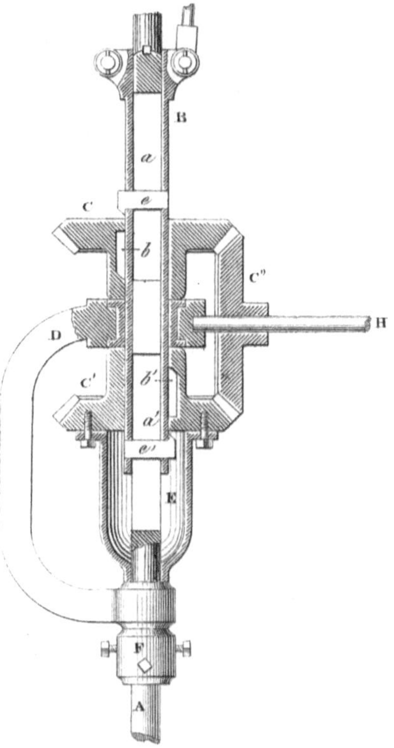

Fig. – 212.

Les bielles des tiges de suspension s'articulent à un arbre creux B qu'une cale, incrustée dans l'axe A, oblige à suivre le mouvement de rotation tout en lui laissant la latitude de se mouvoir verticalement. Deux pignons C et C' s'emboîtent librement dans l'arbre B et le pignon supérieur C repose sur le coussinet en bronze du palier du support arqué D et le pignon inférieur C'est soutenu par la petite base du tube E auquel il est fixé. Un troisième pignon C", calé sur l'axe horizontal H, engrène avec les deux premiers de façon que lorsque le régulateur engage l'une ou l'autre des cales *e* et *e'* avec l'un ou l'autre des pignons *c* ou *c'* et fait ainsi tourner le pignon engagé dans le sens de son mouvement, l'autre pignon doit pouvoir tourner dans le sens contraire. Les petites cales *e* et *e'* sont rivées l'une en haut et l'autre en bas de l'arbre creux B, et comme elles doivent pouvoir s'élever et s'abaisser librement, l'axe A est pourvu de deux fentes verticales *a* et *a'* dans lesquelles les cales *e* et *e'* jouent à frottement doux.

Lorsque les boules s'abaissent, la saillie de la cale *e* vient s'engager dans un creux ménagé à la surface du pignon et de là, elle descend dans la rainure *b* du moyeu ; quand les boules s'élèvent, c'est la cale *e'* qui s'engage dans le pignon C'.

Le support D, qui peut être aussi fixé au bâti reçoit, dans une petite crapaudine ménagée dans le couvercle du palier, l'extrémité de l'axe H et le maintient conjointement avec un support *ad hoc* : D repose sur un manchon F solidement maintenu sur l'arbre vertical A, par des vis en acier trempé, et il ne peut participer au mouvement de rotation à cause de l'axe du pignon C'' qui le maintient : il sera toujours plus convenable de faire en sorte que le support D soit indépendant de l'arbre A, en le fixant au bâti ou à tout autre point fixe.

En utilisant cet alternatif du mouvement de rotation du pignon C'', tantôt dans un sens et tantôt dans un autre, suivant les variations de la vitesse, pour faire parvenir à la vis de la vanne à la crémaillère du chasse courroie, ou à la tige du distributeur Meyer cette variation de mouvement de rotation, on conçoit tout l'avantage que l'on pourrait retirer d'un pareil système si sa complication et l'entretien qu'il exige n'étaient des causes qui restreignent les limites de son emploi.

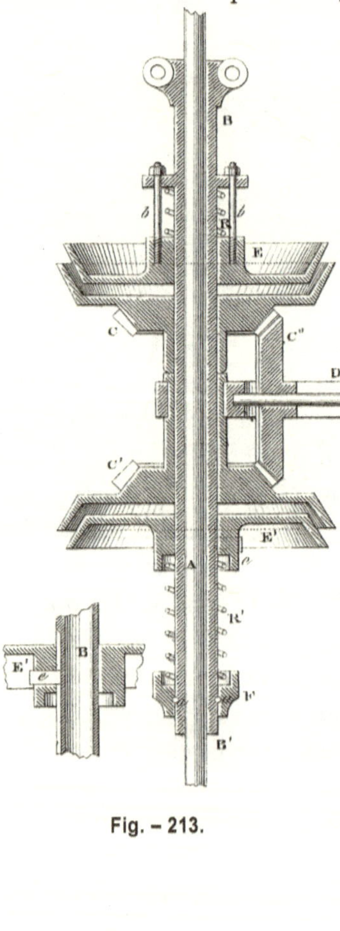

Fig. – 213.

4 – Régulateur à cônes de frictions et à pignons dentés.

L'appareil représenté en coupe verticale, fig. 213, est comme on le voit, destiné à remplir les mêmes conditions que le précédent avec cette différence que les cales butantes sont remplacées par des cônes à frictions, dont deux sont solidaires des pignons C et C' et dont les deux autres E et E' obéissent constamment au mouvement de rotation de l'axe creux du régulateur, tout en ayant la latitude de glisser verticalement dans certaines limites déterminées par l'élasticité des ressorts R et R'.

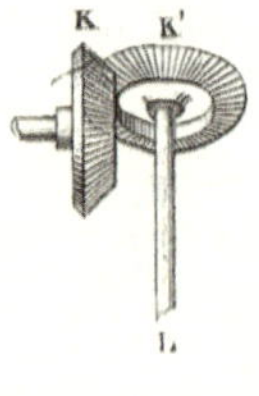

Dans ce système, l'arbre creux B est prolongé jusqu'en B' où il reçoit une petite cuvette destinée à recevoir l'extrémité inférieure du ressort en spirale R'.

La cuvette F est fixée au tube creux B par deux petites goupilles *a*, introduites perpendiculairement à l'axe, mi-partie dans la circonférence intérieure de la pièce E et mi-partie dans la circonférence extérieure de l'arbre B.

Le ressort R' supporte le pignon E' qui est rendu dépendant du mouvement de rotation par une cale *e* et une rainure verticale ménagée dans l'arbre tubulaire B. Lorsque les boules s'élèvent, le ressort R' soulève le cône tronqué E' et l'oblige à s'engager, avec plus ou moins d'énergie, dans le cône tronqué solidaire du pignon C', suspendu au palier du support D ; le pignon C' fait tourner le pignon C" et la roue K et la roue K' avec laquelle elle engrène et l'axe L va communiquer ce mouvement où cela est nécessaire.

Le cône tronqué E est muni comme le cône E' d'une petite cale qui l'oblige à suivre le mouvement de rotation ; il est suspendu au tube B par deux oreilles en saillies et par deux boulons *b* : quand les boules descendent, le cône E s'engage dans le cône venu avec le pignon G, qui repose sur l'extrémité supérieure du pignon C, et il oblige ainsi le pignon à suivre son mouvement de rotation, qui est comme précédemment, communiqué aux petites roues angulaires K et K'.

Les ressorts ont pour but de permettre aux boules du régulateur de céder à l'impulsion de la force centrifuge tout en exerçant une pression de plus en plus énergique sur les cônes E et E'.

Cet appareil est encore moins pratique que le précédent ; plus compliqué encore, il entrave la sensibilité car, lorsque les cônes sont plus ou moins bien engagés, l'adhérence empêche leur séparation immédiate.

5 – Appareils de M. Tranchant appliqué au régulateur à boules pour rendre la détente variable d'un tiroir équilibré.

La projection axonométrique (fig. 214), représente la disposition des organes de la variation, qui se compose d'un levier à coulisse assujetti à osciller sur un galet P maintenu sur un axe fixé à un manchon *m*, qui peut être relié au manchon du pendule par les deux tringles *b* : on a dessiné le support R, qui doit empêcher le manchon *m* d'osciller sur l'axe A.

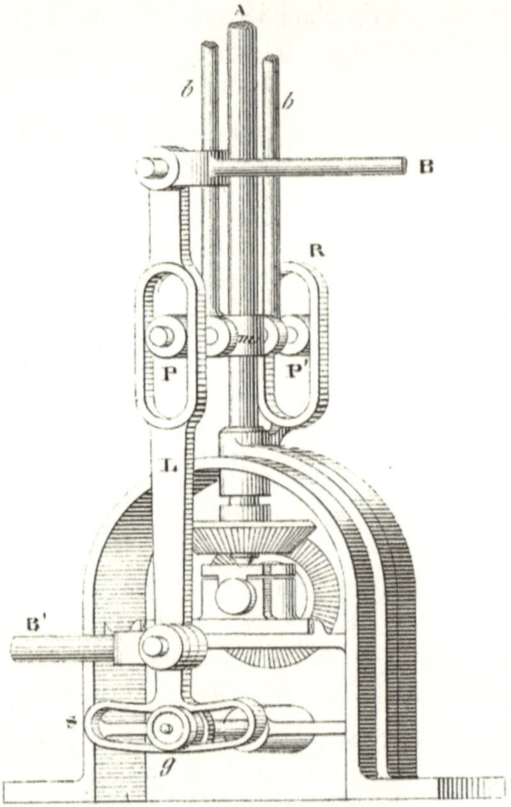

Fig. – 214.

La tringle B, du sommet du levier, communique avec le tiroir de la détente et la tringle B' avec l'excentrique qui transmet au levier L le mouvement alternatif nécessaire. Le levier est soutenu par le galet *g*, maintenu sur un axe fixé au bâti.

Par cette disposition originale, le manchon *m* assujetti à suivre les oscillations du pendule, augmente ou diminue le rapport des deux branches du levier, et par là, augmente ou diminue l'amplitude de la course du tiroir.

La coulisse S, de l'extrémité inférieure du levier, devrait pouvoir varier de courbure à chaque variation de position du manchon *m*, mais comme cette condition ne peut être remplie, son rayon de courbure doit être le rayon moyen déterminé par la distance verticale entre l'axe des galets *g* et P lorsque la position du manchon *m* correspond avec la vitesse de régime du moteur.

6 – Régulateur hydraulique de M. Corberon pour faire varier la position du coulisseau dans les coulisses.

Cet appareil, représenté fig. 215, se compose d'un petit corps de pompe C, dans laquelle se meut un piston plongeur P relié au coulisseau, fixé à l'extrémité de la tige T du tiroir, par deux bielles articulées B ; un contrepoids Q, formé de galets engagés dans le prolongement du piston, est destiné à venir en aide au refoulement.

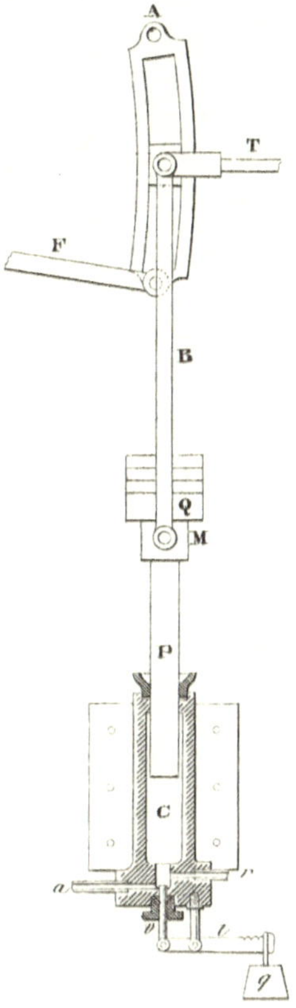

Fig. - 215.

Soit *a* le petit tuyau d'aspiration et *r* celui de refoulement, si la section de l'un peut être rendue variable, et que l'on ait déterminé la section qui convient à une vitesse donnée, il est clair que si la rapidité des oscillations verticales du piston augmente ou diminue, le piston montera ou descendra en déplaçant le coulisseau, car si le volume de l'eau aspirée à chaque pulsation est égal au volume refoulé, le coulisseau restera invariable ; mais si le premier volume est plus faible que le second, le coulisseau descendra et le contraire aura lieu lorsque le premier volume sera plus grand que le second.

Le contrepoids *q*, le levier *l* et le piston *v* ont pour mission de régler la section de l'orifice *a* pour une vitesse normale déterminée.

Le mouvement horizontal alternatif du coulisseau se transforme, pour le piston P, en mouvement vertical alternatif.

Cet appareil simple et ingénieux peut trouver son emploi dans les machines fixes qui sont pourvues de la coulisse, lorsque la variation du coulisseau ne peut être faite par un pendule. Dans la fig. 215, il est supposé appliqué à la coulisse Dowel ou Bréval ; A est l'axe d'oscillation fixe et F est la barre d'excentrique.

7 – Régulateur à pendule de M. A. Beniest, de Gand

L'épure de la figure 216 représente en projection verticale ce nouvel appareil breveté, dont le mérite consiste, dit l'inventeur, à faire fonctionner la vitesse d'une machine avec une régularité parfaite et constante, et d'arrêter instantanément la marche du moteur en cas d'accident.

L'axe de transmission A porte une vis sans fin qui engrène avec un pignon denté monté sur l'axe vertical B, dont l'extrémité inférieure porte une petite roue angulaire dentée engrenant avec une autre roue semblable énarbrée sur l'axe horizontal de la poulie à gorge C.

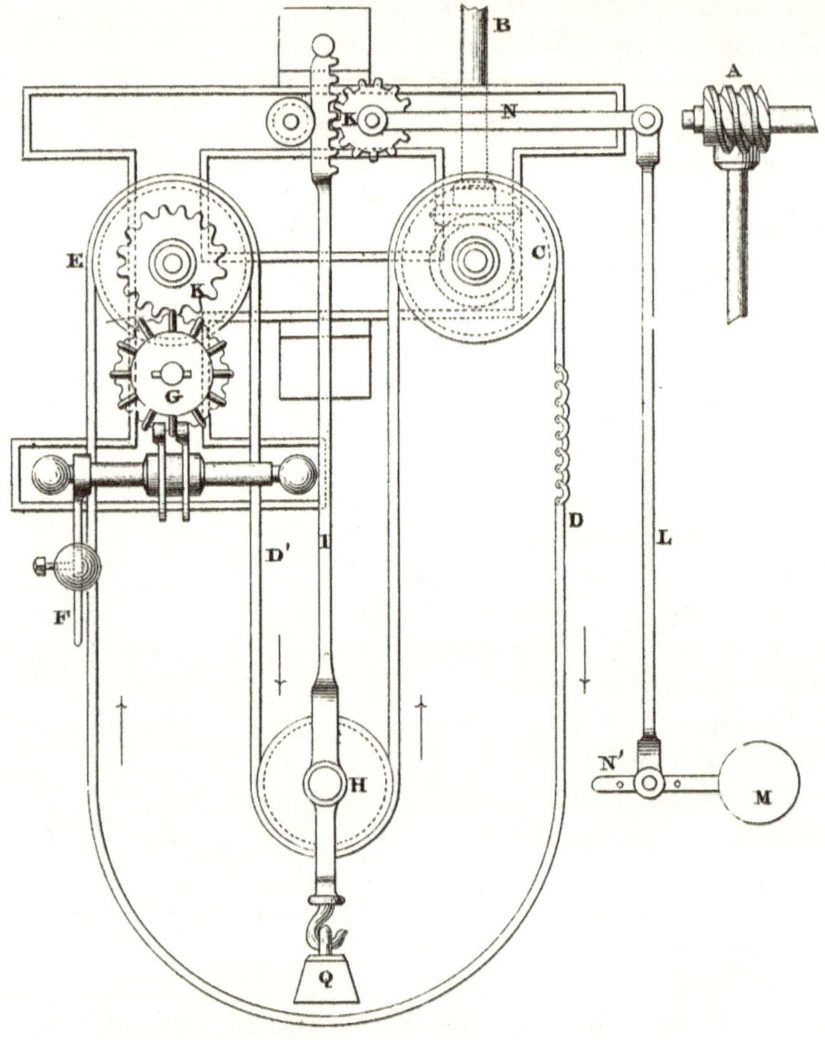

Fig. – 216.

Dans la gorge de cette poulie passe une chaîne sans fin de Vaucanson D, qui va s'enrouler sur la poulie E, ensuite sur la poulie H et de là retourne à la première poulie C. La poulie inférieure H est montée sur un axe maintenu par la tige I dont l'extrémité supérieure est façonnée en crémaillère engrènant avec la roue K et qui, par un mécanisme que l'inventeur ne décrit pas, fait osciller le levier N, qui transmet par la tringle L l'oscillation au levier N', monté sur le papillon figuré par M.

Un petit pendule d'horlogerie F est mis en rapport avec la roue d'échappement G, solidaire, sur un même axe, d'une roue dentée engrènant avec la roue K montée sur l'axe de la poulie E de même diamètre que la poulie C. La poulie E marche avec une vitesse régulière. Mais la poulie C a nécessairement une vitesse de rotation variable avec la vitesse du moteur ; or, lorsque cette vitesse augmentera, la roue C déroulant plus de chaîne que la roue E, la poulie H sera entraînée vers le haut et la position de la valve sera modifiée ; lorsque la vitesse se ralentira, le contrepoids entraînera la poulie H pour lui faire reprendre sa position primitive ou pour la faire descendre plus bas.

Cette invention, toute récente est, comme on le voit, une application de nos horloges à deux poids, l'un pour la sonnerie et l'autre pour le mouvement des aiguilles.

L'action du poids Q s'amplifie de la tension du brin D' lorsque la poulie C active son mouvement, par suite, le pendule F est sollicité avec plus d'énergie, mais le système de mouvement met obstacle à une amélioration d'oscillations telle qu'elle puisse être rendue sensible sur la marche régulière du moteur, et il est toujours possible de disposer la crémaillère et les leviers de manière à compenser en partie les accélérations et les ralentissements des oscillations du pendule.

Cet appareil offre ces avantages, qu'outre une régularisation parfaite, il n'exigera qu'une si faible fraction de la force motrice qu'elle sera toujours inappréciable et, qu'une fois établi dans sa caisse vitrée, il n'exigera que quelques gouttes d'huile administrées, il est vrai, avec une certaine délicatesse, ce qui dépendra du mécanicien.

Cette ingénieuse disposition, par l'emploi rationnel du pendule simple, doit devoir, comme le dit l'inventeur, théoriquement du moins, régler parfaitement la vitesse de la machine.

L'appareil peut être renfermé dans une caisse mise exactement à l'abri de la poussière, car les deux seules ouvertures par lesquelles elle puisse s'introduire sont : l'ouverture nécessaire pour le passage de l'axe vertical B et la fente pour le passage du levier N ; or, on pourra toujours, en fixant à la caisse un morceau d'étoffe ou de caoutchouc flexible noué, au levier et qui se prêtera à tous les mouvements, mettre obstacle de ce côté à l'introduction de la poussière et des vapeurs ; une rondelle de cuir ou de caoutchouc fera le même office pour l'ouverture supérieure de l'axe B. Ces petits détails ont leur importance, j'ai pu m'en convaincre plus d'une fois, sur l'entretien et la bonne marche des appareils moteurs ; un mécanicien qui laisse accumuler la poussière, même sur la chaudière, est un mauvais conducteur, ou son patron comprend mal ses intérêts.

8 – Régulateur de M. Porter pour grande vitesse

Ce pendule conique déjà mentionné se compose (fig. 217), d'une bouteille en fonte pleine ou creuse venue de fonte avec le manchon M. Les tiges L ont un axe de suspension commun au sommet de l'axe A du régulateur ; comme on le voit, les boules sont élémentaires et elles peuvent n'être considérées que comme articulations avec les bielles L', qui les relient au manchon M. En faisant la bouteille creuse et en introduisant, dans la formule, sa participation à la force centrifuge, on peut arriver à supprimer entièrement les boules et par suite les tiges L et L', en prenant la précaution de limiter la course de la bouteille. Avec du plomb ou avec du mercure on peut parvenir à mettre le poids exactement en équilibre avec la force centrifuge.

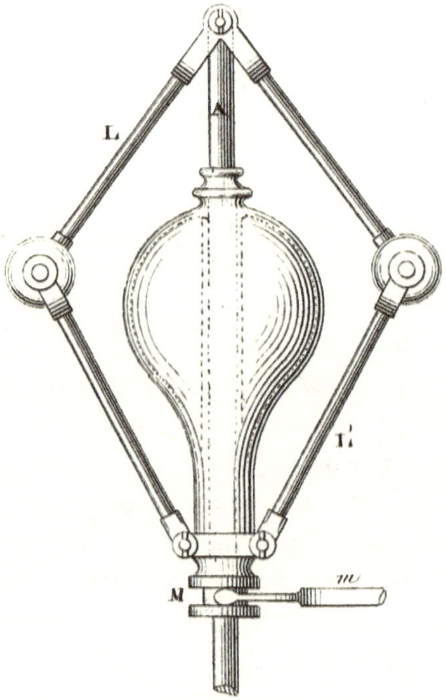

Fig. - 217.

Ce régulateur a été vu à l'exposition universelle de 1867, annexé à une machine à grande vitesse (150 tours) à laquelle la distribution d'Allen, déjà décrite, était appliquée.

On a pu se convaincre qu'il remplissait très bien ses fonctions en faisant varier la position du coulisseau dans la coulisse et par suite la détente.

Un grand nombre de publications industrielles lui ont accordé une honorable mention. (Les bielles L' doivent avoir une articulation commune avec le manchon, c'est par erreur que le dessin en figure deux).

9 – Régulateur de M. Pickering de New-York

La remarquable machine Hicks, à quatre cylindres jumeaux, était pourvue d'un régulateur de M. Pickering, représenté fig. 218.

Ce régulateur, aussi pour grande vitesse, est conçu sur le même principe que le précédent, mais ici l'action du contrepoids est remplacée par des lames de ressort *r* qui doivent faire équilibre à la force centrifuge que développent les boules. Celles-ci sont au nombre de deux ou de trois, elles sont rendues solidaires des ressorts qui vont se fixer, par le bas, au manchon fixe D' emboîté dans la tige A creuse du régulateur et, par le haut, au manchon mobile D faisant corps avec la tubulure M, engagée aussi dans la tige A.

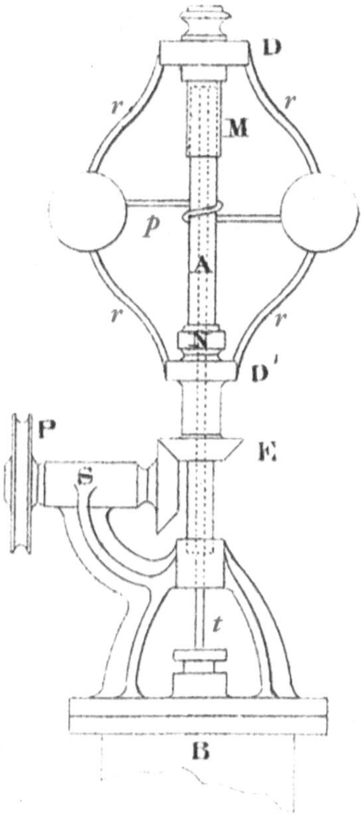

Fig. – 218.

Le régulateur est moulé sur la cuvette B, qui renferme la valve ou la soupape équilibrée, représentée fig. 209, dont la tige *t* traverse la tige A pour aller se fixer au manchon supérieur D.

Le mouvement de rotation est transmis au moyen de la poulie P montée sur un arbre maintenu par le support S fixé au bâti ; cet arbre communique le mouvement à une petite roue angulaire dentée qui engrène avec une autre semblable montée sur la tubulure du manchon D' prolongé. Le mouvement de rotation est transmis aux boules qui, à leur tour, le renvoient au manchon mobile D, lequel, à son tour, transmet à la soupape les variations des amplitudes des boules dont l'écartement est limité par le fil de fer recourbé *p*, qui embrasse la tige A destinée à maintenir l'appareil. Le sommet du bâti est creusé pour recevoir la tige A et l'extrémité de l'arbre creux, sur lequel est montée la roue dentée E ; il est en outre disposé pour former graisseur.

On verra plus loin que le régulateur de M. Guérin a de l'analogie avec celui-ci par le mode d'emploi de lames de ressort pour maintenir les boules et réagir ainsi contre l'excès de la force centrifuge.

10 – Valves et soupapes valves

Le papillon ou la valve équilibrée de Watt est composé, fig. 219 et 220, d'un disque en fonte cylindré obliquement et logé dans une boîte circulaire exactement alésée ; elle est montée sur une tige à laquelle vient se fixer le levier qui doit, par l'entremise des organes qui communiquent au régulateur, lui faire varier sa position.

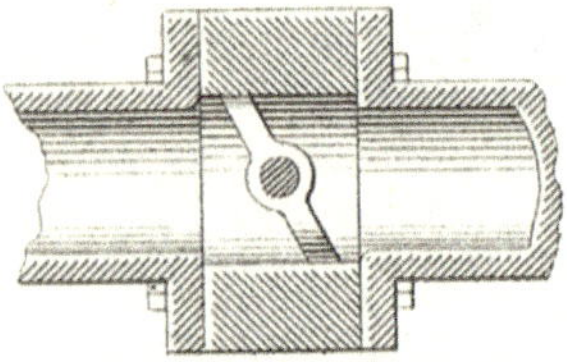

Fig. – 219.

Plusieurs constructeurs construisent telle valve rectangulaire sur toutes ses faces, de façon qu'elle est verticale lorsqu'elle ferme entièrement l'orifice. Lorsque la machine est arrêtée, et que les boules reposent le long de l'axe, la section d'ouverture doit être égale à la section qui correspond à la vitesse de régime, de sorte que le régulateur en s'élevant ferme d'abord et l'ouvre ensuite l'orifice ; la valve, au lieu d'être inclinée de gauche à droite par exemple, s'incline de droite à gauche.

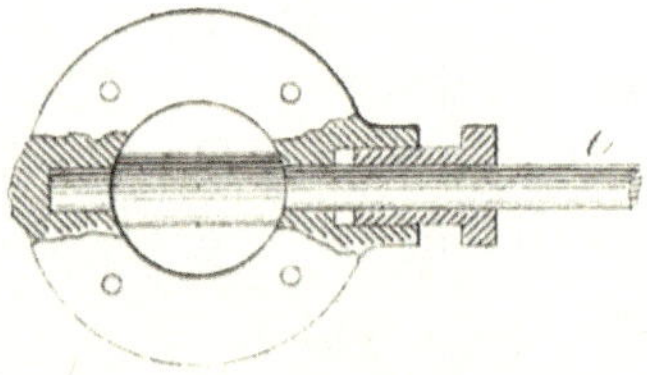

Fig. – 220.

Nous venons de voir que la soupape équilibrée à double siège (fig. 209) était employée aussi pour remplir la fonction de la valve. Les Anglais et les Américains l'emploient de préférence à toute autre et ils la munissent d'un troisième siège, fixé au bas de la soupape inférieure, dans le but de fermer l'orifice lorsque la machine l'accélère au-delà des limites prévues.

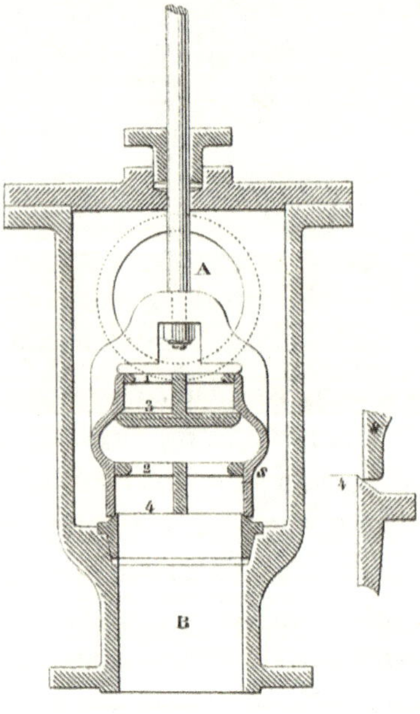

Fig. – 221.

M. Libert, constructeur à Liège, fait usage d'une soupape de Cornouailles (fig. 221) exactement équilibrée.

Pour cela les sièges, si tant est qu'on puisse les désigner ainsi, sont disposés en pointe de diamant, S et 4, et l'appareil est disposé pour qu'il n'y ait jamais contact, en vue d'éviter les conséquences de l'adhérence.

La cuvette mobile est guidée par les croisillons 4, venus de fonte avec le siège inférieur, par le disque évidé 2, qui est réuni au disque supérieur 3, au pourtour duquel est ménagée la pointe angulaire sur laquelle le siège supérieur de la cuvette vient se poser. Celle-ci est ensuite réunie à la tige qui lui transmet le mouvement ; la vapeur s'introduit par A et s'échappe par B.

11 – Régulateur à grande vitesse équilibrée par un contrepoids

Le petit appareil, représenté partie en coupe et partie en projection verticale (fig. 222) se compose d'une colonne creuse, architecturale venue de fonte avec les supports F et le couvercle de la boîte G de la soupape valve à triple siège. L'axe vertical du régulateur, sur le bas duquel est monté le petit pignon angulaire E', est traversé par la tige de la soupape, il s'introduit dans le creux de la colonne et il en sort en H pour venir former en D et M le couronnement de la colonne, au sommet de laquelle il repose sur un anneau en acier trempé

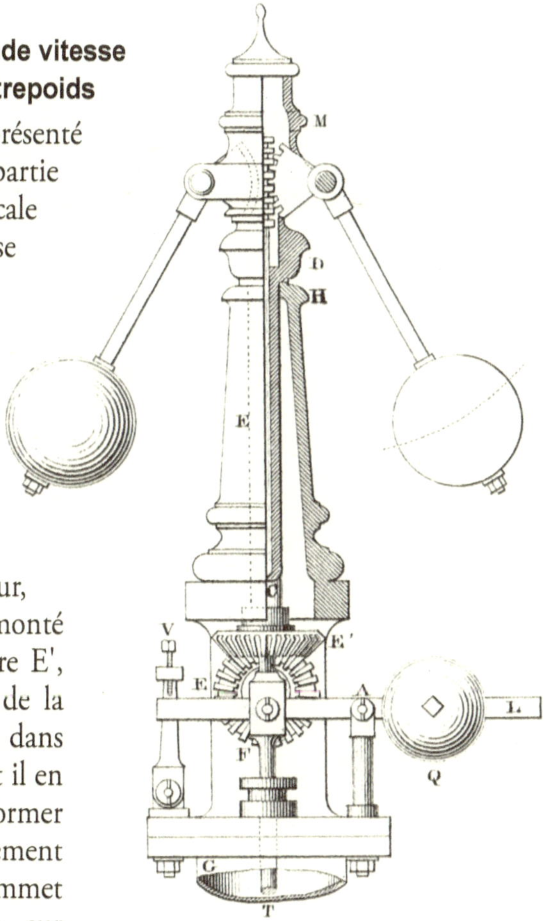

Fig. – 222.

incrusté dans le cordon H. Entre D et M, il porte des oreilles en saillie qui maintiennent les articulations des tiges de suspension des boules. Ces tiges sont forgées ou venues de fonte malléable avec un secteur denté qui s'engage dans des rainures circulaires ménagées dans l'extrémité de la tige de la soupape. Par cette disposition le moment de la résistance de *p* reste invariable.

La tige, après être sortie par le bas de l'arbre du régulateur, porte une douille dans laquelle s'engage le levier du contrepoids Q, lequel levier a son point en A et dont la course est limitée par la vis V. Par cette disposition du levier, le contrepoids Q réagit contre la force centrifuge des boules, qui sont entraînées par le mouvement de rotation du couronnement de la colonne, qui est lui-même muni d'un anneau en acier trempé.

Ce petit pendule ainsi imaginé est d'un bon emploi dans les machines locomobiles à grande vitesse.

12 – Régulateur pour vitesse moyenne système Porter, modifié par M. Jenkin.

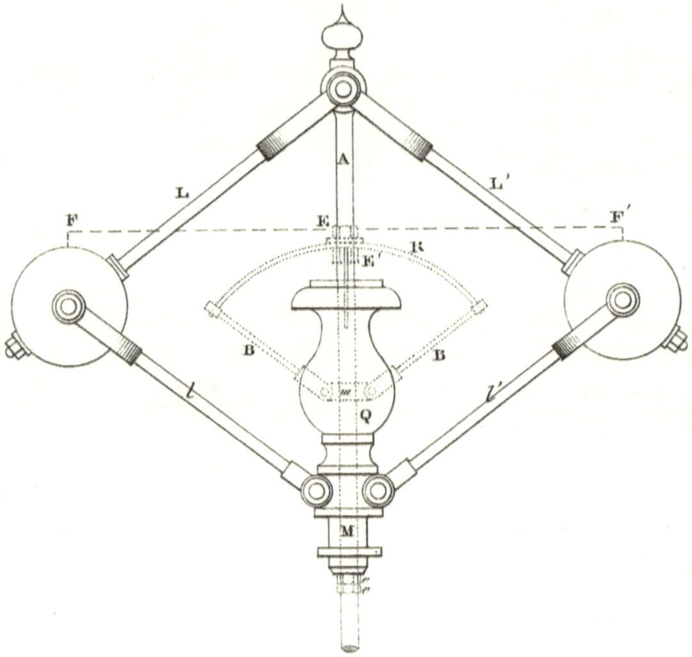

Fig. – 223.

Le pendule vu en élévation (fig. 223), ne diffère du régulateur Porter que par les dimensions des boules et du contrepoids Q ; il est ainsi modifié pour des vitesses de 60 à 80 révolutions.

La modification introduite par M. Jenkin consiste dans l'emploi d'un ressort R, en arbalète, fixé sur l'axe A entre les écrous E et E' ; deux brides B s'articulent aux deux extrémités de la bande d'acier et au prolongement *m* du manchon M. L'élasticité de ce ressort, déduite de la formule, devant être vérifiée au manomètre, et les difficultés pratiques de réussir à leur donner exactement l'énergie variable nécessaire, en limitant longtemps encore l'emploi, à moins que l'on ne fabrique spécialement des ressorts dans des conditions bien déterminées et commercialement répandus ; car le constructeur ne décidera pas à dépenser son temps et son argent à faire fabriquer, par intervalle, tantôt un ressort de telle puissance et tantôt un ressort d'une énergie différente. Un contrepoids de fonte, un peu de plomb fondu résolvent aussi le problème d'une façon souvent satisfaisante, cependant, le ressort Jenkin peut être modifié, en tout ou en partie, à l'aide des écrous E, E', *e* et *e'*, qui sont destinés à augmenter ou à diminuer sa tension.

13 – Pendule Ericsson pour grande vitesse

Les machines à air chaud, de ce célèbre ingénieur, se réglaient par le pendule analogue à celui que représente la fig. 224, dans lequel on retrouve à la fois le système d'organisation du régulateur de la figure 222, et le ressort Jenkin. A est l'axe de rotation du pendule et son couronnement comporte deux supports B destinés à recevoir les axes de suspension des tiges et à communiquer le mouvement aux boules, qui transmettent leurs oscillations au manchon M par les deux leviers L coudés et fermés par le prolongement des tiges *b*.

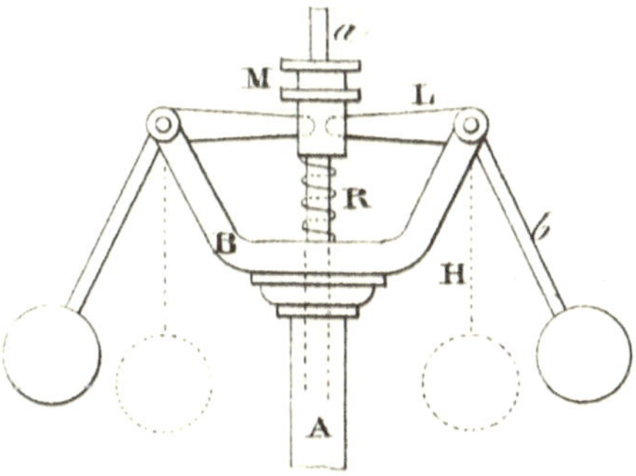

Fig. – 224.

Pour cela, les extrémités des branches L agissent dans des alvéoles ménagées dans le manchon. Un ressort à boudin, enroulé sur le prolongement *a* de l'arbre de rotation a une énergie réglée pour faire équilibre à l'excès de la force centrifuge sur le poids des boules dont le moment varie avec la hauteur H, comme dans tous les systèmes ; mais le moment de la résistance du manchon reste sensiblement uniforme, ainsi que le moment de la réaction du ressort. Le ressort à boudin distingue le pendule de M. Root, constructeur américain, de celui d'Ericsson, qui applique la réaction d'une boule à l'autre.

Le pendule Root diffère de celui d'Ericsson tant par la disposition des ressorts que par le mode d'action des leviers L sur le manchon. Ces leviers sont coudés à angle droit et leur extrémité recourbée plonge dans un vase, soumis à l'action verticale du ressort, vase qui ne participe pas au mouvement de rotation, mais qui repose sur l'axe A prolongé. Le mouvement est transmis, dans ces appareils américains, à une poulie à gorge sur laquelle s'enroule une courroie formée d'une bande de cuir tordue.

Ce genre de communication est celui qui convient le mieux d'adopter pour transmettre le mouvement aux régulateurs à grande vitesse, à la condition d'entretenir une tension convenable : le régulateur obéit avec plus de souplesse que s'il était entraîné par des roues dentées qui, en lui transmettant brusquement et brutalement les intermittences des vitesses, sont exposées à des détériorations.

14 – Régulateur de marine

La Revue universelle mentionne cet appareil (fig. 225) dans son bulletin spécialement destiné à rendre compte de l'exposition de Londres de 1862. L'inventeur, M. Porter, a imaginé ce régulateur pour le mettre à l'abri des mouvements du roulis et du tangage. Il a renversé ainsi le système : les boules sont supportées au lieu d'être suspendues, d'où il en résulte que l'action de leur poids est en grande partie annihilée dans les positions extrêmes.

La force centrifuge n'étant pas contrariée par la réaction des boules il devenait nécessaire de contrebalancer leur influence par un ressort d'autant plus énergique que la vitesse de rotation sera plus grande. Le régulateur, que l'on ne peut plus appeler pendule, est maintenu dans un cadre en fer que l'on fixe près du cylindre ; il reçoit son mouvement du moteur par une courroie, qui s'enroule sur une poulie conique pour pouvoir varier la vitesse des boules lorsque les circonstances exigent un accroissement de vitesse normale du moteur.

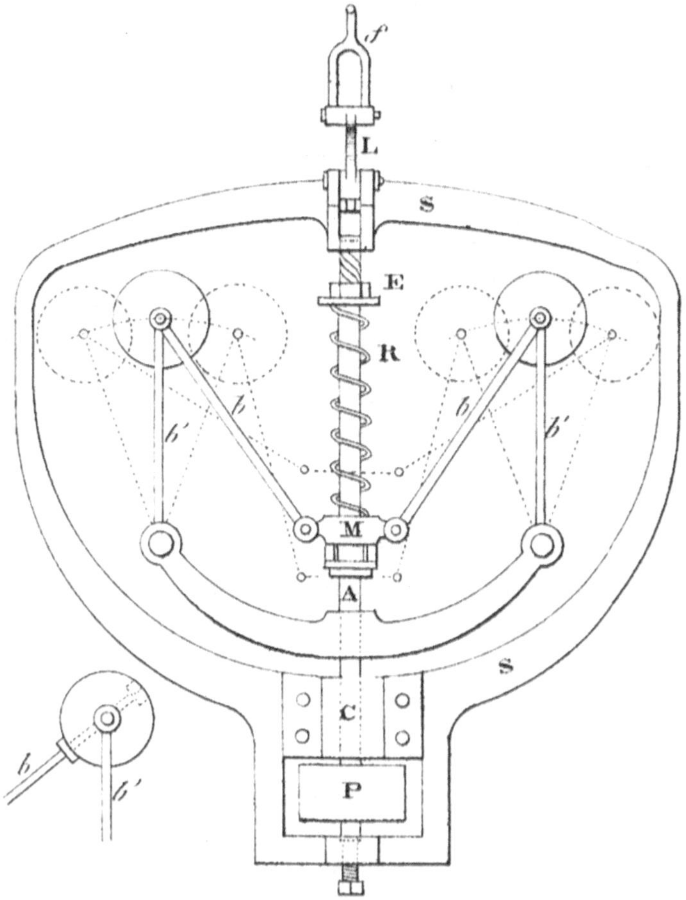

Fig. – 225.

Dans ce cas, on rétablit l'équilibre du système en descendant l'écrou E qui comprime davantage le ressort, et en le remontant lorsque la vitesse devra diminuer. Le dessin de la figure fait la poulie P cylindrique

Sur l'axe de rotation A est monté un support arqué en fer dont les extrémités s'articulent avec les tiges *b'* de soutènement des boules et celles-ci sont mises en rapport avec le manchon M par les bielles *b*, de manière que chaque boule est soutenue par deux tiges parallèles et est rendue solidaire du manchon par deux bielles ou par une tige, qui traverse l'axe de la boule. L'arbre A de rotation repose sur une vis en acier. Il est maintenu dans le palier C et son extrémité supérieure se loge dans une alvéole ménagée dans le sommet du cadre, en dessous du petit support qui maintient l'axe d'oscillation du levier, qui est mis en communication avec le manchon *m* et avec la valve par la tringle articulée *f*.

La résistance du ressort, dit l'inventeur, varie comme la course que décrit son extrémité. Lorsque l'écartement des boules augmente de 50 %, la circonférence qu'elles décrivent, la pression initiale du ressort augmente aussi de 50 % ; si donc il y a équilibre, en cette position, entre l'effet de compression et la force centrifuge, l'équilibre se maintiendra quelle que soit la position que prendront les boules, la vitesse normale restant la même. Il s'ensuit que cette disposition permet d'utiliser cet appareil pour différentes vitesses de régime limitées par l'amplitude de l'élasticité du ressort.

15 – Régulateur de M. Foucault

Voici en quels termes la *Propagation industrielle*, dans son n° 19, rend compte de cet appareil ; on verra que l'on y confirme les observations que nous avons faites relativement aux poids des volants.

> « Les perfectionnements apportés par l'auteur ont pour objet spécial l'application du régulateur isochrone à la machine à vapeur et au moyen de prévenir les vitesses périodiques. Lorsqu'on installe sur une machine à vapeur, un régulateur complètement isochrone, il arrive, presque nécessairement, que la machine se met en régime de vitesse périodique, de telle sorte qu'elle prend une vitesse tantôt plus grande, tantôt plus petite, que celle qui correspond à l'équilibre du régulateur. Cet accident peut tenir à plusieurs causes qui, dans la pratique, se combinent ensemble et compromettent fort souvent les applications.
>
> À la suite de nombreuses observations, l'inventeur est arrivé à reconnaître que, *de toutes les causes qui tendent à faire varier périodiquement la vitesse d'une machine, celle qui est à la fois la plus commune et la plus difficile à combattre consiste dans l'exagération de la masse du volant*. Certainement le volant est utile pour passer les points morts et pour atténuer l'intermittence des coups de piston, *mais en exagérant ses dimensions, on arrive forcément à établir un équilibre de plus en plus tardif entre la vitesse de la machine et le*

travail fourni par la vapeur. Or comme le régulateur est influencé par la vitesse et non par la quantité de force motrice actuellement développée dans le cylindre, *il arrive un moment où l'effet transmis à la valve agit en contresens.* Mais si, au lieu d'agir sur la valve en vertu d'un excès déterminé de vitesse, le régulateur est disposé de manière à intervenir en vertu de la variation plus ou moins rapide de la vitesse, on comprend que l'effet se produira en temps voulu, car la variation de la vitesse est l'expression actuelle de la force accélératrice qu'il s'agit de régler. Tout revient donc à disposer le régulateur de manière à le faire agir en vertu des oscillations plutôt que par l'effet des vitesses accomplies. Le moyen est très simple : il consiste à commander le régulateur par le manchon, de manière à faire réagir sur ce dernier une force dirigée suivant l'axe et proportionnelle à l'accélération.»

L'axe A de rotation est pourvu d'une hélice au pas très allongé dans lequel le manchon M, formant écrou, est engagé. Sur l'extrémité supérieure de l'axe repose la fourche C à laquelle viennent se fixer les deux supports B et B' destinés à recevoir, chacun d'un côté, les extrémités des ressorts en hélice R, qui sont reliés avec le centre des disques D et D' substitués aux boules.

La fourche pendante C, constituant l'organe de suspension du système, reçoit les articulations des quatre bielles *l, l'* qui la relient aux tiges L et L' lesquelles vont s'articuler, par leur extrémité fourchue, au centre du prolongement du manchon M.

Par cette disposition, le mouvement de rotation de l'arbre A entraînera le manchon et avec lui tout le système, mais l'accélération fera soulever le manchon, le pas de l'hélice étant dirigé en sens inverse du mouvement, et les masses D et D' s'écartant, la valve fonctionnera. Un ralentissement produira des effets inverses, « en sorte que dans tous les cas la valve sera ramenée à la position voulue avant que l'accélération positive ou négative n'ait produit d'écart susceptible de dégénérer en vitesse périodique. »

« Quant au degré d'inclinaison du pas, il dépendra évidemment du rapport entre le travail moyen de la machine et la force vive du volant, ainsi que du rapport entre la vitesse de la machine et celle du régulateur. »

Pour appliquer ce système au pendule ordinaire, M. Foucault réunit les deux boules par deux ressorts à boudin parallèles, allant de F en F' (fig. 226) : l'arbre A est muni d'une hélice et les bielles *l* et *l'* s'articulent au manchon M, fileté intérieurement du même pas de vis.

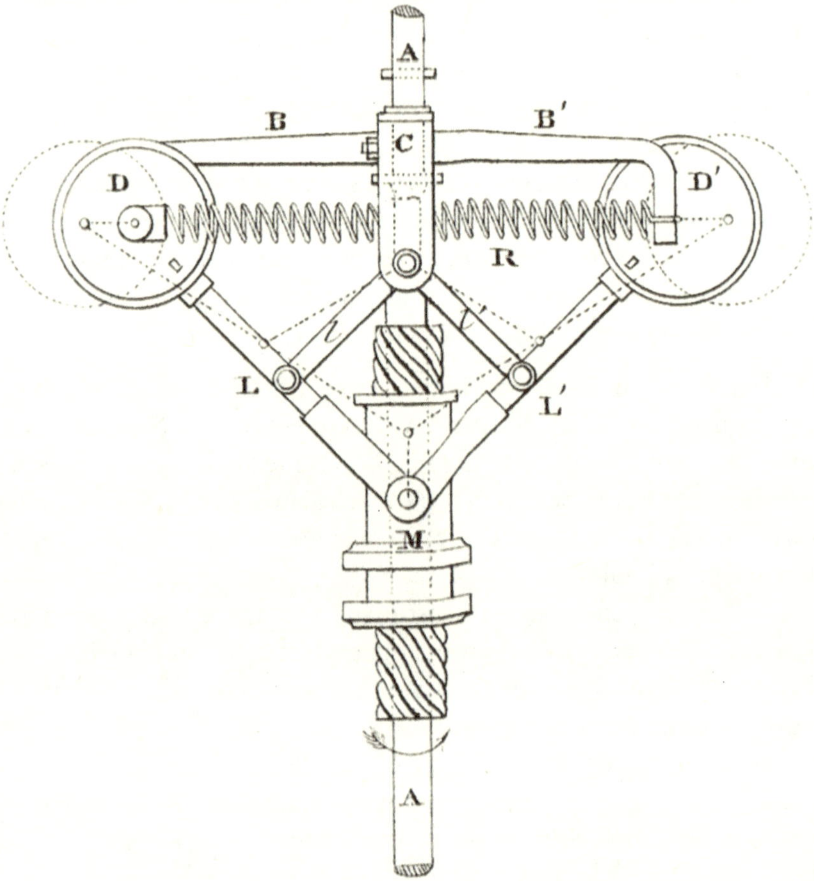

Fig. – 226.

Sur l'extrémité de l'arbre et sur une bague soudée à cet effet, repose librement le manchon supérieur auquel sont suspendues les tiges L et L', des boules ou des disques.

« Par la manière dont ces ressorts agissent, la vitesse du régulateur acquiert un accroissement plus considérable dans les petites que dans les grandes amplitudes, d'où il suit qu'en augmentant la vitesse, le régulateur tend vers l'isochronisme. Pour cela il faut que les ressorts aient une tension considérable qui leur assigne à zéro tension une longueur fictive beaucoup moindre que leur longueur réelle. »

La modification apportée par M. Foucault au régulateur a beaucoup d'analogie avec cet instrument de nos cabinets de physique, par lequel on démontre les effets de la force centrifuge sur une boule assujettie à parcourir un fil rigide, qui traverse son axe, et à venir exercer une action plus ou moins prononcée sur un ressort enroulé sur la tige. Elle se résume :

1. - à conduire le régulateur par le manchon hélicoïdal ;
2. - à le rendre indépendant de l'arbre de rotation ;
3. - d'emprunter à la rotation de l'arbre une force de réaction parallèle à l'axe, positive avec l'accélération et négative avec le ralentissement ;
4. - d'utiliser la réaction des ressorts pour réagir contre l'excès de la force centrifuge de façon à maintenir l'isochronisme du système quelle que soit la vitesse.

16 – Régulateur de M. Guerin du Havre

Cet appareil représenté en projection verticale et en projection horizontale par les fig. 227 et 228, se compose d'un moyeu en fer ou en fonte, calé sur l'arbre moteur, et sur la circonférence duquel viennent se fixer, en regard l'une de l'autre, deux bandes d'acier courbées en fouet, dont les extrémités s'engagent dans les masses. Les centres de celles-ci sont mis en relation avec l'appareil de la variation de la détente par les

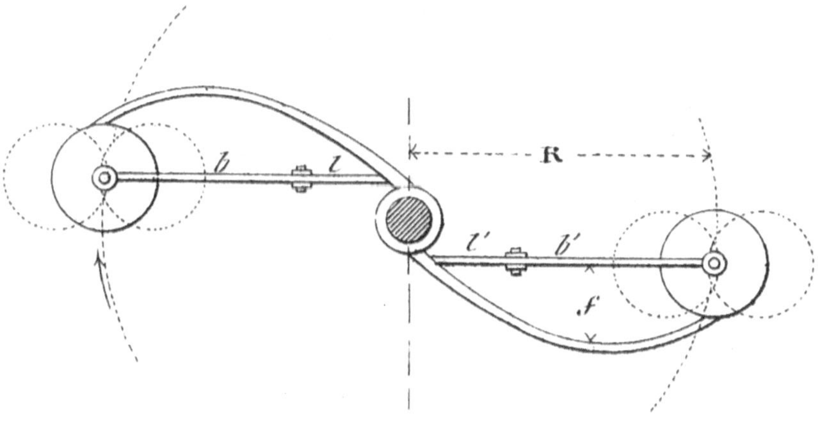

Fig. – 227.

tiges articulées *b* et *b'* et par les leviers coudés *l* et *l'*. Deux supports venus de fonte avec le moyeu maintiennent à leur extrémité les axes d'oscillation des leviers, qui transmettent les impressions qu'ils reçoivent au manchon par les tiges parallèles *t*.

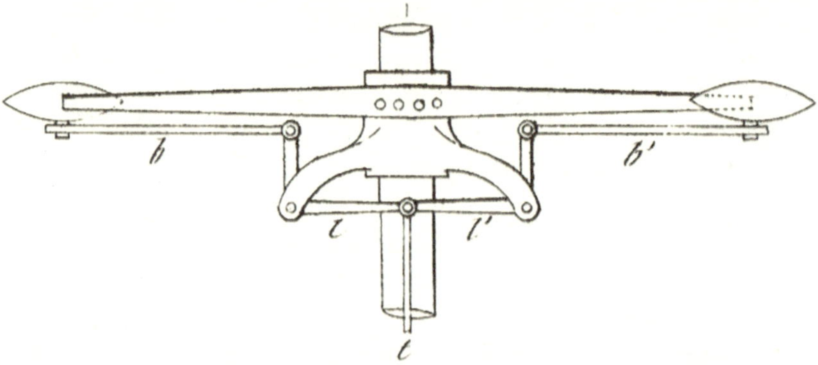

Fig. – 228.

Par cette disposition qui n'a pas, que nous sachions, été imitée, le moment de la réaction du poids des boules sur la force centrifuge varie, dans chaque demi-tour, de 2 P *f* à 2 P R, mais l'une tend à augmenter la courbure et l'autre à la redresser ; il y a donc là deux effets contraires, qui doivent se neutraliser.

Rationnellement conçu au point de vue de l'économie de puissance, d'entretien et de construction, il n'exige aucune communication de mouvement, ni arc spécial, ni graissage.

Régulateurs paraboliques.

Si nous reprenons la formule (D), qui sert à déterminer la valeur du contrepoids Q', ou :

$$Q' = (2\,P\,(g\,r - \omega^2\,R\,H))\ /\ 2\ g\,r$$

et si nous négligeons la différence $a\,a'/2$ de R - *r* et que nous fassions par conséquent R = *r*, nous aurons :

$$Q' = (2\,P\,(g\,R - \omega^2\,R\,H))\ /\ 2\ g\,R$$

nous voyons que si on peut rendre H invariable, l'équilibre sera établi quelle que puisse être la variation de $\overline{\omega^2}$, puisque R peut disparaître de la formule, qui deviendra,

$$Q' = (2\,P\,(g - \omega^2\,H))\ /\ 2\ g \quad (E)$$

Or, la parabole est, comme on sait, une courbe à une branche non fermée, dont tous les points sont assujettis à rester équidistants d'un point fixe F, désigné sous le nom de foyer, et d'une droite fixe, perpendiculaire à l'axe de la courbe, dont elle est la directrice.

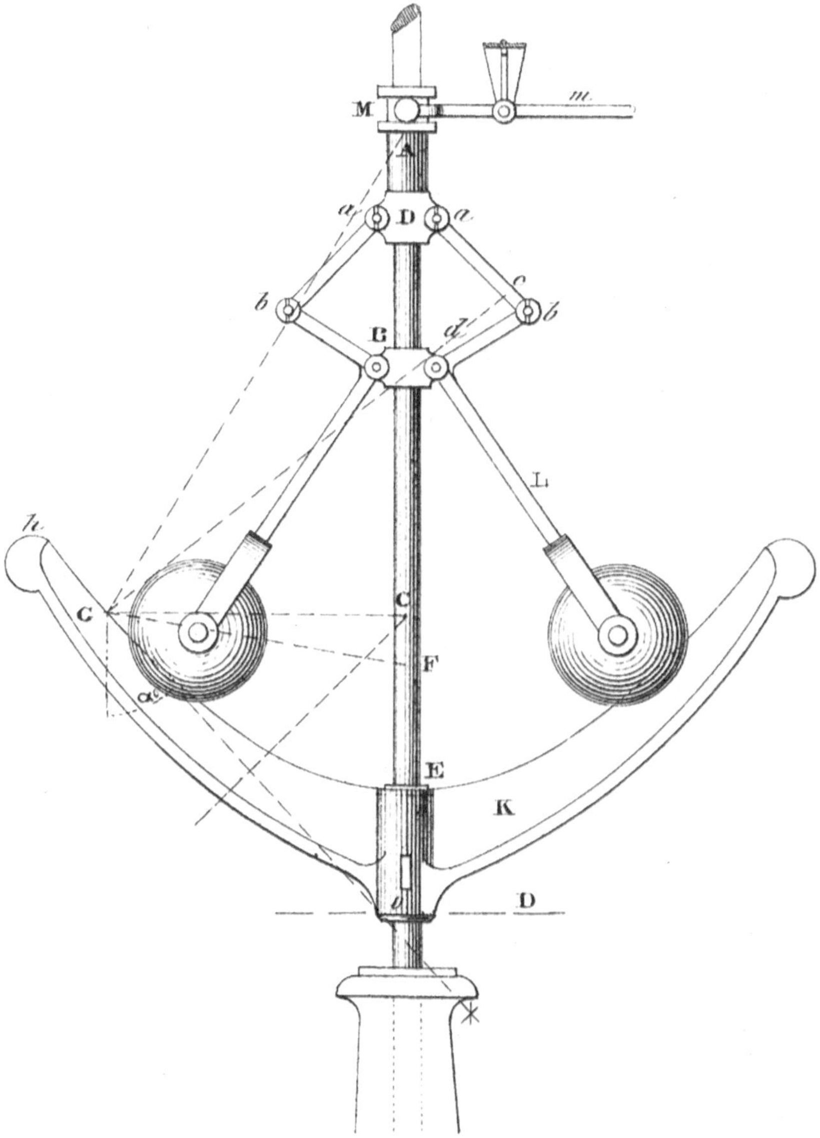

Fig. – 229.

La formule qui traduit cette courbe régulière du second degré est

$$y^2 = 2\,p\,x \quad \text{d'où} \quad x = y^2/2p \quad \text{et} \quad y^2/x = 2p$$

$2\,p$ ou le paramètre est égal au double de la distance entre le foyer E (fig. 229) et le point O de l'intersection de l'axe et de la directrice D, d'où 2 F O = $2\,p$. F E, distance du foyer à la naissance de la courbe, égale E O. = $p/2$; y = C G et C F = x.

Rappelons encore que cette courbe jouit de cette propriété, que la sous-normale A C, ou la projection sur l'axe de la normale A G est égale à $2\,p$ ou égale à 2 F O ; d'où résulte que quelle que soit la position des boules d'un régulateur, assujetties à se mouvoir suivant une courbe parabolique, la hauteur correspondante restant invariablement égale à 2 p ; ce régulateur résoudrait le problème.

Si maintenant on fait, dans la relation E,

$$g = \omega^2 \text{ H}$$

elle devient

$$\text{Q}' = (2\,\text{P}\,(g - \omega^2\,\text{H}))\ /\ 2\,g = 0$$

L'équilibre dépendra donc, quelle que soit la valeur de P, de la relation que l'on établira entre la gravité g et le produit du carré de la vitesse par la constante H.

La vitesse normale que l'on veut donner au régulateur étant connue, on obtiendra H ou 2 P par la relation (4)

$$\text{H} = g / \omega^2$$

$2\,p$ étant ainsi connu, on trouvera facilement le foyer F, la directrice D et la naissance de la courbe O, ce qui permettra de construire ainsi le tracé de la parabole ; on se donnera (fig. 234) une série de points sur la directrice ; on décrira, du foyer F comme centre, l'arc *o b* et, successivement, des points 1' 2' 3' *n'* avec le même rayon, on décrira des arcs de cercles, qui couperont le premier en *c, d, e, x* ; des points de la directrice on mènera des parallèles à l'axe et les droites F_1, F_2, Fx et, en faisant passer, par le milieu de ces droites qui aboutissent au foyer des perpendiculaires qui passeront par le point *h, c, d, n*, elles iront couper les parallèles 11', 22', 33', *n, n'* en 1, 2, 3, *n* qui seront les points de la courbe parabolique. Ces points obtenus, on les reportera de l'autre côté de l'axe pour tracer l'autre moitié de la courbe.

17 – Régulateurs paraboliques de MM. Smith et Jackson

La fig. 229, projection verticale du régulateur avec guide parabolique, fait voir comment le problème qui précède a été résolu ; un axe vertical A, qui reçoit son mouvement de rotation du moteur, soit par courroie, soit par pignons, porte deux leviers inflexibles courbés suivant une parabole. Ces leviers K, de fer ou de fonte, forment une seule pièce avec le moyeu E O qui est maintenu solidaire de l'arbre A par un clavetage.

Sur ces branches du levier, formant rail, des sphères galets s'élèvent et s'abaissent suivant les variations de la vitesse ; à cet effet, on a creusé dans leur périphérie, suivant un grand cercle, une rainure verticale. Les boules sont traversées par un axe horizontal dont les extrémités reçoivent les articulations des tiges fourchues L et celles-ci se courbent en *d*, où elles sont articulées avec le manchon mobile B, pour former la petite branche *l* dont l'extrémité est mise en rapport avec le manchon D M par la petite bride articulée *a b*.

Il résulte de cet arrangement que, lorsque les boules s'élèvent, en roulant sur les branches K, le manchon B s'abaisse et le manchon M s'élève. Si on adopte cette disposition, on fera bien de faire les tiges L droites, de les articuler, l'une à droite et l'autre à gauche, avec le centre du manchon B et de les mettre en rapport avec le centre de D M, en prenant la précaution de faire les brides *a b* aussi longues que le comportent les exigences locales et l'harmonie des proportions.

Les extrémités *h* des leviers K doivent être pourvues d'un arrêt quelconque qui puisse empêcher les boules galets de s'échapper.

La fig. 230 fait voir la rainure pratiquée dans la sphère et le profil du levier K, qui est supposé être une bande de fer méplat pour le rendre le moins lourd possible ; pour que

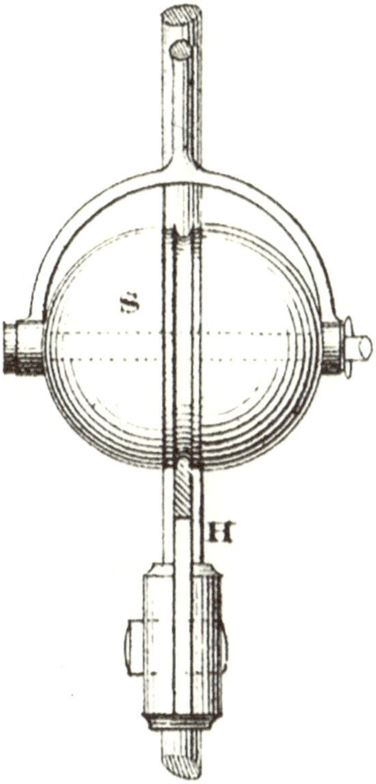

Fig. – 230.

la force centrifuge qu'il développera soit aussi faible que possible, les meilleurs profils seront le simple T ou le fer en croix.

Le problème de l'équilibre complet et invariable quelle que soit la vitesse, est entièrement résolu par le stratagème des branches paraboliques.

Si nous reprenons la formule.

$$Q' = (2\,P g - 2\,\omega^2 H)\ /\ 2 g$$

on voit que la valeur de P doit être égale dans les deux termes pour que Q' soit égal à O ; or l'effort vertical de 2 P est en partie détruit par l'inflexibilité de la barre K et si l'on désigne par $\alpha°$ l'angle que fait la tangente à la courbe au point du contact des boules avec la verticale correspondante, 2 P se décomposera suivant cette tangente et sa valeur X sera exprimée par

$$X = 2\,P \cos \alpha$$

Mais aussi, c'est cette valeur de X déduite encore du frottement de roulement, qui est négligeable, que l'on devra prendre pour estimer l'énergie de la force centrifuge. On voit encore que par la nature même de la courbe, cette valeur de X ira en augmentant mais de moins en moins, pour un même chemin parcouru, au fur et à mesure qu'elles s'élèveront.

Les régulateurs, ainsi transformés, sont d'une sensibilité remarquable, et si ce n'étaient les détériorations dues au frottement et la nécessité d'un outillage spécial pour la construction des courbes, ils devraient être choisis de préférence pour toutes les vitesses, mais surtout, pour les vitesses qui exigent que le contrepoids réagisse contre l'inertie des boules.

18 – Régulateur parabolique de M. Garnett

L'appareil que nous venons d'examiner est d'origine américaine et celui dont les projections verticales sont dessinées fig. 231 est d'origine anglaise.

Dans ce système les tiges articulées ont disparu pour être remplacées par deux tiges parallèles, rigides et réunies à leurs extrémités ; elles traversent perpendiculairement l'axe A de rotation divisé, dans cette partie, de manière à permettre à ces barres B et B' de s'y promener verticalement tout en restant soumises au mouvement rotatif de l'axe

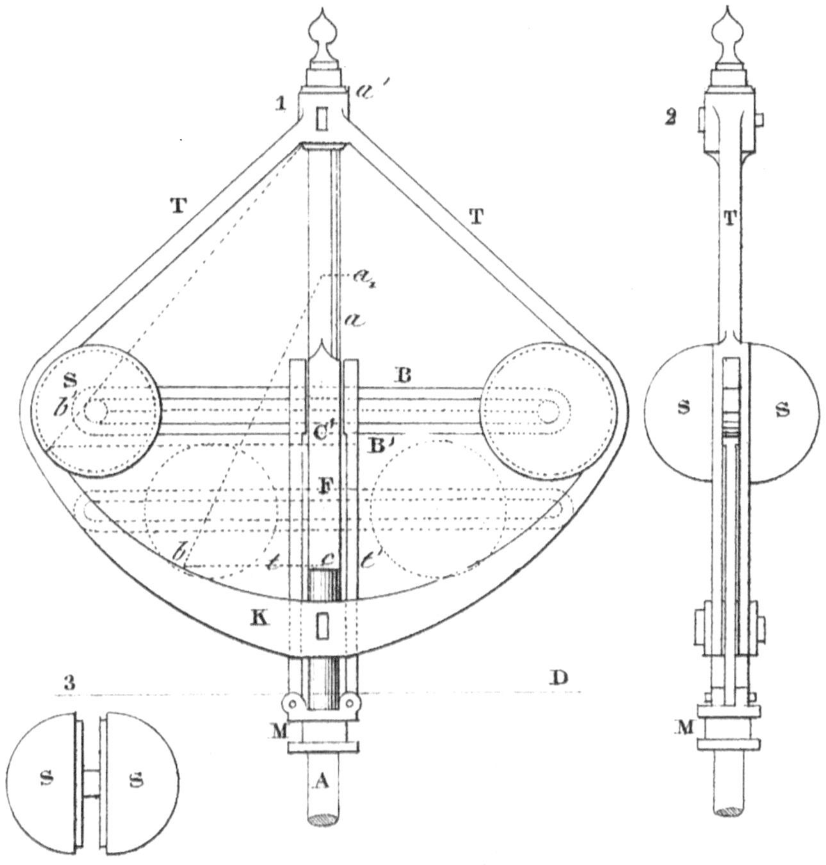

Fig. – 231.

A : des tiges *t* et *t'*, solidaires des barres B, B', mettent celles-ci en communication avec le manchon M de la fourchette.

Les branches paraboliques K sont formées de deux bandes en fer méplat parallèles pour que les barres B B' puissent s'y promener librement.

Les boules *s* sont divisées eu deux hémisphères et réunies par un axe, qui joue dans l'intervalle qui sépare les barres B et B' : quand les demi-sphères descendent, en roulant sur les guides paraboliques, elles entraînent les barres B B', les tiges *t*, *t'* et par suite le manchon M. Les deux bandes K sont fixées à l'axe par un clavetage à écrou et elles se réunissent, à leurs extrémités, aux tiges T soudées au manchon du sommet de l'axe auquel il est fixé.

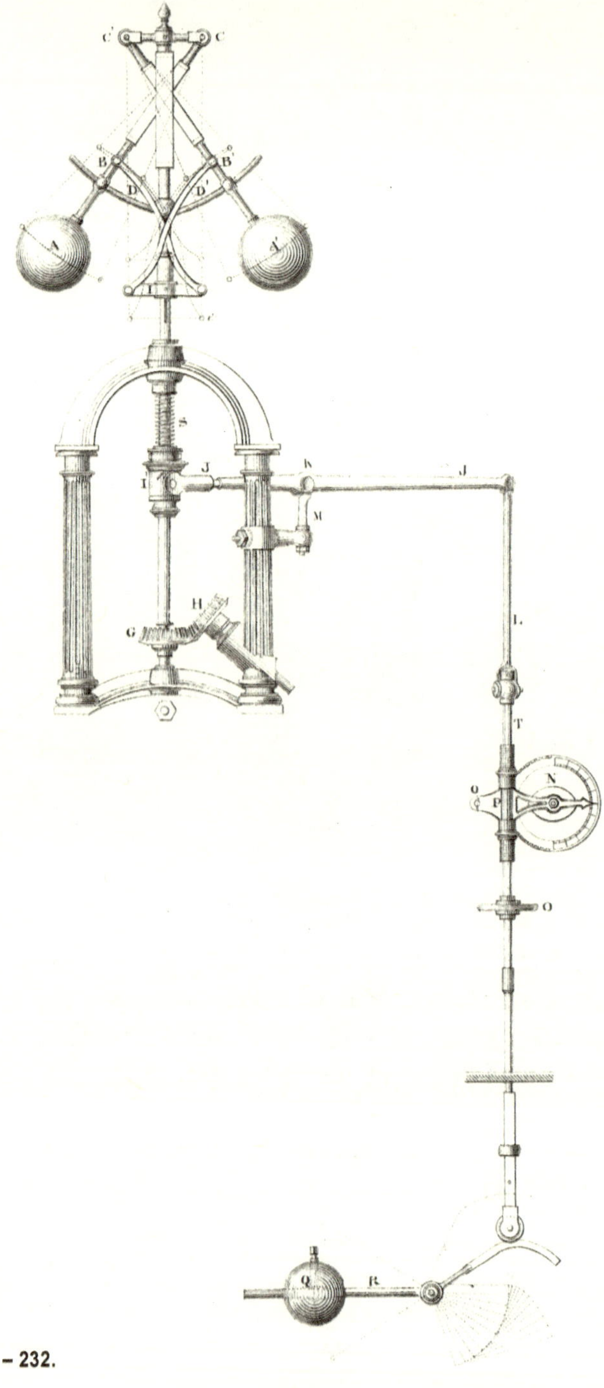

Fig. – 232.

b et *b'* étant les points de contact des hémisphères avec la courbe, correspondants aux deux positions extrêmes, *b a*, *b' a'* seront les normales correspondantes et *a a'* sera l'amplitude de la course du manchon M et D la directrice, F le foyer, *c a* et *c' a'* les sous-normales invariables.

19 – Régulateur à bras croisés de M. Farcot

Par un artifice simple et ingénieux, M. Farcot est parvenu à construire un régulateur sensiblement parabolique en supprimant les guides K et en ramenant le pendule à sa simplicité primitive.

Pour y parvenir, il procéda ainsi : soit (fig. 234) une courbe parabolique donnée ; on cherche un point *c* tel, que si on le joint avec le point A de l'axe de la courbe, distant du foyer F d'une quantité égale à la moitié de la sous-normale[8] ou *p*, et que l'on cherche, sur cette droite prolongée, un point *c* tel que l'arc de cercle décrit de ce point se rapproche sensiblement d'une parabole, le problème sera résolu, et *c* et *c'* seront les points de suspension des deux tiges croisées.

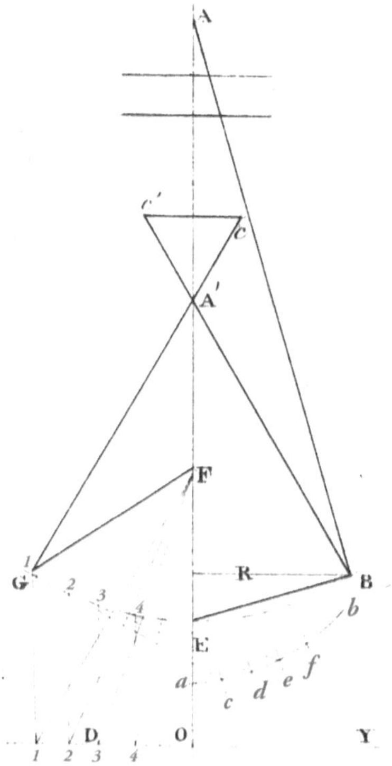

Fig. – 234.

Pour corriger l'imperfection de la courbe décrite par les boules, imperfection qui devient d'autant plus sensible que les boules s'élèvent davantage, l'inventeur fait réagir, contre le développement de la force centrifuge, un ressort *s* enroulé sur l'axe de rotation, qui presse sur le manchon de la fourchette J (fig. 232). Les barres, comme on le voit sur la figure, sont suspendues aux extrémités *c* et *c'* d'une croix fixée au sommet de l'axe, elles se croisent dans l'intérieur de l'axe divisé, elles sont conduites par deux tiges arquées D et D' et elles sont mises en rapport avec le manchon I

(8) Voir le rapport de M. Tresca publié dans les bulletins de la Société d'encouragement de 1860 et de la Revue universelle de 1867.

par 4 bielles croisées et courbées en *s*, qui vont s'articuler à une autre croix solidaire du manchon. Par cette disposition des bielles de suspension du manchon, le moment de la résistance reste insensiblement uniforme et il varie autant au-delà de la vitesse normale qu'en deçà.

L'appareil est représenté monté sur le cylindre d'une machine horizontale dont il règle la vitesse en agissant sur la came du tiroir de la détente : le levier de la fourchette oscille en K ; il est articulé par son extrémité avec une tringle L articulée elle-même à la tige T, cette tige porte une vis sans fin, qui engrène avec la roue dentée N montée sur l'axe de came ; et pour maintenir cette vis en contact avec la denture de la roue N, une pièce P s'articule en *o* avec un appendice, maintenue par la tige, et avec l'axe de la came sur laquelle elle oscille ainsi que sur son articulation *0* : un ressort flexible corrige probablement les différences de longueur de guide P, lequel est terminé par un index qui correspond avec des divisions gravées sur la roue N.

La vis sans fin n'agit que comme crémaillère par les oscillations que lui imprime le pendule, mais elle permet au mécanicien de choisir une détente moyenne, qui convient le mieux à la vitesse de réglure du jour, en agissant sur le petit volant *o*. Cette tige se prolonge en dessous du sol où elle repose, par un galet que porte son extrémité, sur la branche courbée du levier à contrepoids Meyer.

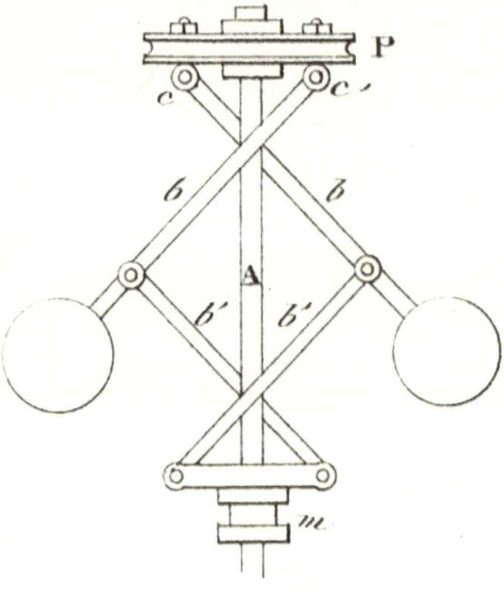

Fig. – 233.

20 – Régulateur à bras croisés pour grande vitesse

Sur le sommet de l'axe A, fig. 233, on monte une poulie à gorge P destinée à recevoir la courroie tendue qui doit lui communiquer le mouvement. Cherchez les centres *c* et *c'* de suspension et reportez sur la poulie par deux charnières à bouts filetés et serrées par des écrous ; suspendez une barre en deçà et l'autre au-delà de l'axe A et réunissez chaque tige *b* par une tige b' aux extrémités du croisillon fixé au manchon M.

21 – Régulateur à bras croisés de M. Lantsheer

Une des belles machines de Wolff, que construit M. Carels de Gand et qu'il a exposée à Londres en 1861, était réglée par un régulateur à bras croisés, qui se faisait remarquer par l'intelligente disposition de ces organes.

Dans le but de pouvoir diminuer le volume des masses sphériques, l'ingénieur à réduit le moment de la résistance du manchon à sa plus simple expression.

Le pendule (fig. 235) est représenté monté sur une colonne creuse dans l'intérieur du piédestal de laquelle se trouvent les deux pignons dentés, qui sont ici mis en mouvement par une courroie. Sur l'axe de rotation sont énarbrés deux arcs P, doubles, dans lesquels les tiges de suspension oscillent et qui aident à l'entraînement du mouvement de rotation des boules. Les tiges L sont suspendues chacune à un axe maintenu à l'extrémité de deux supports B en fer solidaires de l'arbre de rotation et leur extrémité est retournée d'équerre pour former un petit levier qui est relié au manchon M par une petite bielle. L'axe A est divisé en deux barres méplates entre lesquelles jouent les tiges de suspension.

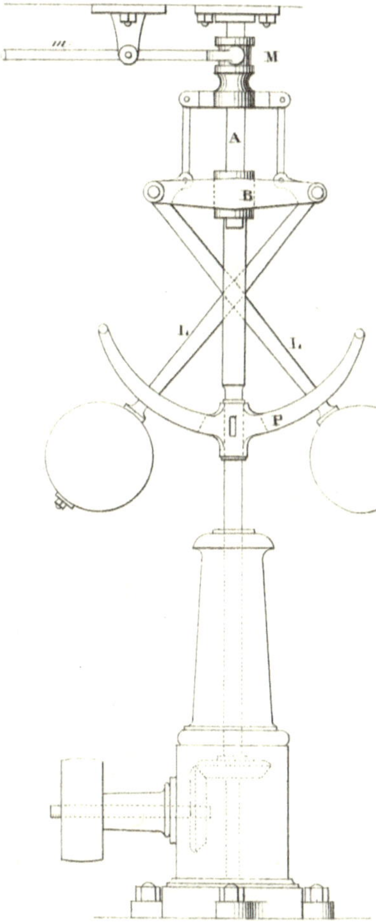

Fig. – 235.

En rendant mobile les supports B, en faisant les arcs P paraboliques et en fixant des petits galets aux tiges L, on transformerait l'appareil en régulateur Jackson.

22 – Régulateur à palettes de M. Moison

Soit H (fig. 236) un cylindre en fonte dans l'intérieur duquel se meut une roue à palette G montée sur un axe vertical F qui, à sa sortie du couvercle du cylindre, porte un petit pignon angulaire J engrenant avec une roue dentée venue de fonte avec un volant, qui est supposé enlevé sur le dessin, l'arbre prolongé est maintenu par le support arqué S.

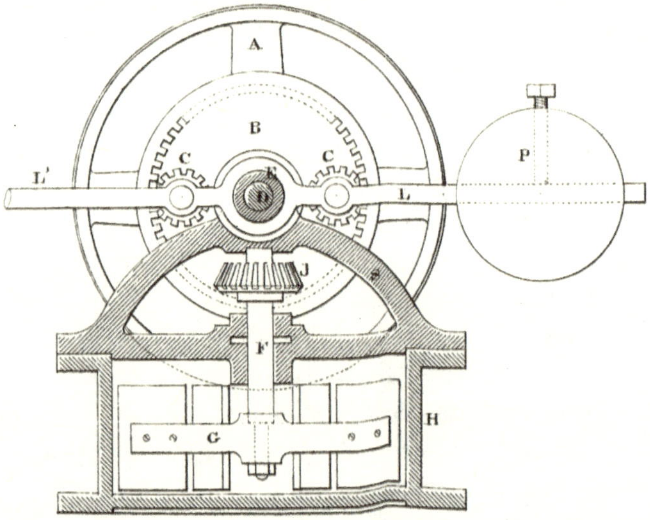

Fig. – 236.

Le support S maintient un arbre creux E, solidaire de la roue B dentée ultérieurement et la poulie A sur laquelle s'enroule la courroie motrice. L'arbre E est traversé par un arbre D sur lequel est monté le volant. Sur l'arbre creux est emmanché un levier à contrepoids, qui maintient les axes de deux petits pignons fous et engrenant avec la roue dentée B ; la branche L porte le contrepoids et la branche L' communique avec l'organe modérateur.

Le poids P est calculé, dit le *Pratical Mechanic's Journal* pour que, quand la machine marche à sa vitesse de régime, la résistance que l'eau ou l'air, contenue dans la capacité cylindrique, oppose à la rotation de la roue C, conjointement avec les frottements, est égal à l'effort de réaction du poids P. Le levier L restera donc horizontal tant que la vitesse se maintiendra normale, mais cette vitesse augmentant, la roue B tournera plus vite que le volant ou que l'arbre D et l'accélération des petits pignons C entraînera le levier ; ce mouvement différentiel des pignons C produira un effet contraire sur le levier lorsque la vitesse diminuera. Il y a là une complication de mouvement différentiel et de frottement combinée avec la résistance de la roue, l'action du poids et la différence des vitesses du volant et de la poulie motrice.

23 – Régulateur gyroscope système Anderson

Ce système de régulateur a été imaginé par l'inventeur pour servir à la régularisation des machines marines. Ingénieusement combiné, il est d'une construction trop complexe pour que son usage soit d'un bon emploi.

Un bâti *c*, (fig. 237), venu de fonte avec une plate-forme cylindrique, porte :

1° une petite colonne F destinée à recevoir dans son intérieur la partie inférieure de l'axe du support R ;

2° le renflement dans lequel l'axe du pignon de commande D' est maintenu ;

3° une douille supérieure qui maintient l'axe creux,venu de fonte avec le support S de la couronne E auquel le pignon D transmet le mouvement, qu'il reçoit du pignon D.

Le support S porte à l'extrémité de ses bras une couronne circulaire E, dentée sur sa conférence supérieure

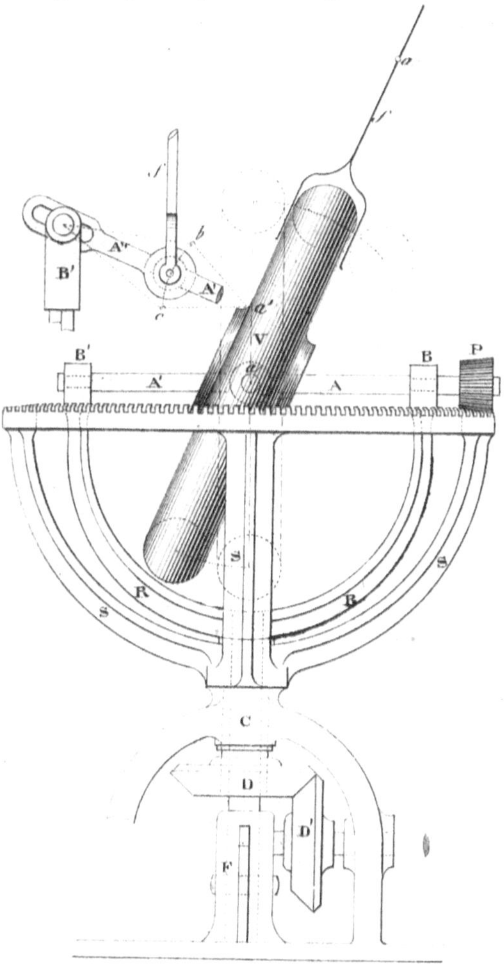

Fig. – 237.

suivant une inclinaison dépendante de la position du centre de l'axe *a* ; son mouvement de rotation se communique à un petit pignon P monté sur l'axe A, lequel est maintenu par les paliers B et B', qui font corps avec le support R dont l'axe traverse l'arbre creux pour venir se loger dans la tubulure F. Le mouvement de rotation est ainsi transmis au volant V qui, par une suspension particulière peut, tout en obéissant à l'impulsion que lui imprime l'axe de rotation A, s'incliner ou osciller sur deux axes *a* fixés perpendiculairement à l'arbre A. Il s'incline d'autant plus que le mouvement de rotation est moins rapide et il se redresse avec l'accélération. Si on utilise les variations dans les plans de rotation, pour faire agir le volant sur la fourchette qui communique avec la valve modératrice, on aura un régulateur très sensible.

L'inventeur divise l'axe A en deux parties. La partie correspondante au pignon est reliée au volant par un joint universel brisé et l'autre partie A' est reliée à charnière avec A", qui est maintenu par le support B' tout en lui laissant la latitude de suivre les inclinaisons du volant ou de l'axe A' ; la charnière est articulée avec la tringle *f* du modérateur.

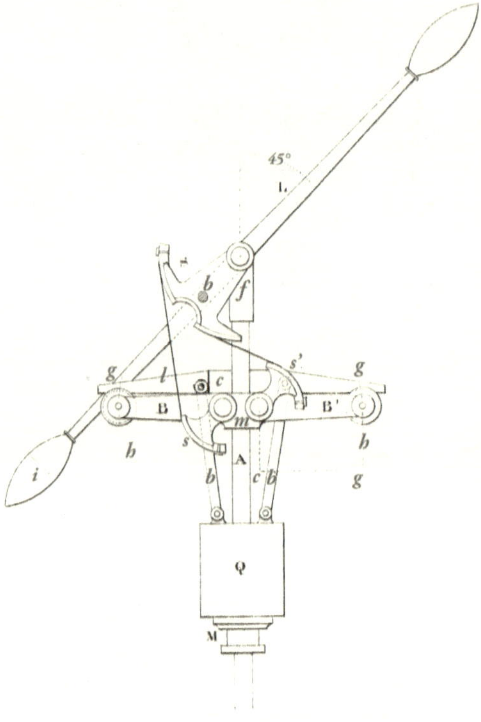

Fig. – 238.

24 – Régulateur gyroscope de M. Jacobi

Nous empruntons au *Journal mécanique technique et technologique* de Berlin les renseignements sur le régulateur que nous allons décrire (fig. 238).

L'appareil se compose d'un levier L maintenant à ses deux extrémités deux sphères aplaties qui se balancent sur un axe central maintenu par les deux branches de la fourche *f*, qui termine l'axe A de rotation. Un secteur S, monté sur l'extrémité de l'axe d'oscillation est fixé au levier par une vis *h*, est divisé en deux arcs auxquels viennent aboutir deux bandes d'acier très flexible qui mettent le secteur S en rapport avec les secteurs *s* et *s'*, dont le rayon de courbure est égal à la moitié du rayon du grand secteur S.

Les petits secteurs *s* sont solidaires, l'un de l'axe du levier B et l'autre de l'axe du levier B', et ceux-ci maintiennent à leurs extrémités deux galets *g* et *g'*. Lorsque le balancier L, dont la position normale correspond à une inclinaison de 45° s'incline, les secteurs *s* et *s'* et par suite les leviers B et B' s'élèvent en entraînant dans leur mouvement ascensionnel les barres rigides *l* et *l'*, les bielles de suspension *b* et *b'*, le contrepoids Q et le manchon M. Lorsque le levier se redresse, le contraire aura lieu et le contrepoids Q fera descendre le manchon M.

La fig. 239 est la coupe horizontale par l'axe A au-dessus des leviers *l*.

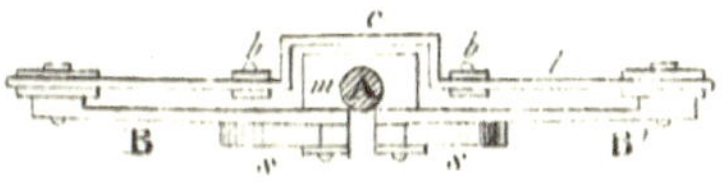

Fig. – 239.

Voici comment M. Jacobi analyse les effets de ce remarquable instrument.

Le contrepoids Q doit être tel que son action sur la force centrifuge, quelle que soit la position de L, maintienne l'équilibre.

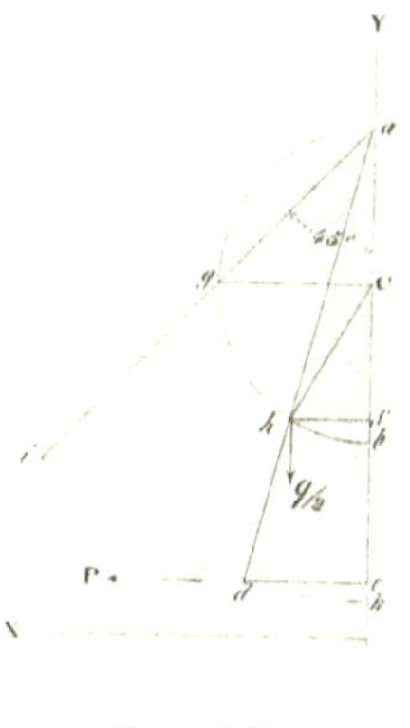

Fig. – 240.

Soit *a k* une verticale (fig. 240). Du point *c*, sur cette droite, on décrit, avec un rayon égal à *c* g, une demi-circonférence qui coupera la verticale en *a* et en *b*. Soit *a i* inclinée à 45° et *a d* un angle quelconque ; l'oblique *a i* coupera la circonférence en *g*, extrémité de la normale menée du centre *e* (*c g* égal à la longueur du levier B) et l'oblique *a d* la coupera en *h* ; l'angle *g c l*, comme angle au centre, sera double de l'angle *d a i*, compris dans un même arc ; or les leviers B et B' décrivent chacun aussi un angle double de celui que décrit le levier L ; donc la position *a d* du levier L doit correspondre à la position *c h* du levier B. Soit Q/2 l'action verticale du poids Q agissant au point *h*, le moment de Q/2 par rapport à l'axe Y sera Q/2 *h f*. Désignons par S la surface du triangle *a h f* ; le moment statique de la force Q/2 sera α S, α étant une valeur constante de régularisation. Si l'on décrit l'arc *i k* que parcourt le centre des boules, l'horizontale *d e* tombe sur la verticale *a k* et la force centrifuge F des boules sera représentée par cette normale et *a e*, la hauteur du triangle *a f k*, sera le bras de levier de

F. Soit S' la surface du triangle *a f e*, le moment statique de E sera :

$$\beta S'$$

β étant aussi une constante.

La figure fait voir, que dans toutes les positions du balancier L, l'équilibre existera et que le moment de Q/2 sera égal à la moitié du moment de la force centrifuge de la boule considérée.

De l'équation

$$\alpha S = \beta S' / 2$$

on déduit

$$S / S' = \beta / 2\alpha$$

Le quotient des deux triangles étant constant pour toutes les positions des boules, il en résulte que l'appareil répond à toutes les exigences d'une bonne régularisation.

Calcul du poids Q.

Soit L la moitié de la longueur du balancier.
L' la longueur du levier B,
P le poids d'une boule,
Q le poids que l'on cherche,
ω la vitesse angulaire,
B le rayon de giration de la boule.

Puisque le poids Q est indépendant de l'angle d'inclinaison du levier B, nous pouvons considérer l'appareil dans la position qui correspond à la vitesse de régime c'est-à-dire que le levier L sera incliné de 45°.

L'équilibre devant être établi par l'action verticale de Q/2, ce qui aura lieu lorsque $Q/2 = \omega^2/2$, on aura :

$$F R = Q L' \quad \text{et} \quad Q = F R / L'$$

mais

$$F = (P/g)\, \omega^2 R$$

et à cause de l'angle de 45°, $R^2 = L^2 / 2$; donc il viendra

$$Q = P\, \omega^2 L^2 \ / \ 2 g L'$$

Cette relation fait voir que Q est proportionnel au carré de la vitesse et que, Q restant invariable, le poids des boules est en raison inverse de ce carré.

25 – Régulateur à air de M. Moulinié

Cette innovation dans les appareils de la régularisation aurait détrôné le régulateur pendule, tant par sa sensibilité remarquable que par sa propriété de pouvoir maintenir la position de la valve sans subir l'influence des oscillations de la vitesse, si la nécessité de le construire en cuir, qui se détériorait rapidement sous l'influence de la chaleur et des vapeurs, ne l'eut fait écarter des emplois pratiques. Construit en caoutchouc vulcanisé il résiste mieux, mais il est toujours d'un emploi peu économique.

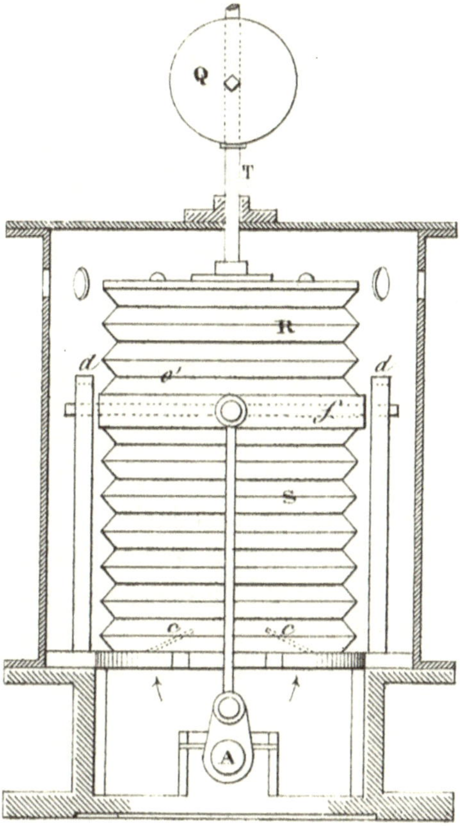

Fig. – 241.

Il se compose d'un soufflet cylindrique (fig. 241) enfermé dans une caisse en tôle, divisé en deux compartiments S et R. Le compartiment inférieur aspire l'air, qui s'y introduit par les clapets inférieurs *c* et *c'* ; cet air est refoulé dans le compartiment supérieur où il s'accumule pour soulever la tige T, qui porte le contrepoids Q. Cette tige va communiquer, par une corde ou une chaîne, le mouvement oscillatoire à l'organe de la modération.

Le soufflet est activé par deux bielles parallèles B, mises en mouvement par deux manivelles montées sur l'arbre A, dont le mouvement de rotation est communiqué par le moteur. Deux guides verticaux *d* maintiennent le soufflet constamment droit et un petit robinet, placé au sommet du compartiment réservoir R, sert à l'expulsion de l'air inutile à la régularisation. Un anneau en fer, muni d'axes en saillies, reçoit le mouvement alternatif qu'il transmet au soufflet auquel il est fixé.

26 – Régulateur hydraulique

Nous avons vu appliquer à une machine à balancier sans l'avoir jamais vu fonctionner, un régulateur composé d'une pompe, qui refoulait l'eau dans un réservoir cylindrique dans lequel se mouvait un piston portant le contrepoids et muni de la tige T destinée à actionner la valve-régulatrice, c'est comme on le voit l'application du principe précédent avec cette différence que l'eau remplace l'air.

Cet appareil était défectueux parce qu'il n'aspirait l'eau qu'en montant et celle-ci étant incompressible, il en résultait des soubresauts qui rendaient cet instrument plutôt nuisible qu'utile : en le faisant à double effet il gagnerait quelque chose mais il ne remplacerait pas avantageusement un pendule bien équilibré car il exigera toujours une fraction de la force motrice plus grande que celle qu'exige un régulateur à force centrifuge, qui restitue toujours l'excès qu'il exige pour accélérer son mouvement.

Les régulateurs à soufflet ne conviennent pas pour gouverner la vitesse en faisant varier la détente parce qu'ils sont d'une sensibilité si grande que, pendant une pulsation du piston, ils peuvent faire changer deux fois la position du distributeur, qui occasionnerait des accroissements subits d'énergie, qui auraient pour effet de compromettre l'homogénéité des assemblages. Leur application au système de distribution Corliss serait d'un bon effet puisque, ainsi que nous l'avons déjà fait remarquer, la variation de la détente n'est possible que pendant une fraction de la course après laquelle le mécanicien est isolé de la distribution.

FIN

Table des Matières

Chapitre I

Chapitre II

Chapitre III

Chapitre IV

Chapitre V

Chapitre VI

Chapitre VII

Chapitre VIII

Chapitre IX

Chapitre X

Chapitre XI

Chapitre XII

Chapitre XIII

Chapitre XIV

Chapitre XV

Chapitre XVI

Chapitre XVII

LES RÉGULATEURS

Vapeur

www.decoopman.com

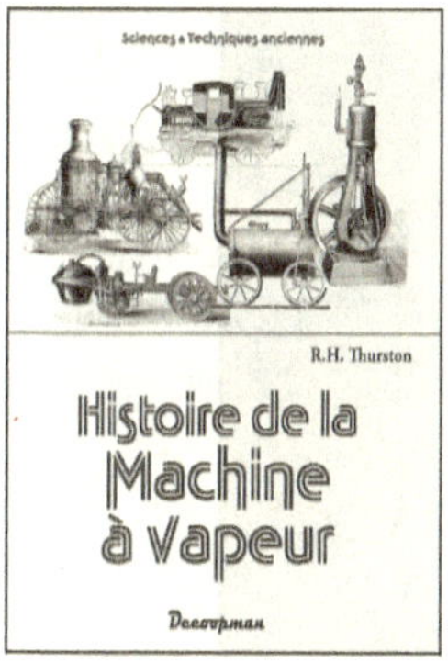

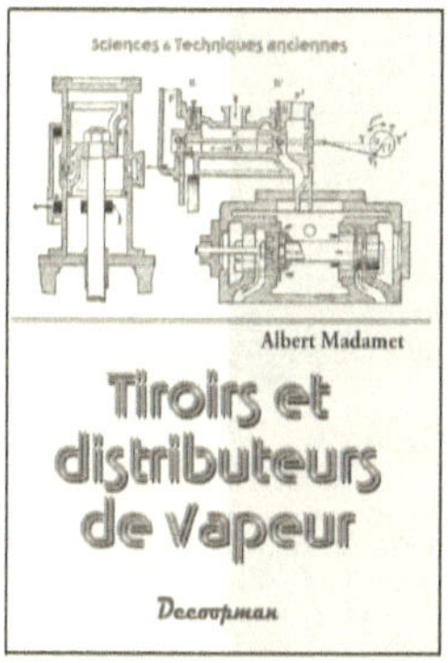

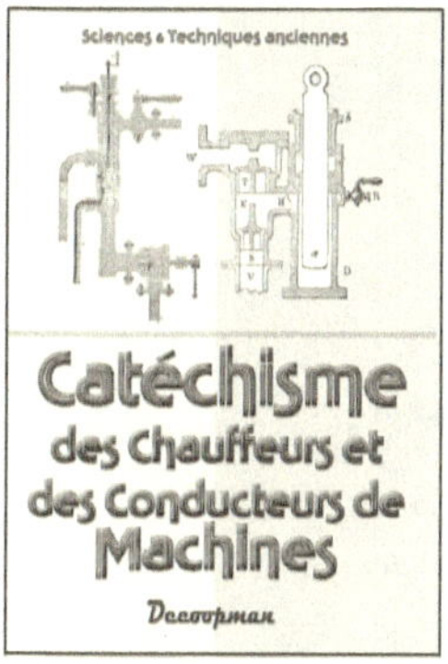

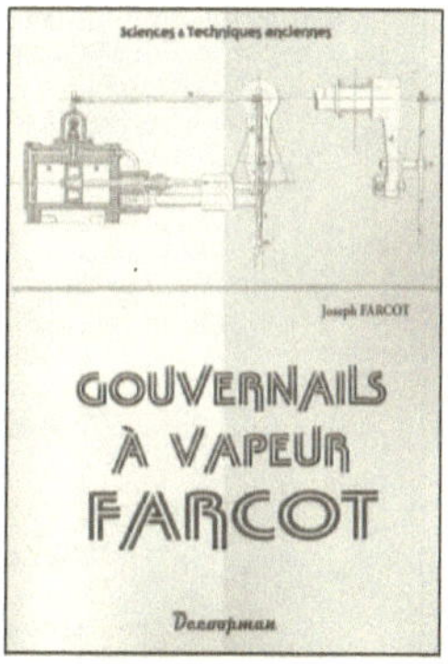

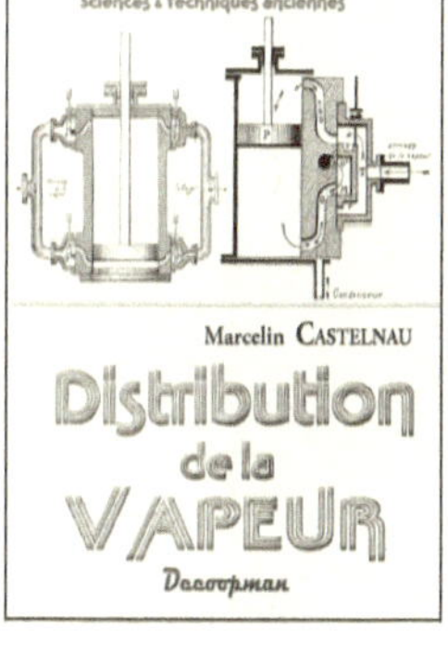

Vapeur

www.decoopman.com

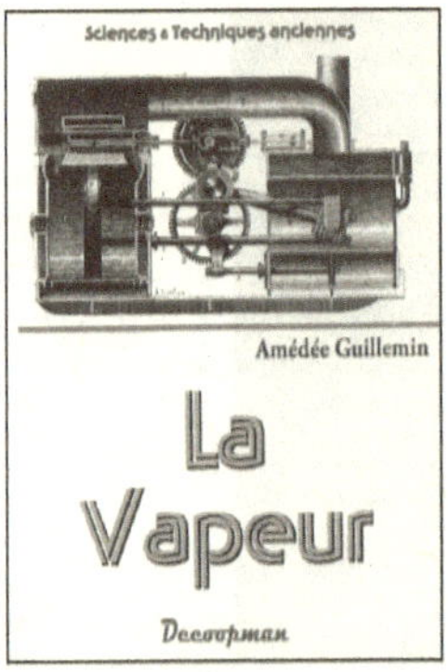

Imprimé en France
Lightning Source - 78310 Maurepas

www.ingramcontent.com/pod-product-compliance
Lightning Source LLC
LaVergne TN
LVHW090417061026
849522LV00002B/366
* 9 7 8 2 3 6 9 6 5 1 1 9 2 *